变频空调器维修从入门到精通

图解彩色版

李志锋　等编著

·北　京·

本书采用全彩色印刷、维修过程完全图解的方式，系统介绍了变频空调器维修基础、变频空调器通用元器件检测与维修、变频空调器专用元器件检测与维修、室内机/室外机主板和通信电路检修分析、室内机单元电路检修分析、室外机单元电路检修分析、变频空调器常见故障维修实例等内容，再现了变频空调器维修的实际场景，步步引导读者快速掌握变频空调器维修技能。

本书可供从事变频空调器维修的技术人员学习使用，也可供职业院校、培训学校等相关专业的师生参考。

图书在版编目（CIP）数据

变频空调器维修从入门到精通：图解彩色版/李志锋等编著. —北京：化学工业出版社，2018.4（2023.4重印）

ISBN 978-7-122-31632-5

Ⅰ. ①变… Ⅱ. ①李… Ⅲ. ①变频空调器-维修-图解 Ⅳ. ①TM925.120.7-64

中国版本图书馆CIP数据核字（2018）第040744号

责任编辑：李军亮　万忻欣　　　　装帧设计：尹琳琳
责任校对：王素芹

出版发行：化学工业出版社（北京市东城区青年湖南街13号　邮政编码100011）
印　　装：北京印刷集团有限责任公司
787mm×1092mm　1/16　印张$12^1/_2$　字数296千字　2023年4月北京第1版第6次印刷

购书咨询：010-64518888　　　　售后服务：010-64518899
网　　址：http://www.cip.com.cn
凡购买本书，如有缺损质量问题，本社销售中心负责调换。

定　　价：58.00元

前言
FOREWORD

近年来，国内空调产业发展极为迅速，每年的空调产量达到1.4亿台之多，空调器已经走进了寻常老百姓家中。变频空调器通过控制电路，使压缩机运行在最佳的转速，相对于定频空调器，具有节能效果明显和房间温度恒定等优点，近年来销量快速上升，成为空调器市场的主流产品，同时相应的售后维修量也逐步增加。由于其室外机增加复杂的电控系统，维修难度也大大增加，而空调器作为季节性很强的一个产品，维修时效性非常强，因此需要维修人员充分了解变频空调器的电控原理和特点，才能提高维修速度和质量。为此笔者结合多年的空调器维修经验而编写了本书，帮助广大维修人员快速掌握变频空调器的维修技能。

本书内容具有四大特点。

1. 全彩图解　为了能更清楚地表达变频空调器原理和维修实际情况，使读者学习便于理解，采用全彩印刷的方式，使本书的内容表达更清楚、更有层次性，使读者学习更加便捷、快速。

2. 全程图解　本书采用一步一图的编写方式，真实还原维修现场，以达到手把手教您维修空调器的效果。

3. 赠送视频　本书提供维修视频辅助读者学习本书内容，视频内容包括变频空调器维修原理和实用技能，能够帮助读者快速掌握维修技能。

4. 全新内容　作者重新总结这几年变频空调器维修经验，并汇总了大量的维修案例。

5. 全面系统　内容涵盖了变频空调器维修基础、变频空调器通用元器件检测与维修、变频空调器专用元器件检测与维修、室内机/室外机主板和通信电路检修分析、室内机单元电路检修分析、室外机单元电路检修分析、变频空调器常见故障维修实例等，循序渐进引导读者学习变频空调器维修从入门到精通。

本书由李志锋、李殿魁、李献勇、周涛、李嘉妍、李明相、刘提、李佳怡、李佳静、刘均、金闯、金华勇、金科技、李文超、金坡、金记纪、金亚南编著。

编著者

目录

CONTENTS

第三章 变频空调器专用元器件检测与维修 041

第四章 室内机 / 室外机主板和通信电路检修分析 079

变频空调器维修基础

第一节 变频空调器和定频空调器硬件区别

本节选用格力空调器定频和变频的两款机型，比较两类空调器硬件之间的相同点和不同点，使读者对变频空调器有初步的了解。

定频空调器选用具有典型特点的机型KFR-23GW/（23570）Aa-3，变频空调器选用KFR-32GW/（32556）FNDe-3，是一款普通的直流变频空调器。

一、室内机

1. 外观

室内机外观见图1-1，两类空调器的进风格栅、进风口、出风口、导风板、显示板组件设计形状或作用基本相同，部分部件甚至可以通用。

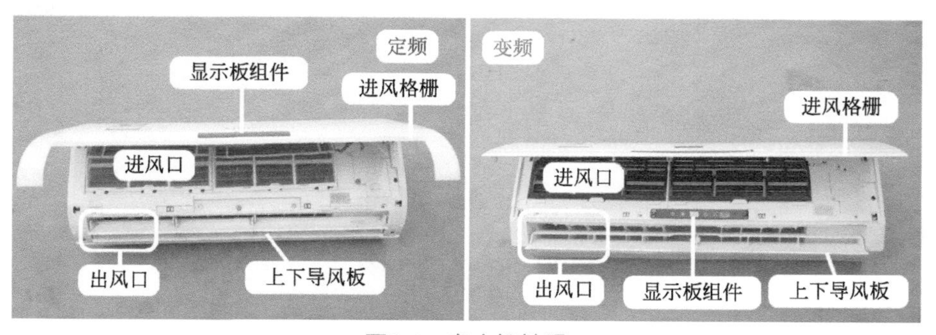

图1-1 室内机外观

2. 主要部件设计位置

主要部件设计位置见图1-2，两类空调器的主要部件设计位置基本相同，包括蒸发器、电控盒、接水盘、步进电机、导风板、贯流风扇、室内风机等。

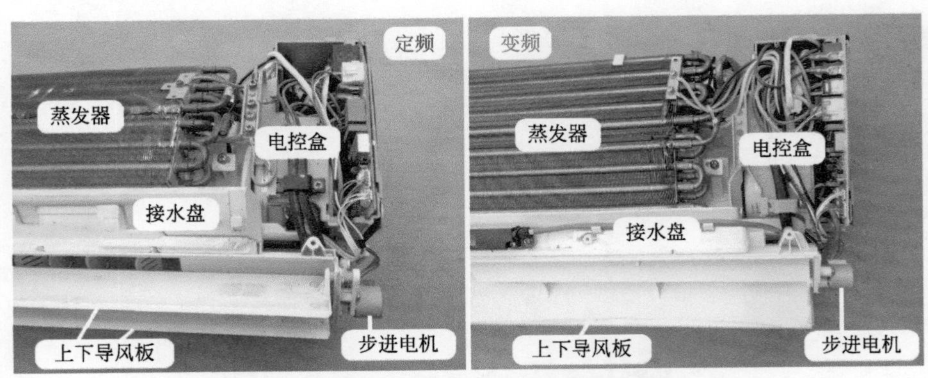

图1-2　室内机主要部件设计位置

3. 制冷系统部件

室内机制冷系统部件见图1-3，两类空调器中设计相同，只有蒸发器。

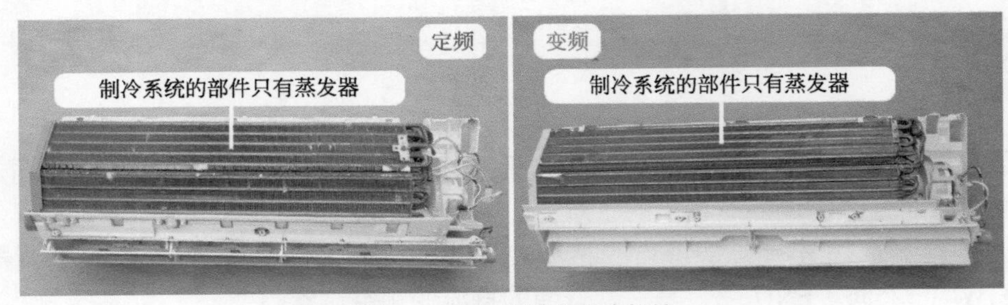

图1-3　室内机制冷系统部件

4. 通风系统

室内机通风系统见图1-4，两类空调器通风系统使用相同形式的贯流风扇，均由带有霍尔反馈功能的PG电机驱动，贯流风扇和PG电机在两类空调器中可以相互通用。

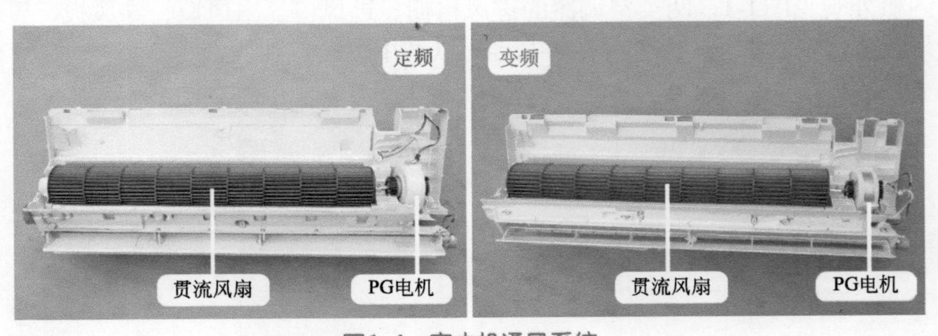

图1-4　室内机通风系统

5. 辅助系统

接水盘和导风板在两类空调器的设计位置和作用相同。

6. 电控系统

两类空调器的室内机主板，在控制原理方面最大的区别在于，定频空调器的室内机主板是整个电控系统的控制中心，对空调器整机进行控制，室外机不再设置电路板；变频空调器的室内机主板只是电控系统的一部分，工作时处理输入的信号，处理后传送至室外机主板，才能对空调器整机进行控制，也就是说室内机主板和室外机主板一起才能构成一套完整的电控系统。

① 室内机主板

由于两类空调器的室内机主板单元电路相似，在硬件方面有许多相同的地方。见图1-5，其中不同之处在于定频空调器室内机主板使用3个继电器为室外机压缩机、室外风机、四通阀线圈供电；变频空调器的室内机主板只使用1个继电器为室外机供电，并增加通信电路和室外机主板传递信息。

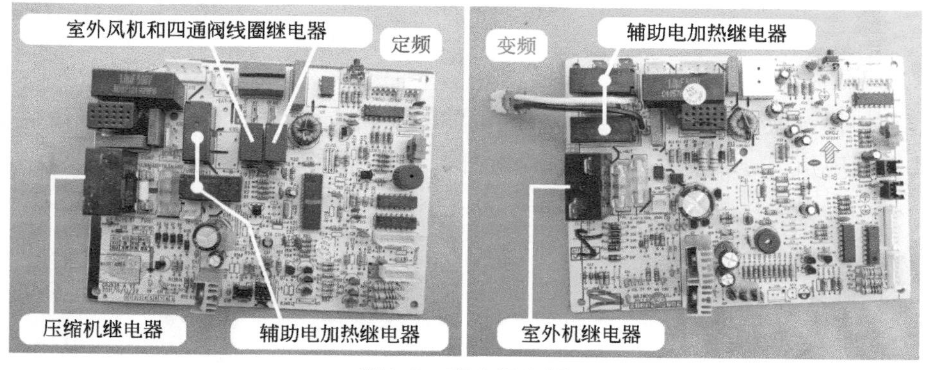

图1-5　室内机主板

② 接线端子

从两类空调器接线端子上也能看出控制原理的区别，见图1-6，定频空调器的室内机和室外机连接线端子上共有5根引线，分别是零线、压缩机引线、四通阀线圈引线、室外风机引线、地线；而变频空调器则只有4根引线，分别是零线、通信线、相线、地线。

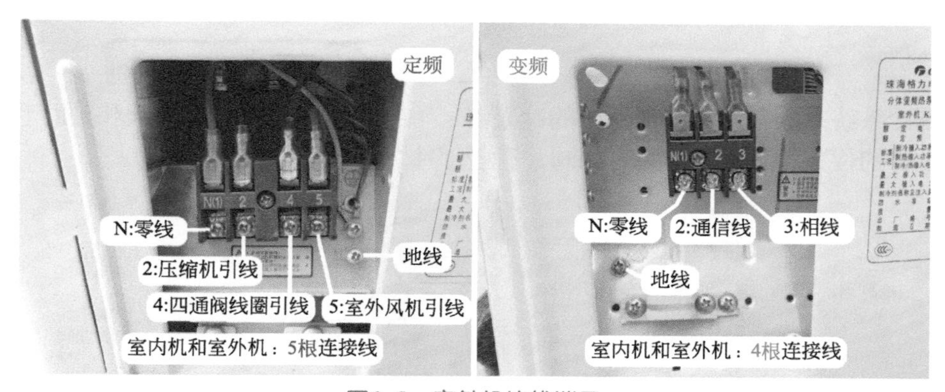

图1-6　室外机接线端子

二、室外机

1. 外观

室外机外观见图1-7，从外观上看，两类空调器进风口、出风口、管道接口、接线端子等部件的位置和形状基本相同，没有明显的区别。

图1-7　室外机外观

2. 主要部件设计位置

主要部件设计位置见图1-8，室外机的主要部件如冷凝器、室外风扇（轴流风扇）、室外风机（轴流电机）、压缩机、毛细管、四通阀、电控盒的设计位置也基本相同。

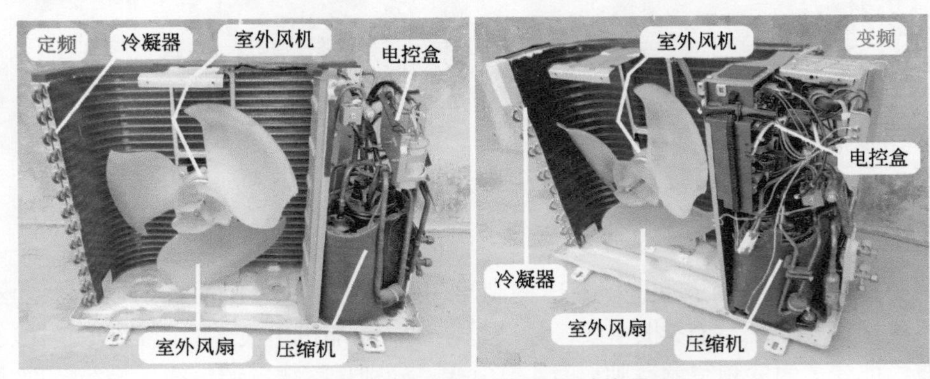

图1-8　室外机主要部件设计位置

3. 制冷系统

在制冷系统方面，两类空调器中的冷凝器、毛细管、四通阀、单向阀和辅助毛细管等部件，设计的位置和工作原理基本相同，有些部件可以通用，见图1-9。

图1-9　室外机制冷系统主要部件安装位置

两类空调器最大的区别在于压缩机，其设计位置和作用相同，但工作原理（或称为工作方式）不同，定频空调器供电为市电交流220V，由室内机主板提供，转速、制冷量、耗电量均为额定值，而变频空调器压缩机的供电由模块提供，运行时转速、制冷量、耗电量均可连续变化。

4. 节流方式

节流方式见图1-10，定频空调器通常使用毛细管作为节流方式，交流变频空调器和直流变频空调器也通常使用毛细管作为节流方式，只有部分全直流变频空调器或高档空调器使用电子膨胀阀。

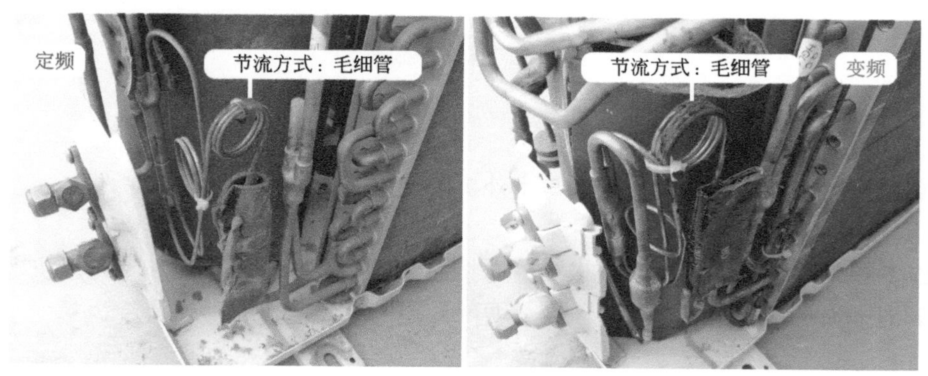

图1-10　室外机节流方式

5. 通风系统

通风系统见图1-11，两类空调器的室外机通风系统部件为室外风机和室外风扇，工作原理和外观基本相同，室外风机均使用交流220V供电，不同的地方是，定频空调器由室内机主板供电，变频空调器由室外机主板供电。

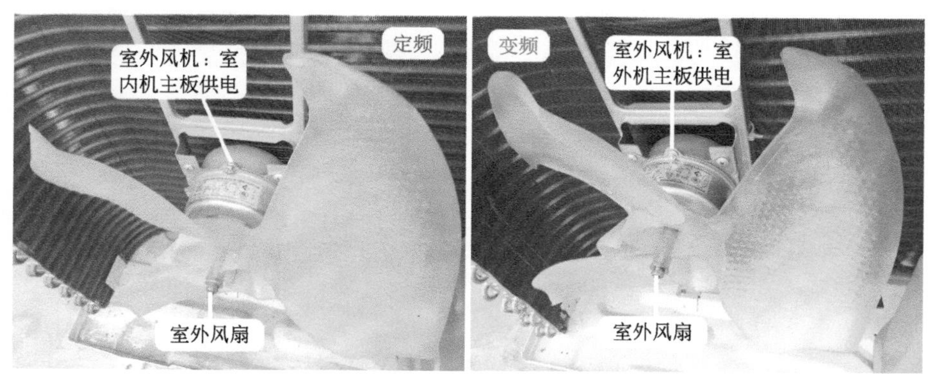

图1-11　室外机通风系统

6. 四通阀

两类空调器的制冷/制热模式转换部件均为四通阀，见图1-12，工作原理和设计位置相同，四通阀在两类空调器中也可以通用，四通阀线圈供电均为交流220V，不同的地方是，定频空调器由室内机主板供电，变频空调器由室外机主板供电。

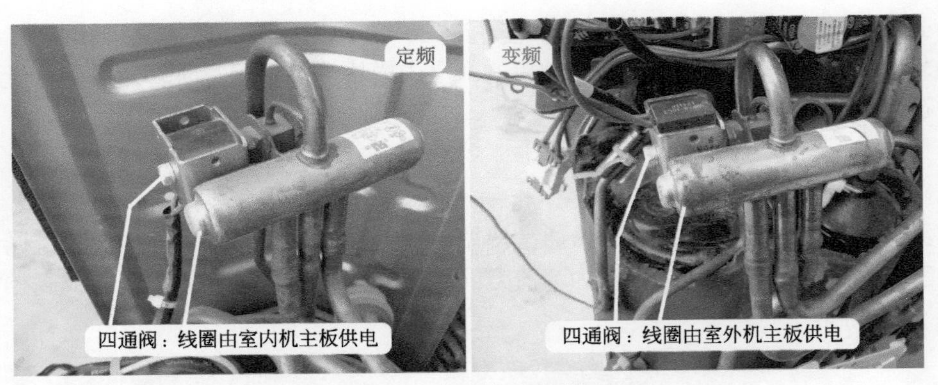

图1-12　室外机四通阀

7. 电控系统

两类空调器硬件方面最大的区别是室外机电控系统，区别如下。

① 室外机主板和模块

见图1-13，定频空调器室外机未设置电控系统，只有压缩机电容和室外风机电容，而变频空调器则设计有复杂的电控系统，主要部件是室外机主板和模块等。

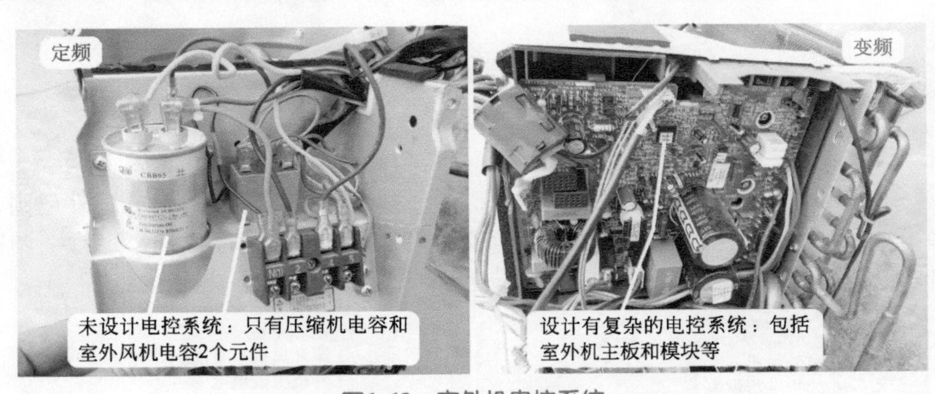

图1-13　室外机电控系统

② 压缩机工作方式

压缩机工作方式见图1-14。

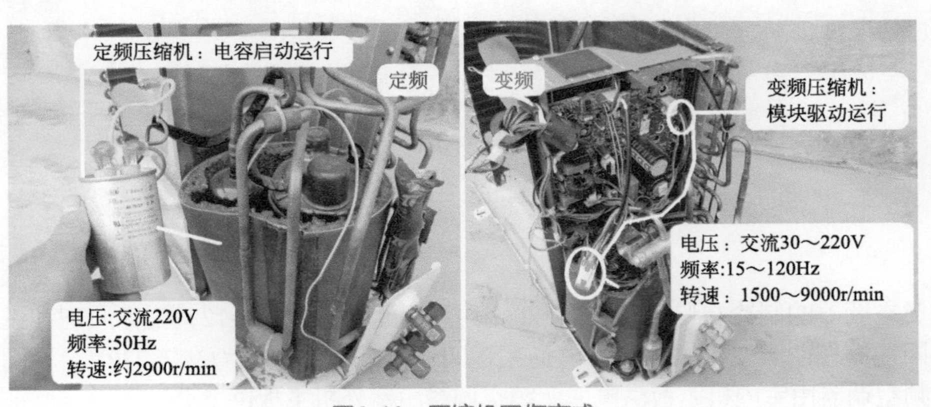

图1-14　压缩机工作方式

定频空调器压缩机由电容直接启动运行，工作电压为交流220V、频率50Hz、转速约2900r/min。

变频空调器压缩机由模块供电，工作电压为交流30～220V、频率15～120Hz、转速1500～9000r/min。

③ 电磁干扰保护

电磁干扰保护见图1-15。

变频空调器由于模块等部件工作在开关状态，使得电路中电流谐波成分增加，降低功率因数，因此增加滤波电感等部件，定频空调器则不需要设计此类部件。

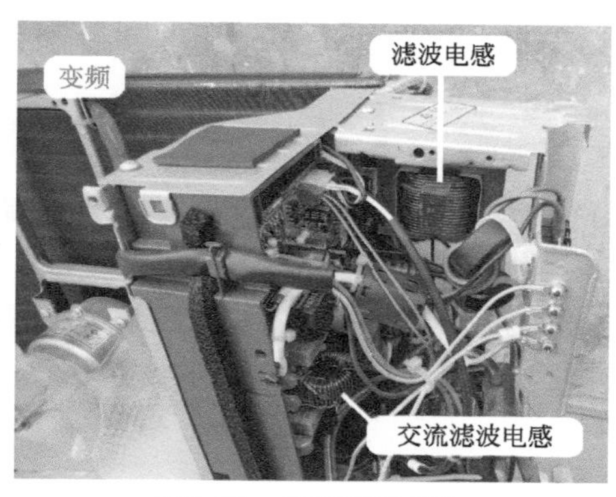

图1-15　电磁干扰保护

④ 温度检测

温度检测见图1-16。

变频空调器为了对压缩机运行时进行最好的控制，设计了室外环温传感器、室外管温传感器、压缩机排气传感器，定频空调器一般没有设计此类器件（只有部分机型设置有室外管温传感器）。

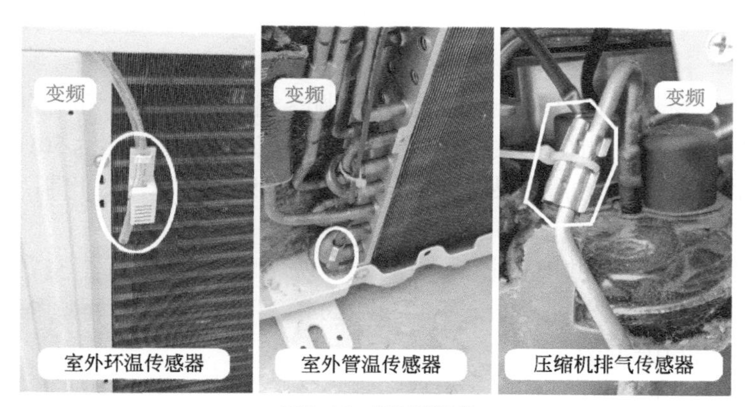

图1-16　温度检测

三、硬件区别

1. 通风系统

室内机均使用贯流式通风系统，室外机均使用轴流式通风系统，两类空调器相同。

2. 制冷系统

均由压缩机、冷凝器、毛细管、蒸发器四大部件组成。区别是压缩机工作原理不同。

3. 主要部件设计位置

两类空调器基本相同。

4. 电控系统

两类空调器电控系统工作原理不同，硬件方面室内机有相同之处，最主要的区别是室外机电控系统。

5. 压缩机

压缩机是定频空调器和变频空调器最根本的区别，变频空调器的室外机电控系统就是为控制变频压缩机而设计。

也可以简单地理解为，将定频空调器的压缩机换成变频压缩机，并配备与之配套的电控系统（方法是增加室外机电控系统，更换室内机主板部分元件），那么这台定频空调器就可以改称为变频空调器。

第二节　变频空调器工作原理和分类

一、变频空调器节电原理和工作原理

1. 节电原理

最普通的交流变频空调器和典型的定频空调器相比，只是压缩机的运行方式不同，定频空调器压缩机供电由市电直接提供，电压为交流220V，频率为50Hz，理论转速为3000r/min，运行时由于阻力等原因，实际转速约为2900r/min，因此制冷量也是固定不变的。

变频空调器压缩机的供电由模块提供，模块输出的模拟三相交流电，频率可以在15～120Hz之间变化，电压可以在30～220V之间变化，因而压缩机转速可以在1500～9000r/min的范围内运行。

压缩机转速升高时，制冷量随之加大，制冷效果加快，制冷模式下房间温度迅速下降，相对应此时空调器耗电量也随之上升；当房间内温度下降到设定温度附近时，电控系统控制压缩机转速降低，制冷量下降，维持房间温度，相对应的此时耗电量也随之下降，从而达到节电的目的。

2. 工作原理

图1-17为变频空调器工作原理方框图，图1-18为变频空调器工作原理实物图。

室内机主板CPU接收遥控器发送的设定模式和设定温度的信号，与室内环温传感器温度相比较，如达到开机条件，控制室内机主控继电器触点闭合，向室外机供电；室内机主板CPU同时根据室内管温传感器温度信号，结合内置的运行程序计算出压缩机的目标运行频率，通过通信电路传送至室外机主板CPU，室外机主板CPU再根据室外环温传感器、室外管温传感器、压缩机排气传感器、市电电压等信号，综合室内机主板CPU传送的信息，得出压缩机的实际运行频率，输出控制信号至IPM模块。

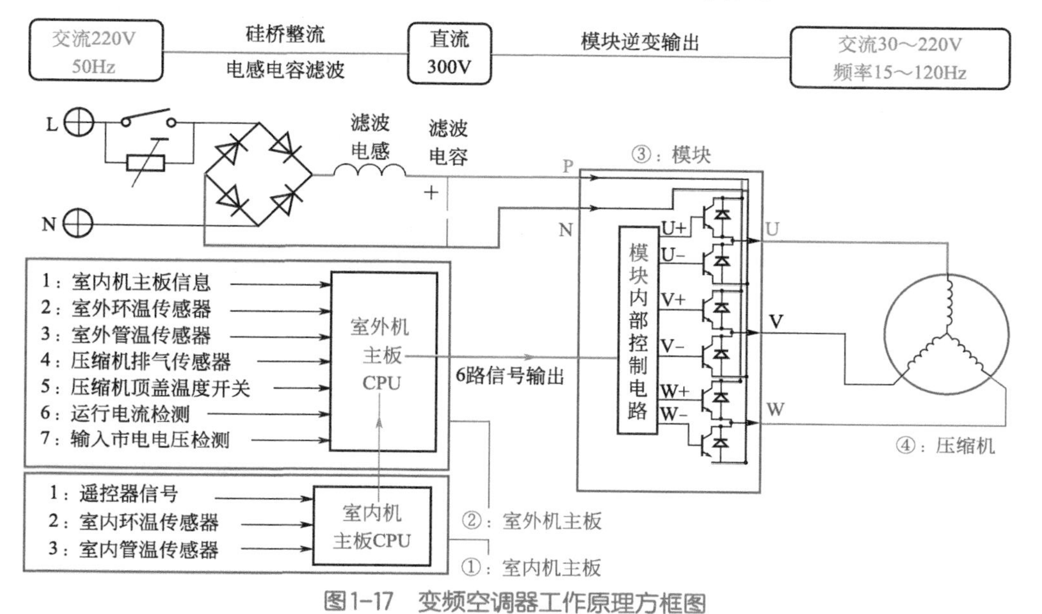

图1-17　变频空调器工作原理方框图

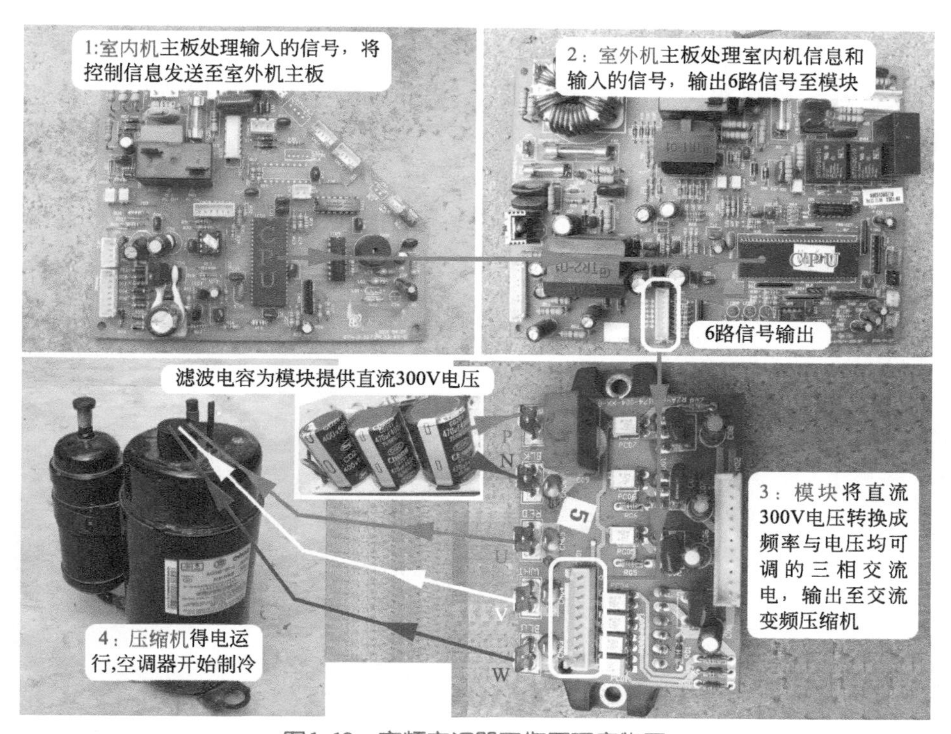

图1-18　变频空调器工作原理实物图

IPM模块是将直流300V转换为频率和电压均可调的三相变频装置，内含6个大功率IGBT开关管，构成三相上下桥式驱动电路，室外机主板CPU输出的控制信号使每只IGBT导通180°，且同一桥臂的两只IGBT一只导通时，另一只必须关断，否则会造成直流300V直接短路。且相邻两相的IGBT导通相位差为120°，在任意360°内都有三只IGBT开关管导通以接通三相负载。在IGBT导通与截止的过程中，输出的三相模拟交流电中带有可以变化的频率，且在一个周期内，如IGBT导通时间长而截止时间短，则输出的三相交流电的电压相对应就会升高，从而达到频率和电压均可调的目的。

IPM模块输出的三相模拟交流电，加在压缩机的三相感应电机上，压缩机运行，系统工作在制冷或制热模式。如果室内温度与设定温度的差值较大，室内机主板CPU处理后送至室外机主板CPU，输出控制信号使IPM模块内部的IGBT导通时间长而截止时间短，从而输出频率和电压均相对较高的三相模拟交流电加至压缩机，压缩机转速加快，单位制冷量也随之加大，达到快速制冷的目的；反之，当房间温度与设定温度的差值变小时，室外机主板CPU输出的控制信号，使得IPM模块输出较低的频率和电压，压缩机转速变慢，降低制冷量。

二、变频空调器分类

变频空调器根据压缩机工作原理和室内风机、室外风机的供电状况可分为3种类型，即交流变频空调器、直流变频空调器、全直流变频空调器。

1. 交流变频空调器

交流变频空调器见图1-19，是最早的变频空调器，也是目前市场上拥有量最大的类型，现在已经进入维修期或淘汰期。

室内风机和室外风机与普通定频空调器上相同，均为交流异步电机，由市电交流220V直接启动运行。只是压缩机转速可以变化，供电为IPM模块提供的模拟三相交流电。

制冷剂通常使用和普通定频空调器相同的R22，一般使用常见的毛细管作节流部件。

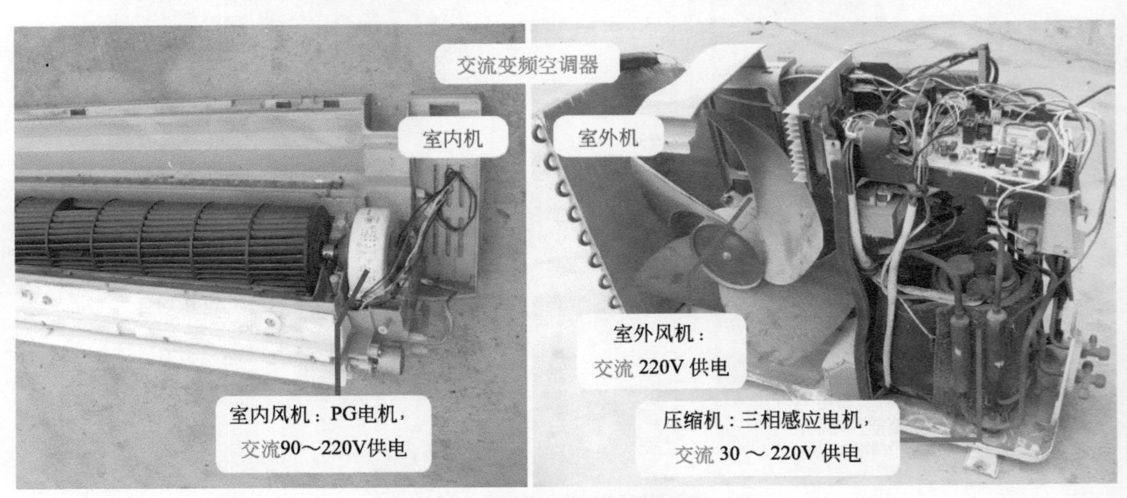

图1-19 交流变频空调器

2. 直流变频空调器

把普通直流电机由永磁铁组成的定子变为转子，将普通直流电机需要换向器和电刷提供电源的线圈绕组（转子）变成定子，这样省掉普通直流电机所必须的电刷，称为无刷直流电机。

使用无刷直流电机作为压缩机的空调器称为直流变频空调器，其在交流变频空调器基础上发展而来，整机的控制原理和交流变频空调器基本相同，只是在室外机电路板上增加了位置检测电路。

直流变频空调器见图1-20，室内风机和室外风机与普通定频空调器上相同，均为交流异步电机，由市电交流220V直接启动运行。

制冷剂早期机型使用R22，目前生产的机型多使用新型环保制冷剂R410A，节流部件同样使用常见且价格低廉但性能稳定的毛细管。

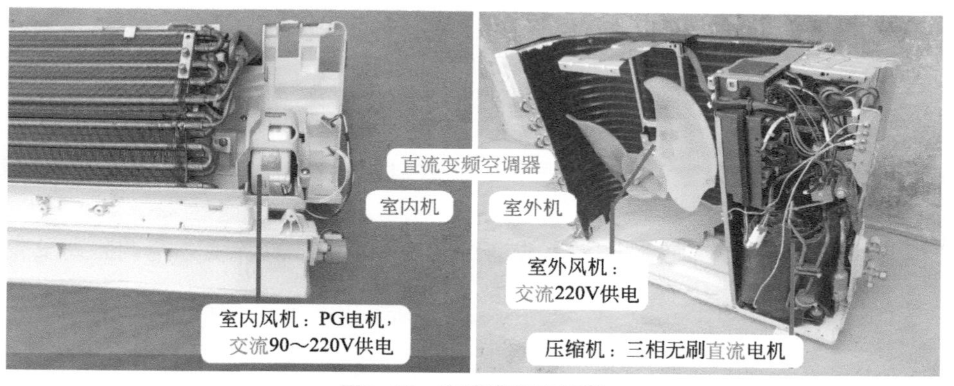

图1-20　直流变频空调器

3. 全直流变频空调器

全直流变频空调器见图1-21，目前属于高档空调器，在直流变频空调器基础上发展而来，与之相比最主要的区别是，室内风机和室外风机均使用直流无刷电机，供电为直流300V电压，而不是交流220V，同时压缩机也使用无刷直流电机。

制冷剂通常使用新型环保的R410A，节流部件也大多使用毛细管，只有少数品牌的机型使用电子膨胀阀，或采用电子膨胀阀和毛细管相结合的方式。

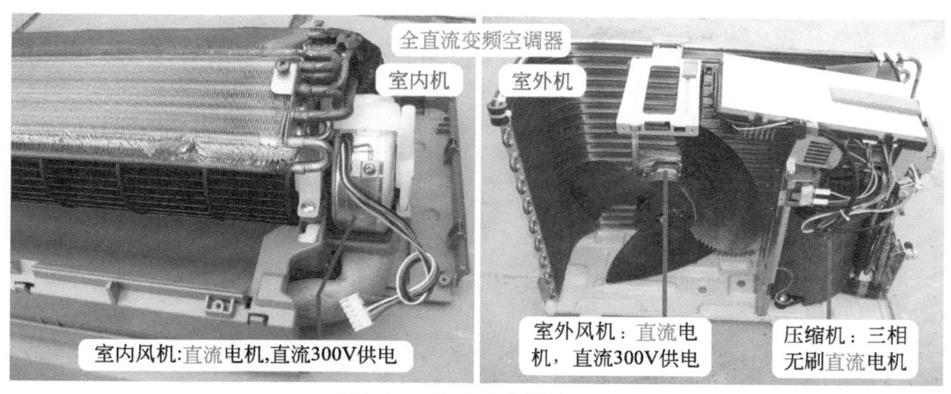

图1-21　全直流变频空调器

三、交流变频空调器和直流变频空调器异同

1. 相同之处

① 制冷系统　定频空调器、交流变频空调器、直流变频空调器的工作原理和实物基本相同，区别是压缩机工作原理和内部结构不同。

② 电控系统　交流变频空调器和直流变频空调器的控制原理、单元电路、硬件实物基本相同，区别是室外机主控CPU对模块的控制原理不同（即脉冲宽度调制方式PWM或脉冲幅度调制方式PAM不同），但控制程序内置在室外机CPU或存储器之中，实物看不到。

③ 模块输出电压（此处指万用表实测电压）　交流变频空调器IPM模块输出频率和电压均可调的模拟三相交流电，频率和电压越高，压缩机转速就越快。直流变频空调器的IPM模块同样输出频率和电压均可调的模拟三相交流电，频率和电压越高，压缩机转速就越快。

2. 整机不同之处

① 压缩机　交流变频空调器使用三相感应式电机，直流变频空调器使用无刷直流电机，两者的内部结构不同。

② 位置检测电路　直流变频空调器设有位置检测电路，交流变频空调器则没有。

3. 交流变频空调器和直流变频空调器模块不同之处

在实际应用中，同一个型号的模块既能驱动交流变频空调器的压缩机，也能驱动直流变频空调器的压缩机，所不同的是由模块组成的控制电路板不同。驱动交流变频压缩机的模块板通过改动程序（即修改CPU或存储器的内部数据），即可驱动直流变频压缩机。模块板硬件方面有以下几种区别。

① 模块板增加位置检测电路

仙童FSBB15CH60模块，在海信KFR-28GW/39MBP交流变频空调器中，见图1-22，驱动交流变频压缩机。

海信KFR-33GW/25MZBP直流变频空调器中，见图1-23，基板上增加位置检测电路，驱动直流变频压缩机。

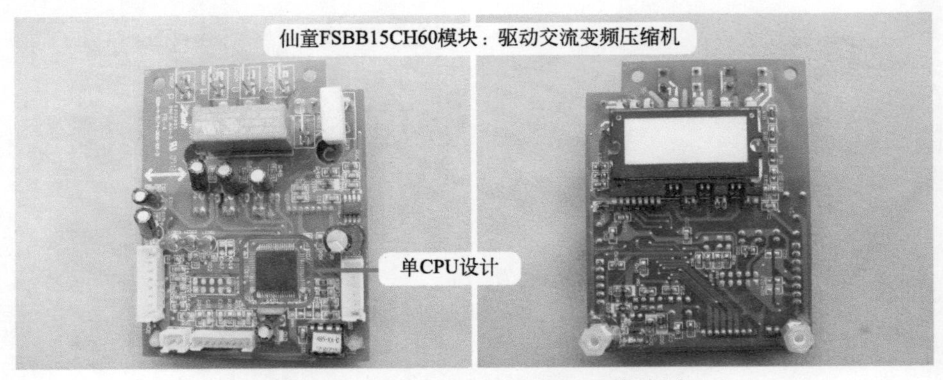

图1-22　海信KFR-28GW/39MBP模块板

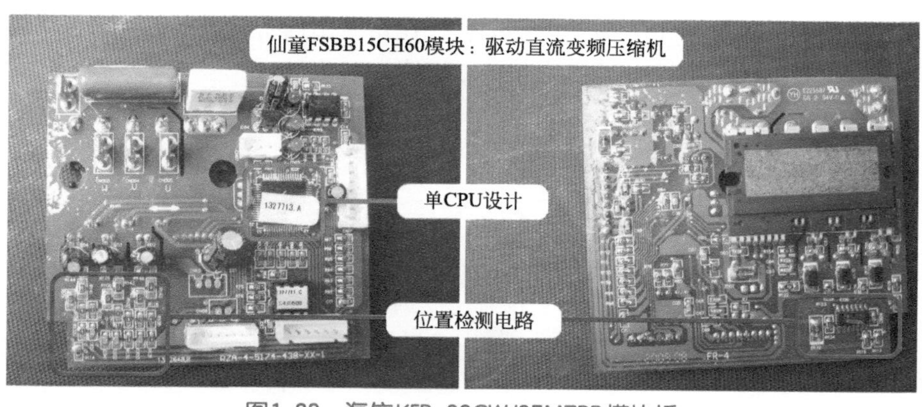

图1-23　海信KFR-33GW/25MZBP模块板

② 模块板双CPU控制电路

三洋STK621-031（041）模块，在海信KFR-26GW/18BP交流变频空调器中，见图1-24，驱动交流变频压缩机。

海信KFR-32GW/27ZBP中，见图1-25，模块板使用双CPU设计，其中一个CPU的作用是和室内机通信，采集温度信号，并驱动继电器等，另外一个CPU专门控制模块，驱动直流变频压缩机。

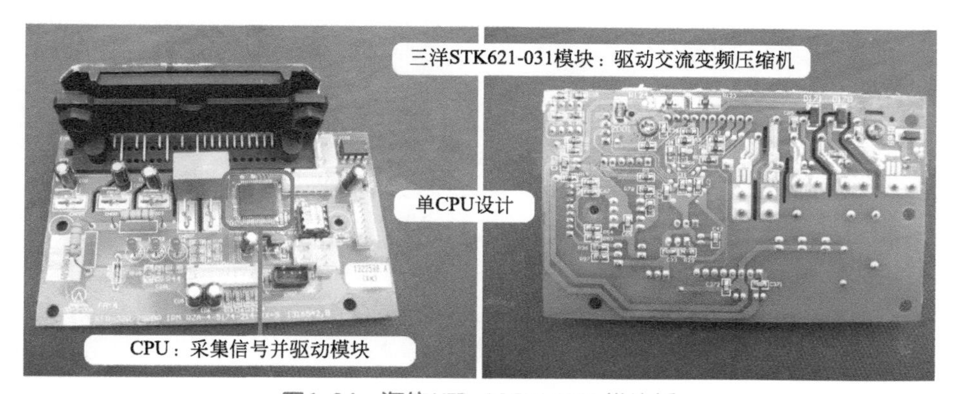

图1-24　海信KFR-26GW/18BP模块板

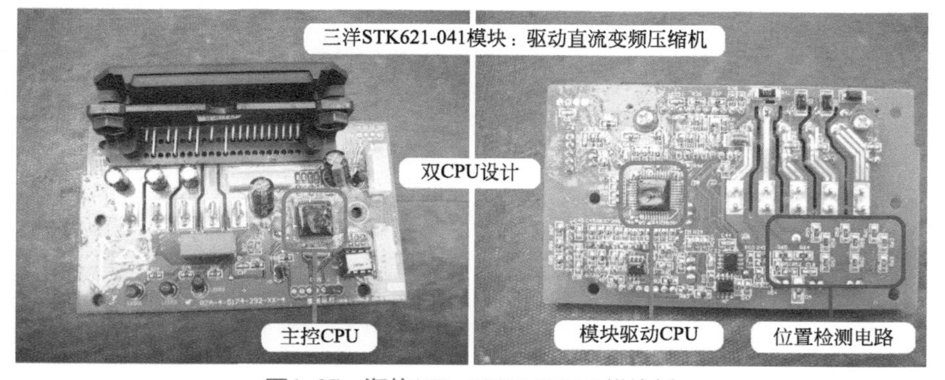

图1-25　海信KFR-32GW/27ZBP模块板

③ 双主板双CPU设计电路

目前常用的一种设计型式设有室外机主板和模块板，见图1-26、图1-27，每块电路板上面均设计有CPU，室外机主板为主控CPU，作用是采集信号和驱动继电器等，模块板为模块驱动CPU，专门用于驱动变频模块和PFC模块。

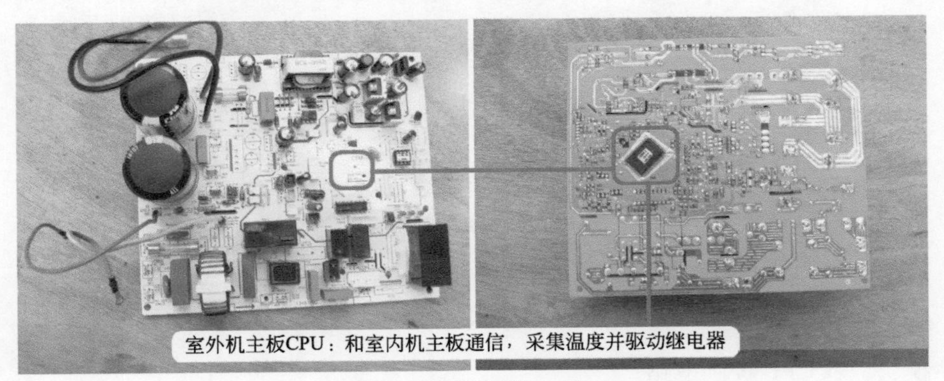

图1-26 室外机主板

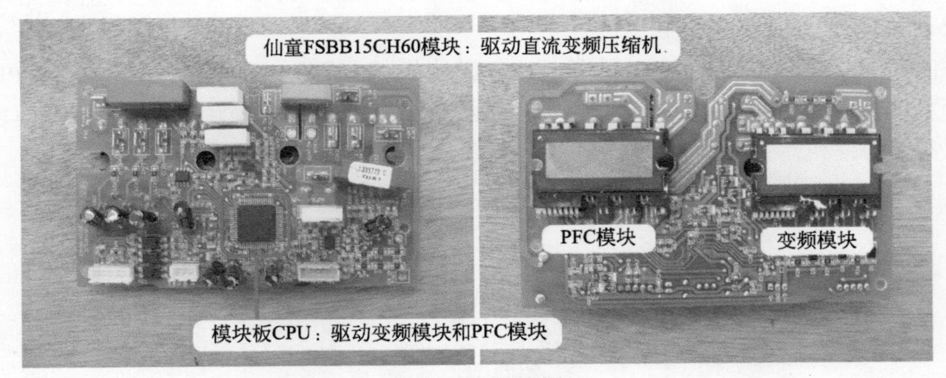

图1-27 模块板

变频空调器通用元器件检测与维修

变频空调器在定频空调器的基础上升级而来，因此很多元器件既可以在定频空调器中使用，也可以在变频空调器中使用，本章介绍比较常见的通用元器件。

第一节 主板元件

一、按键

1. 实物外形

按键开关使用在应急开关电路或按键电路中，挂式空调器通常只使用1个，而柜式空调器则使用多个（通常为6个左右）。

图2-1左图中按键常用在挂式空调器之中，共有4个引脚，其中2个为支撑引脚，通常直接接地；2个为开关引脚，接CPU相关引脚。

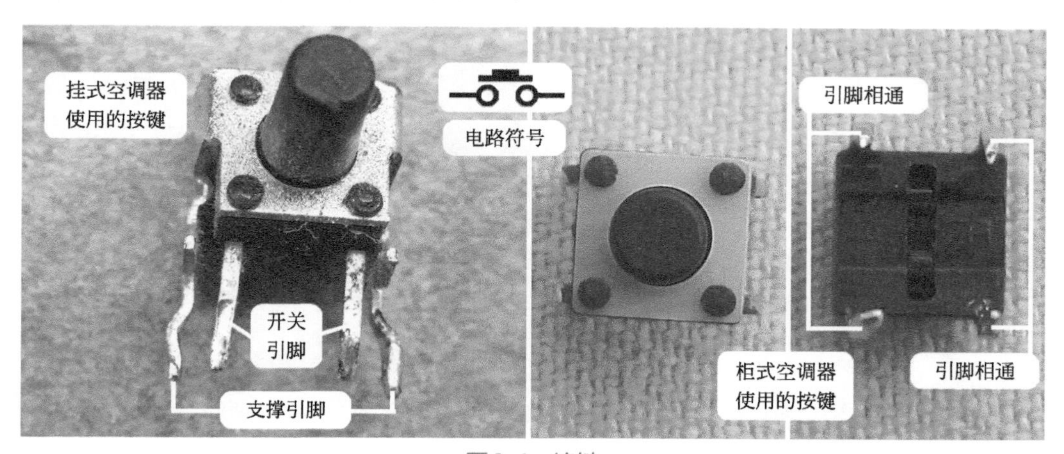

图2-1 按键

图2-1右图中按键常用在柜式空调器之中，也共有4个引脚，未设支撑引脚，其中左侧2个引脚在内部相通连在一起，右侧2个引脚在内部相通连在一起，其实4个引脚也相当于2个引脚。

2. 测量按键开关引脚阻值

使用万用表电阻挡，分未按压按键时和按压按键时两次测量。

① 未按压按键时测量开关引脚阻值

未按压按键时测量开关引脚阻值见图2-2。

未按压按键时，引脚连接的内部触点并不相通，因此正常阻值应为无穷大；如果实测约200kΩ或更小，为按键开关漏电损坏，会引起空调器自动开机或关机的故障。对于不定时自动开关机故障，为判断故障原因可以直接将按键开关取下试机。

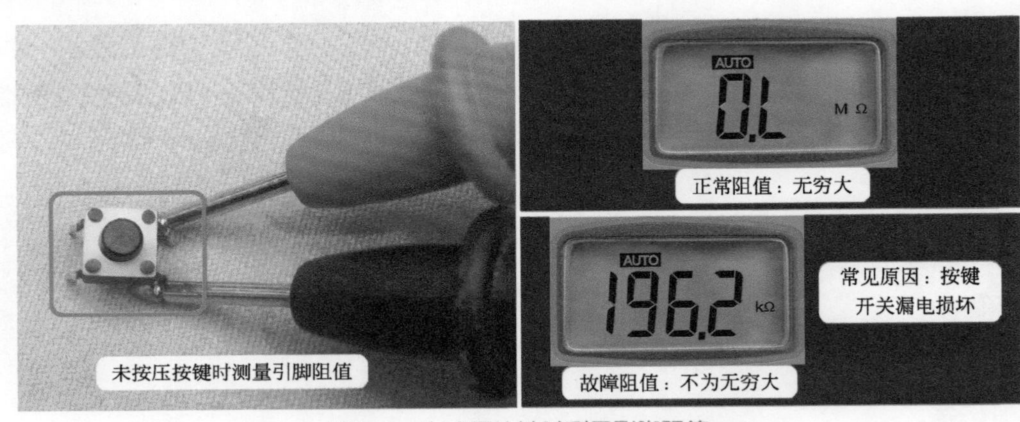

图2-2　未按压按键时测量引脚阻值

② 按压按键时测量开关引脚阻值。

按压按键时测量开关引脚阻值见图2-3。

按压按键时，引脚连接的触点在内部相通，因此阻值应为0Ω；如果实测阻值为无穷大，为内部触点开路损坏，引起按压按键但空调器没有反应的故障；如果按压按键时有约10kΩ的阻值，为内部触点接触不良，根据空调器电路的设计特点，会出现按键不灵敏或功能键错乱，比如按下温度减键，而室内机主板在转换空调器的运行模式。

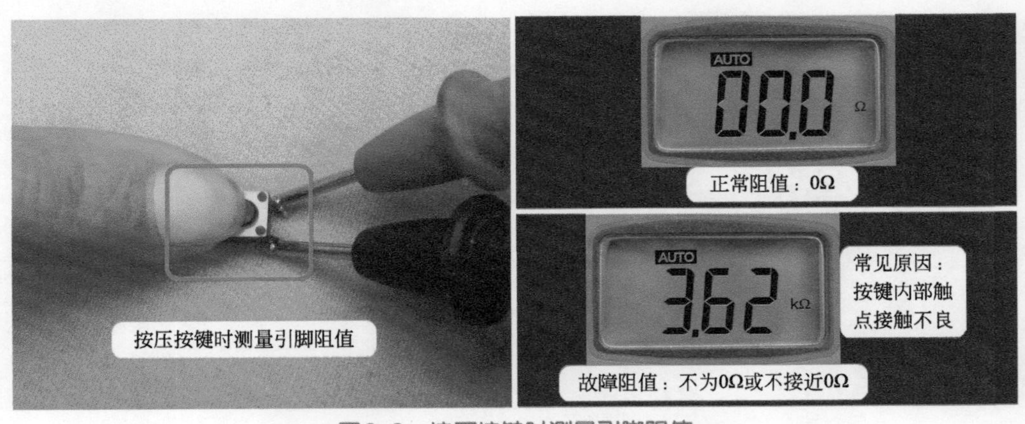

图2-3　按压按键时测量引脚阻值

二、接收器

1. 安装位置

显示板组件通常安装在前面板或室内机的右下角，格力KFR-32GW/（32556）FNDe-3空调器，显示板组件使用指示灯＋数码管的方式，见图2-4，安装在前面板，前面板留有透明窗口，称为接收窗，接收器对应安装在接收窗后面。

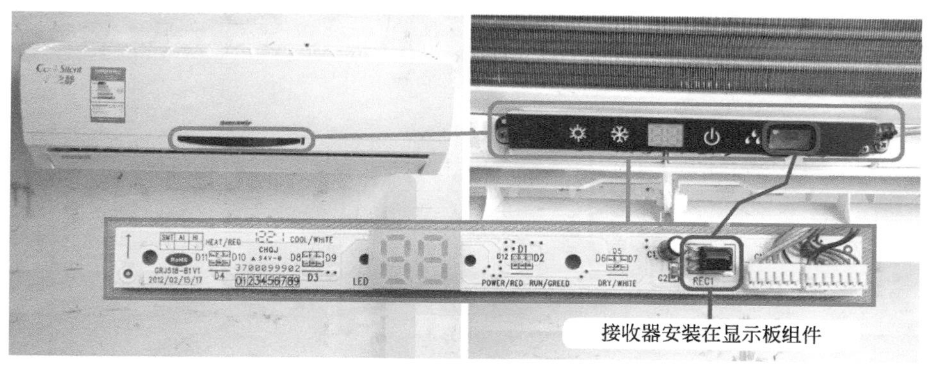

图2-4 安装位置

2. 实物外形和引脚功能

（1）实物外形

接收器内部含有光敏元件，即接收二极管，见图2-5，其通过接收窗口接收某一频率范围的红外线，当接收到相应频率的红外线，光敏元件产生电流，经内部*I-V*电路转换为电压，再经过滤波、比较器输出脉冲电压、内部三极管电平转换，接收器的信号引脚输出脉冲信号送至室内机主板CPU处理。

接收器对光信号的敏感区由于开窗位置不同而有所不同，且不同角度和距离其接收效果也有所不同；通常光源与接收器的接收面角度越接近直角，接收效果越好，接收距离一般大于7米。

接收器实现光电转换，将确定波长的光信号转换为可检测的电信号，因此又叫光电转换器。由于接收器接收的是红外光波，其周围的光源、热源、节能灯、日光灯及发射相近频率的电视机遥控器等，都有可能干扰空调器的正常工作。

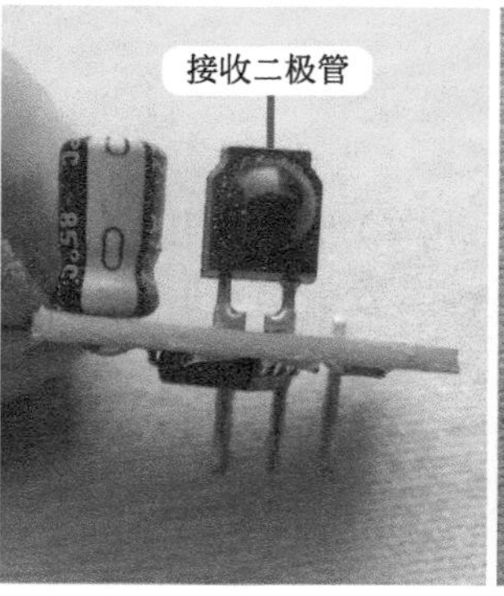

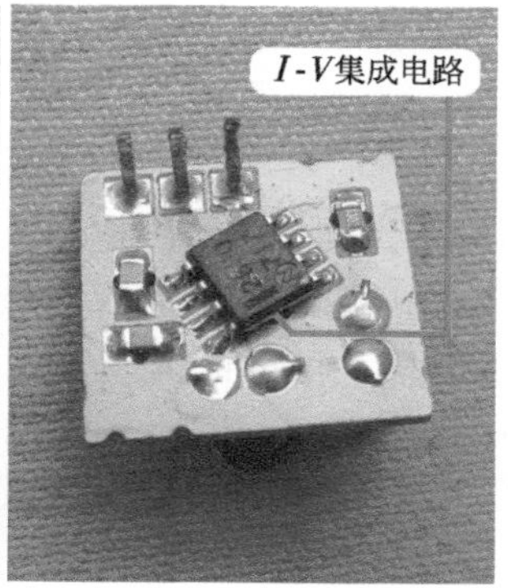

图2-5 接收器组成

（2）引脚功能

目前接收器通常为一体化封装，38B和38S接收器实物外形和引脚功能见图2-6。接收器工作电压为直流5V，共有3个引脚，功能分别为地、电源（供电+5V）、信号（输出），外观为黑色，部分型号表面有铁皮包裹，通常和发光二极管（或LED显示屏）一起设计在显示板组件。常见接收器型号为38B、38S、1838，0038等。

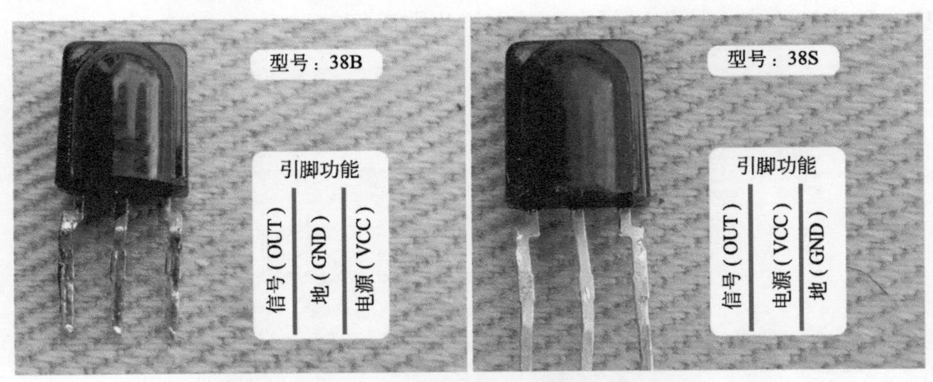

图2-6 38B和38S接收器实物外形和引脚功能

（3）引脚功能判断方法

在维修时如果不知道接收器引脚功能，见图2-7，可查看显示板组件上滤波电容的正极和负极引脚、连接至接收器引脚加以判断：滤波电容正极连接接收器电源（供电）引脚、负极连接地引脚，接收器的最后一个引脚为信号（输出）。

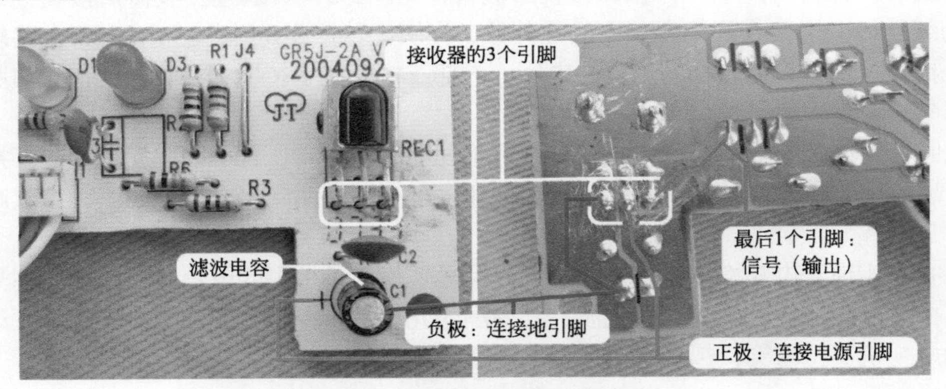

图2-7 接收器引脚功能判断方法

3. 接收器检测方法

接收器在接收到遥控信号（动态）时，输出端由静态电压会瞬间下降至约直流3V，然后再迅速上升至静态电压。遥控器发射信号时间约1S，接收器接收到遥控信号时输出端电压也有约1s的时间瞬间下降。

使用万用表直流电压挡，见图2-8，动态测量接收器输出引脚电压，黑表笔接地引脚（GND）、红表笔接信号引脚（OUT），检测的前提是电源引脚（5V）电压正常。

① 接收器信号引脚静态电压：在无信号输入时电压应稳定约为5V。如果电压一直在2～4V跳动，为接收器漏电损坏，故障表现为有时接收信号有时不能接收信号。

② 按压按键遥控器发射信号，接收器接收并处理，信号引脚电压瞬间下降（约1S）至约3V。如果接收器接收信号时，输出引脚电压不下降即保持不变，为接收器不接收遥控信号故障，应更换接收器。

③ 松开遥控器按键，遥控器不再发射信号，接收器输出引脚电压上升至静态电压约5V。

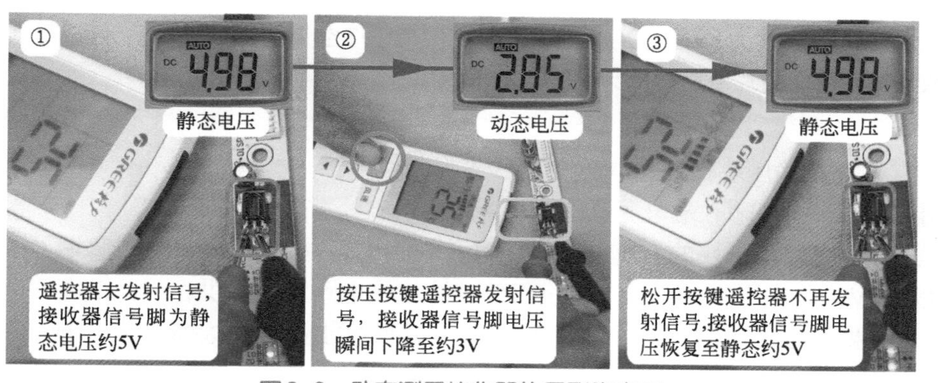

图2-8　动态测量接收器信号引脚电压

三、7805稳压块和7812稳压块

1. 外形和作用

7805稳压块和7812稳压块使用在直流电压的稳压电路，实物外形见图2-9，作用是在电网电压变化时保持主板直流5V和12V电压的稳定，安装在主滤波电容附近。考虑到节省成本及直流12V负载情况，部分主板设计时取消了7812稳压块。

7805稳压块和7812稳压块均设有3个引脚，从左到右依次为：输入端、地、输出端。最高输出电流为1.5A，最高输入电压为直流35V。7805稳压块和7812稳压块有铁壳封装和塑封两种封装方式，使用铁壳封装时，铁壳（即散热片）和地脚相通。

78后面的数字代表输出正电压的数值，以“V”为单位。5V稳压块表面印有7805字样，其输出端为稳定的5V；12V稳压块表面印有7812字样，其输出端为稳定的12V。前面英文字母为生产厂家或公司代号，后缀为系列号。

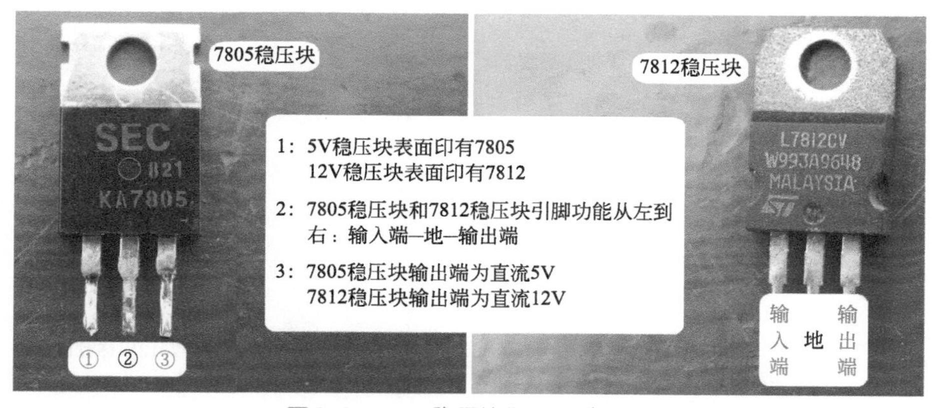

图2-9　7805稳压块和7812稳压块

2. 测量7812稳压块输入端和输出端电压

使用万用表直流电压挡，测量7812稳压块的输入端和输出端电压。

说明

示例主板为格力KFR-32GW/（32556）FNDe-3空调器上所使用，7812稳压块设有散热片，为使图片上清晰，测量时取下了散热片。

① 测量7812稳压块输入端电压

测量7812稳压块输入端电压见图2-10。

黑表笔接7812稳压块的②脚地（实测时接铁壳也可以）、红表笔接①脚输入端，实测电压约为18V，此电压由变压器二次绕组经整流滤波电路直接提供，因此随电网电压变化而变化。如果实测电压为0V，常见为变压器一次绕组开路或整流滤波电路出现故障。

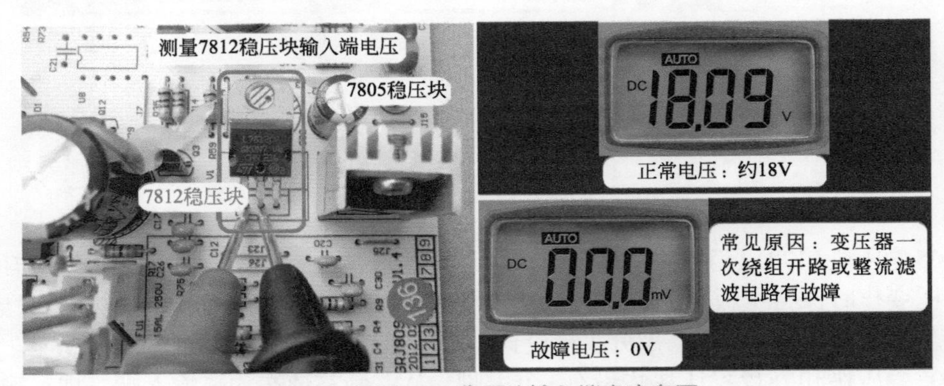

图2-10 测量7812稳压块输入端直流电压

② 测量7812稳压块输出端电压

测量7812稳压块输出端电压见图2-11左图和右图。

黑表笔接7812稳压块的②脚地、红表笔接③脚输出端，正常电压应为稳定的直流12V；如果实测电压为0V，在输入电压正常的前提下，常见为7812稳压块损坏或12V负载有短路故障。

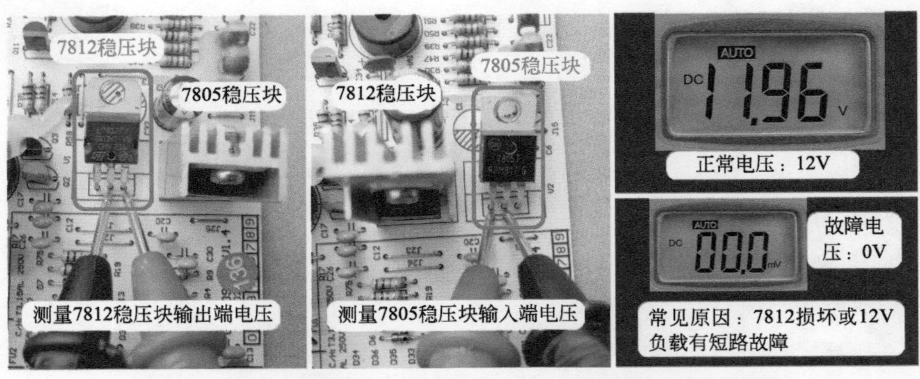

图2-11 测量7812稳压块输出端和7805稳压块输入端直流电压

3. 测量7805稳压块输入端和输出端电压

① 测量7805稳压块输入端电压

测量7805稳压块输入端电压见图2-11中图和右图。

黑表笔接7805稳压块的②脚地、红表笔接①脚输入端，正常电压应为稳定的直流12V；如果实测电压为0V，在输入电压正常的前提下，常见为7812稳压块损坏或12V负载有短路故障。

如果室内机主板未设计7812稳压块，则7805稳压块输入端电压约为直流14V，此电压由变压器二次绕组经整流滤波电路直接提供，因此随电网电压变化而变化。

② 测量7805稳压块输出端电压

测量7805稳压块输出端电压见图2-12。

黑表笔接7805稳压块的②脚地、红表笔接③脚输出端，正常电压为稳定的直流5V；如果实测电压为0V，在输入电压正常的前提下，常见为7805稳压块损坏或5V负载有短路故障。

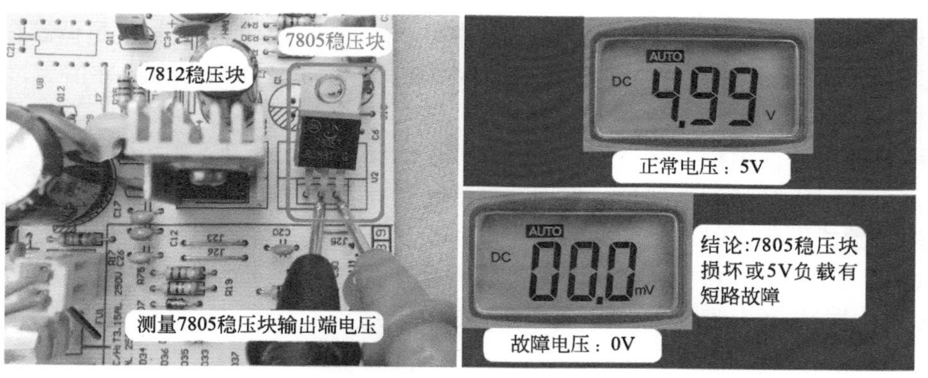

图2-12 测量7805稳压块输出端电压

第二节 外围元器件

一、遥控器

1. 结构

遥控器是一种远控机械的装置，遥控距离≥7米，结构见图2-13，由主板、显示屏、按键、后盖、前盖、电池盖等组成，控制电路单设有1个CPU，位于主板反面。

2. 供电

遥控器供电通常使用2节AAA电池，每节电池电压为直流1.5V，2节电压共3V。早期遥控器通常使用5号电池，目前则通常使用7号电池。

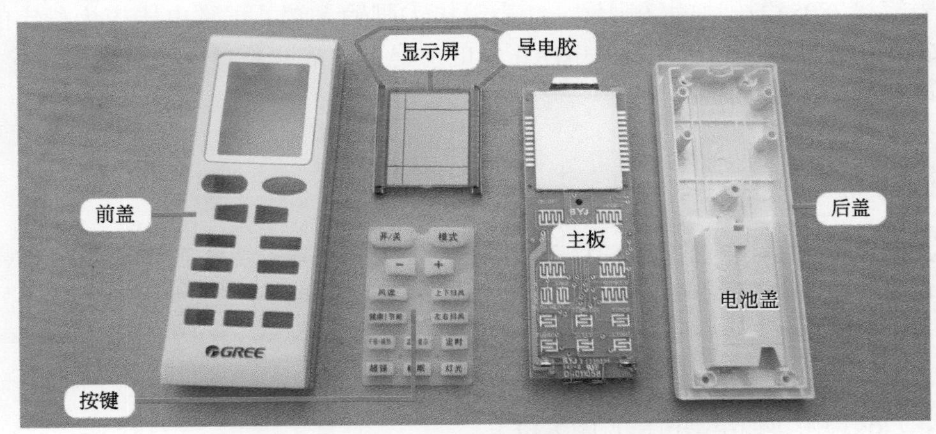

图2-13 遥控器结构

3. 晶振电路和键盘电路

品牌遥控器晶振电路通常使用2个晶振，见图2-14左图。一个频率为4MHz，产生的脉冲信号经8次分频，得出38KHz的载波脉冲频率，遥控器发射的信号就是调制在38KHz载波频率上向外发送；另一个频率为32.768KHz，产生32.768KHz的脉冲信号，主要供CPU晶振（时钟）电路。

见图2-14右图，键盘电路由按键和电路板上键盘矩阵电路组成。按键上面的黑点为导电橡胶，正常阻值约40～150Ω，常用的按键如开关、温度加、温度减等，通常会增加导电橡胶的个数或面积，以增加使用寿命；电路板上的键盘矩阵电路每个开关，都有2根引线连接CPU的引脚；当按下按键时，导电橡胶使开关导通，也就是说CPU的其中2个引脚相通，CPU根据相通引脚判断出按键的信息（如开关）。

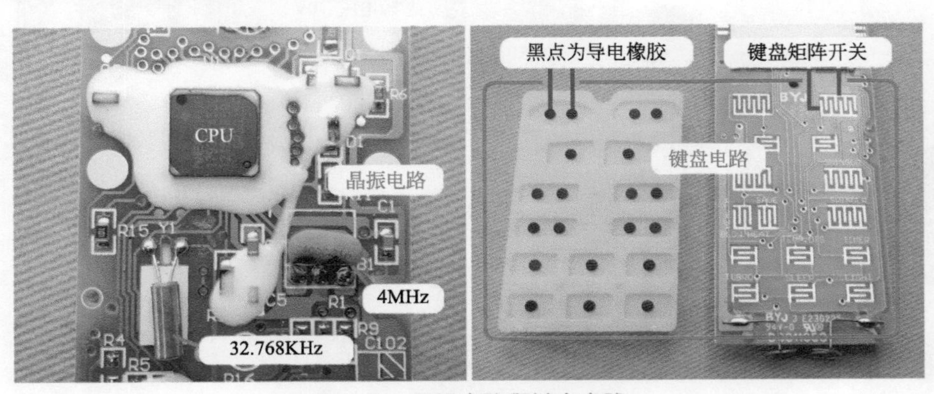

图2-14 晶振电路和键盘电路

4. 显示流程

电路板和LCD显示屏通过斑马线式导电胶相连，见图2-15，斑马线式导电胶是一种多个引线并联的导电橡胶。CPU需要控制显示屏显示时，输出的控制信号经导电胶送至显示屏，从而控制显示屏按CPU的要求显示。

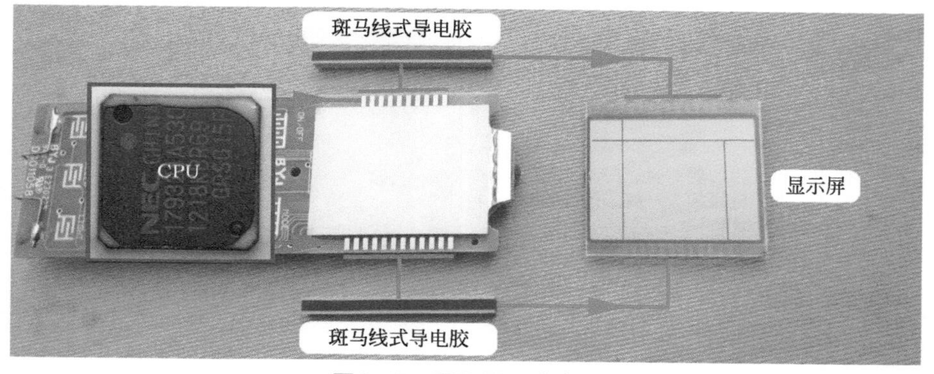

图2-15 显示屏驱动流程

5. 发射二极管驱动电路

发射二极管驱动电路原理图见图2-16左图，实物图见图2-16右图。

当按压按键时，CPU通过引脚检测到相应的按键功能（如开关），经过指令编码器转换为相应的二进制数字编码指令（以便遥控器信号被室内机主板CPU识别读出），再送至编码调制器，将二进制的编码指令调制在38KHz的载频信号上面，形成调制信号从CPU引脚输出，经R4送至三极管Q1的基极，Q1的集电极和发射极导通，3V电压正极经R12、红外发光二极管（发射二极管）LED、Q1到3V电压负极，LED将调制信号发射出去，发射距离约7米。

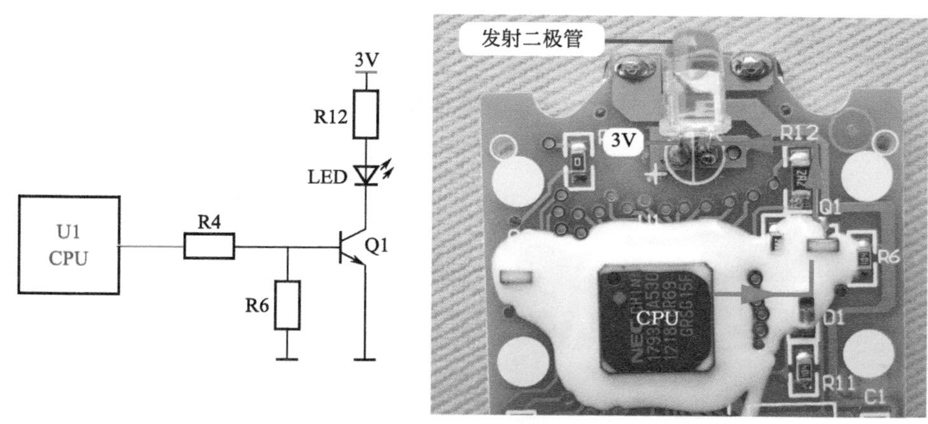

图2-16 发射二极管驱动电路原理图和实物图

6. 遥控器检查方法

遥控器发射的红外线信号，肉眼看不到，但手机的摄相头却可分辨出来，检查方法是使用手机的摄相功能，见图2-17，将遥控器发射二极管（也称为红外发光二极管）对准手机摄相头，在按压按键的同时观察手机屏幕。

① 在手机屏幕上观察到发射二极管发光，说明遥控器正常。

② 在手机屏幕上观察发射二极管不发光，说明遥控器损坏。

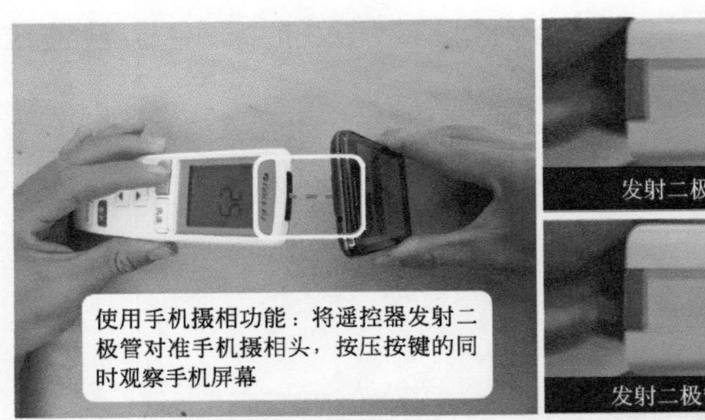

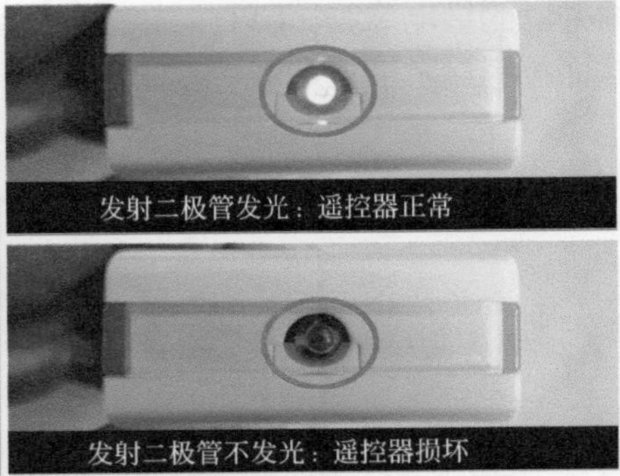

图2-17　使用手机摄相功能检查遥控器

二、变压器

1. 安装位置和作用

挂式空调器的变压器安装在室内机电控盒上方的下部位置，见图2-18左图，柜式空调器的变压器安装在电控盒的左侧或右侧位置。

变压器插座在主板上英文符号为T或TRANS。见图2-18右图，变压器通常有2个插头，大插头为一次绕组（俗称初级线圈），小插头为二次绕组（俗称次级线圈）。变压器工作时将交流220V电压降低到主板需要的电压，内部含有一次绕组和二次绕组2个线圈，一次绕组通过变化的电流，在二次绕组产生感应电动势，因一次绕组匝数远大于二次绕组，所以二次绕组感应的电压为较低电压。

说明

如果主板电源电路使用开关电源，则不再使用变压器。

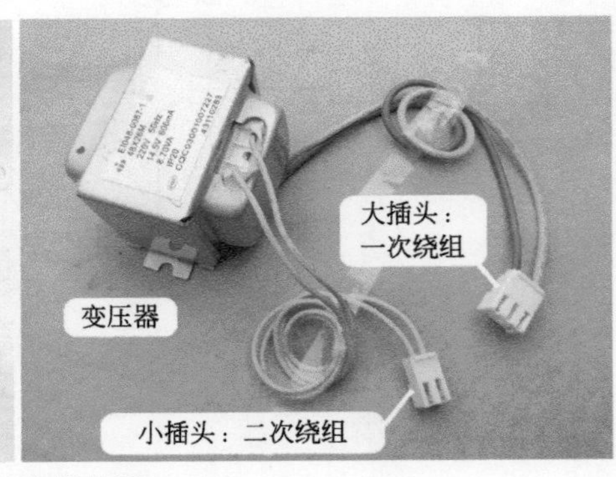

图2-18　安装位置

2. 测量变压器绕组阻值

示例为格力KFR-32GW/（32556）FNDe-3挂式变频空调器上使用的一路输出型变压器，使用万用表电阻挡，测量一次绕组和二次绕组阻值。

① 测量一次绕组阻值

测量一次绕组阻值见图2-19。

变压器一次绕组使用的铜线线径较细且匝数较多，所以阻值较大，正常为200～600Ω，实测阻值为332Ω。

一次绕组阻值根据变压器功率的不同，实测阻值也各不相同，柜式空调器使用的变压器功率大，实测时阻值小（某型号柜式空调器变压器一次绕组实测为203Ω）；挂式空调器使用的变压器功率小，实测时阻值大。

如果实测时阻值为无穷大，说明一次绕组开路故障，常见原因有绕组开路或内部串接的温度保险开路。

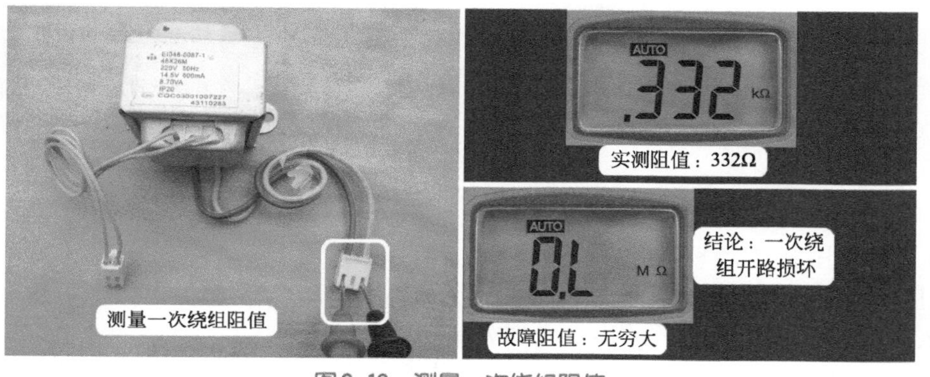

图2-19　测量一次绕组阻值

② 测量二次绕组阻值

测量二次绕组阻值见图2-20。

变压器二次绕组使用的铜线线径较粗且匝数较少，所以阻值较小，正常为0.5～2.5Ω，实测阻值为1.5Ω。

二次绕组短路时阻值和正常阻值相接近，使用万用表电阻挡不容易判断是否损坏。如二次绕组短路故障，常见表现为屡烧熔丝管（俗称保险管）和一次绕组开路，检修时如变压器表面温度过高，检查室内机主板和供电电压无故障后，可直接更换变压器。

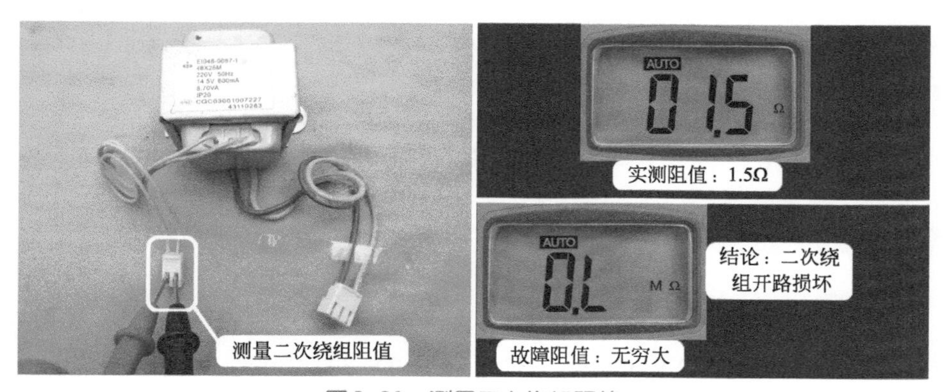

图2-20　测量二次绕组阻值

3. 测量变压器绕组插座电压

① 测量变压器一次绕组插座电压

使用万用表交流电压挡，见图2-21，测量变压器一次绕组插座电压，由于与交流220V电源并联，因此正常电压为交流220V。

如果实测电压为0V，可以判断变压器一次绕组无供电，表现为整机上电无反应的故障现象，应检查室内机电源接线端子电压和熔丝管阻值。

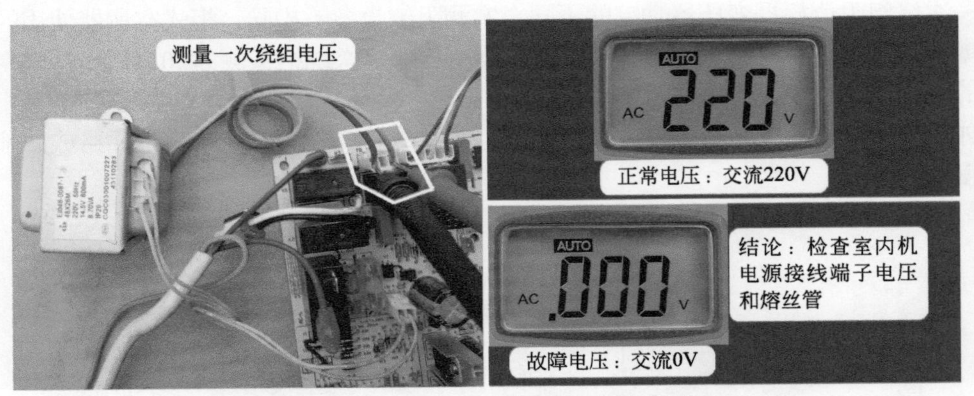

图2-21 测量变压器一次绕组插座电压

② 测量变压器二次绕组插座电压

变压器二次绕组输出电压经整流滤波后为直流12V和5V负载供电，使用万用表交流电压挡，见图2-22，实测电压约为交流15V。

如果实测电压为交流0V，在变压器一次绕组供电电压正常和负载无短路的前提下，可大致判断变压器损坏。

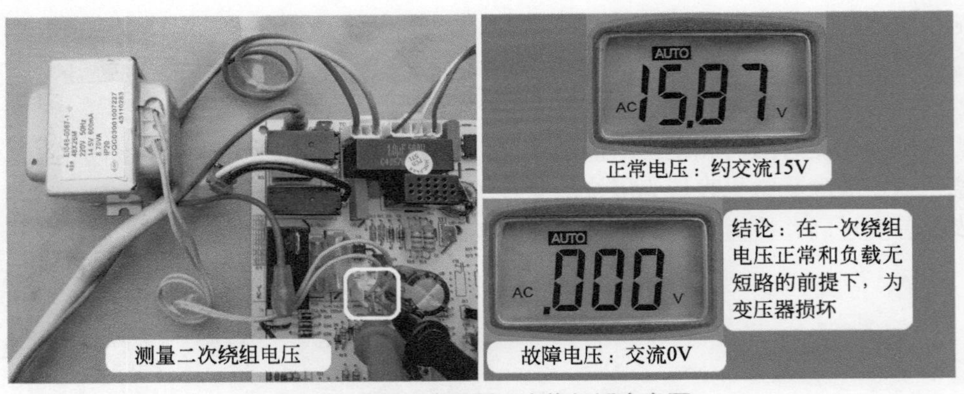

图2-22 测量变压器二次绕组插座电压

三、辅助电加热

1. 安装位置

见图2-23左图，格力KFR-32GW/（32556）FNDe-3挂式变频空调器的辅助电加热安装在蒸发器顶部的内侧，位于贯流风扇的上部。空调器工作在制热模式时，房间空气经蒸发器和辅助电加热双重加热，由出风口吹出，从而快速提高房间温度。

取下蒸发器左侧的固定螺丝，从左侧向上掀起蒸发器，即可看见辅助电加热。取下蒸发器后并翻到反面，见图2-23右图，可直观地查看到辅助电加热固定在蒸发器上面，本机使用PTC式。

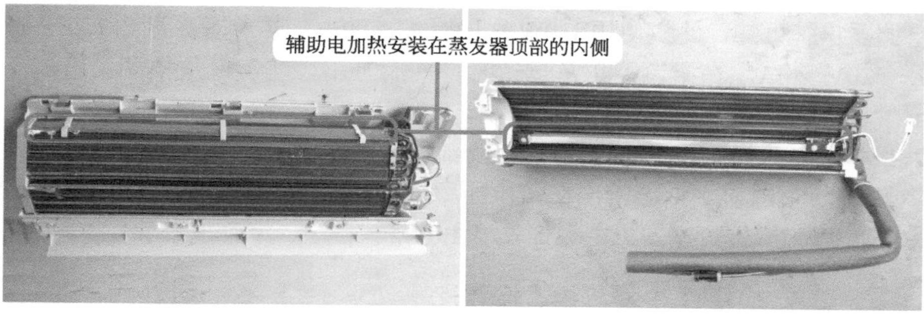

图2-23　安装位置

2. PTC式辅助电加热构造

PTC式辅助电加热构造见图2-24，由PTC加热器、左右2个固定支架、75℃温度保险、2根供电引线及插头组成。

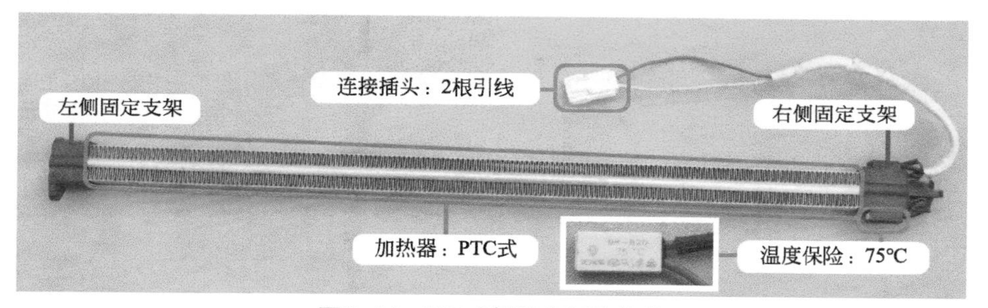

图2-24　PTC式辅助电加热构造

3. PTC加热器特点

见图2-25，PTC加热器使用PTC热敏电阻做为发热源，安装在铝管内且与铝管绝缘，铝管外面安装以铝合金材料制成的翅片状散热器，装有过热保护器，具有结构简单、自动控温、升温快速、可随工作电压的变化自动调节输出功率和电流等优点。

当由于室内风机停止运行等原因，使得PTC加热器得不到充分散热，其功率会自动下降，从而降低自身温度，可最大限度避免火灾等事故。

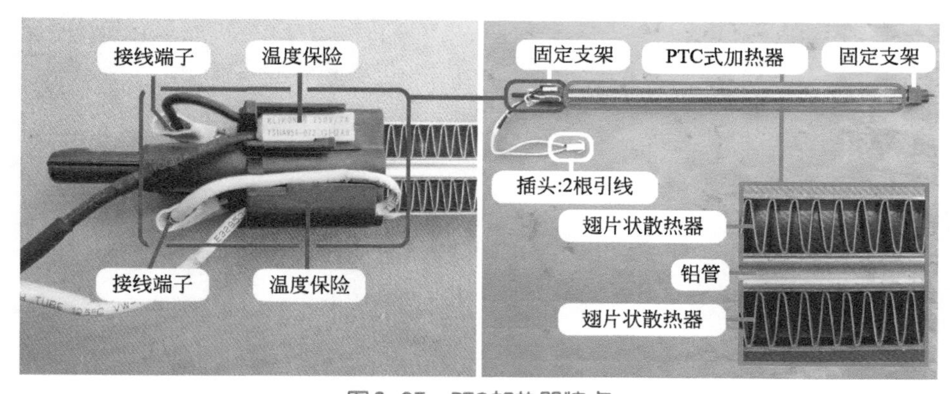

图2-25　PTC加热器特点

4. 测量电流

从空调器铭牌可知，此机使用880W的PTC式辅助电加热装置，见图2-26，额定电流为880W ÷ 220V = 4A；在空调器正常运行时，使用万用表交流电流挡测量电流，实测约4A，和计算值相同，可说明工作正常。

如果实测时电流为0A，应使用万用表交流电压挡测量供电插头的交流电压，如为交流220V，可判断室内机主板已输出交流电压，应测量PTC加热器或75℃温度保险阻值；如电压为交流0V，应检查室内机主板相关单元电路。

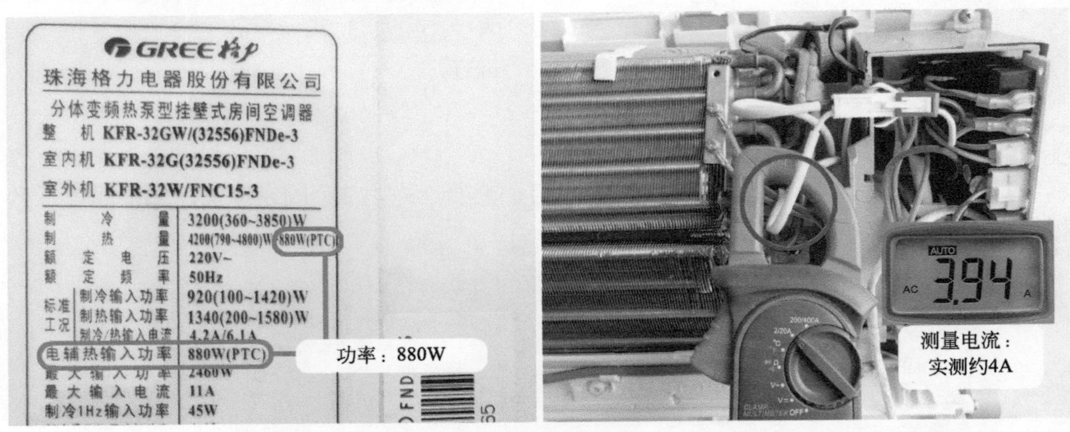

图2-26 测量电流

5. 测量阻值

首先拔下供电插头，使用万用表电阻挡，见图2-27，测量供电插头内的引线，由于PTC热敏电阻阻值随温度变化而迅速变化，PTC辅助电加热长时间未使用过，即表面温度为常温（此时房间温度约10℃），实测阻值约250Ω；当PTC辅助电加热工作约10min后，即表面温度较高，关闭空调器并迅速拔下电源插头，实测阻值约37Ω，并随温度下降，阻值也逐渐上升。

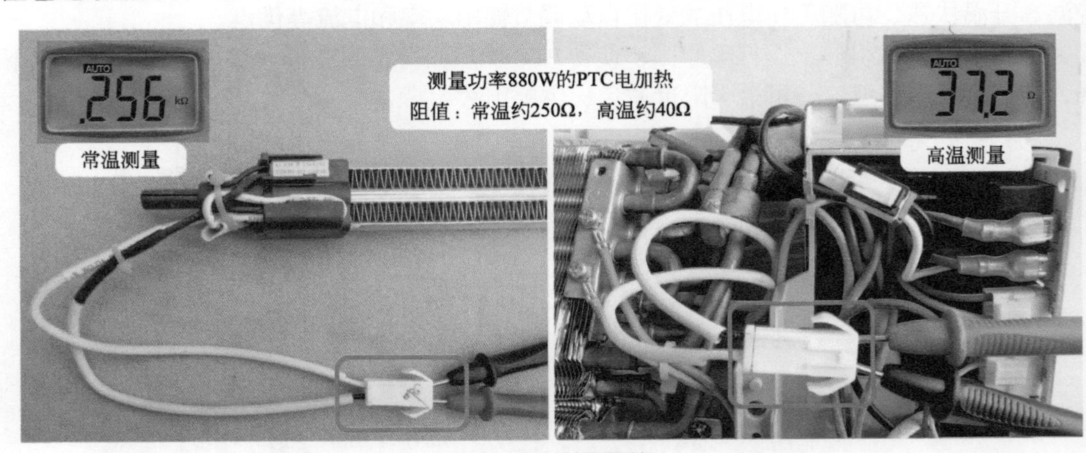

图2-27 测量阻值

第三节 电机

一、步进电机

1. 挂式空调器中使用的步进电机

步进电机是一种将电脉冲转化为角位移动的执行机构，通常使用在挂式空调器上面。见图2-28左图，步进电机设计在室内机右侧下方的位置，固定在接水盘上，作用是驱动导风板（风门叶片）上下转动，使室内风机吹出的风到达用户需要的地方。

步进电机实物外形和线圈接线图见图2-28右图，示例步进电机型号为MP24AA，供电电压为直流12V，共有5根引线，驱动方式为4相8拍。

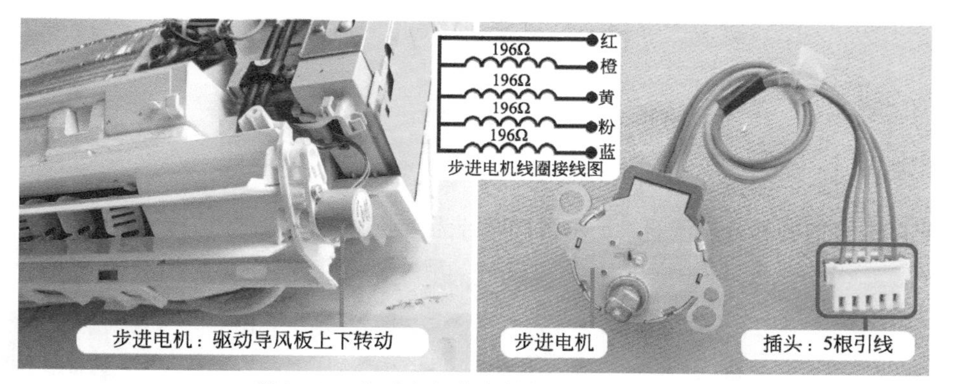

图2-28 步进电机的安装位置和实物外形

2. 柜式空调器中使用的步进电机

早期的柜式空调器上下风门叶片通常为手动调节，左右风门叶片由同步电机（交流220V供电）驱动，但在目前的柜式空调器中，见图2-29，上下和左右风门叶片通常由步进电机（直流12V供电）驱动。

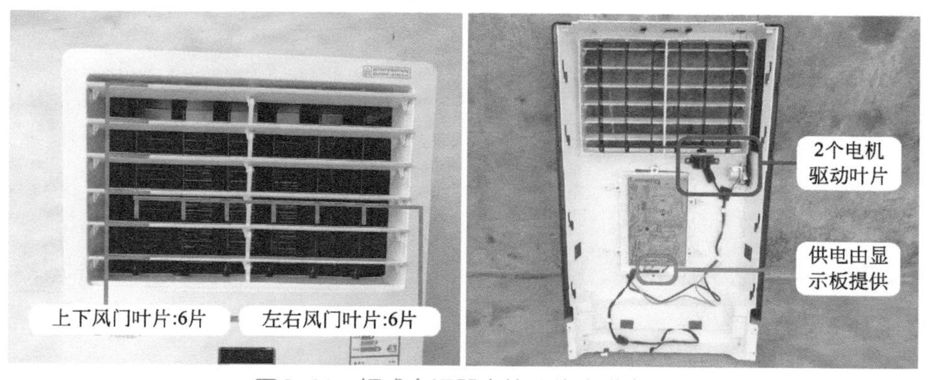

图2-29 柜式空调器中使用的步进电机

见图2-30，左右步进电机直接驱动其中1片叶片，再通过连杆连接其他5片，从而带动6片叶片，实现左右风门叶片的转动。

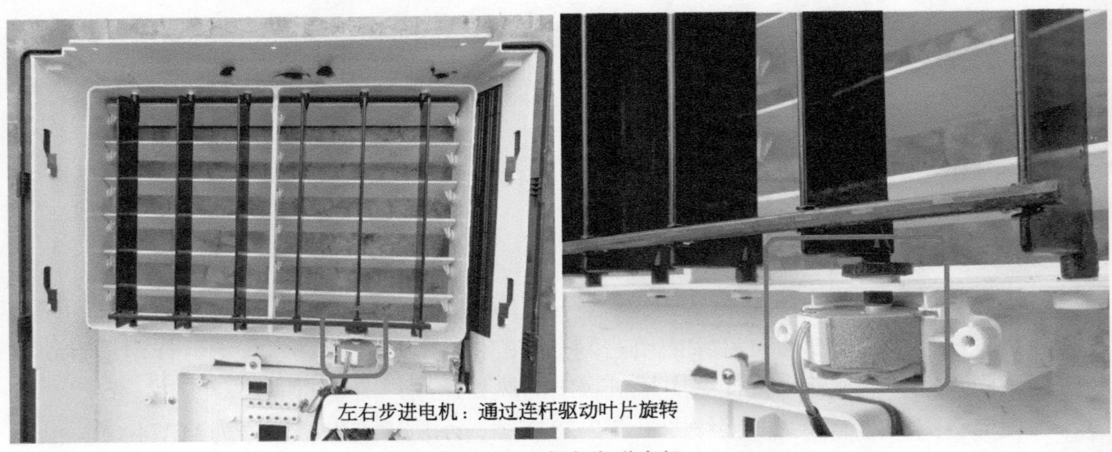

图2-30　左右步进电机

见图2-31，上下步进电机通过连杆直接连接6片叶片，驱动其旋转，实现上下风门叶片的转动。

说明

早期或目前的部分空调器，上下风门叶片为手动调节。

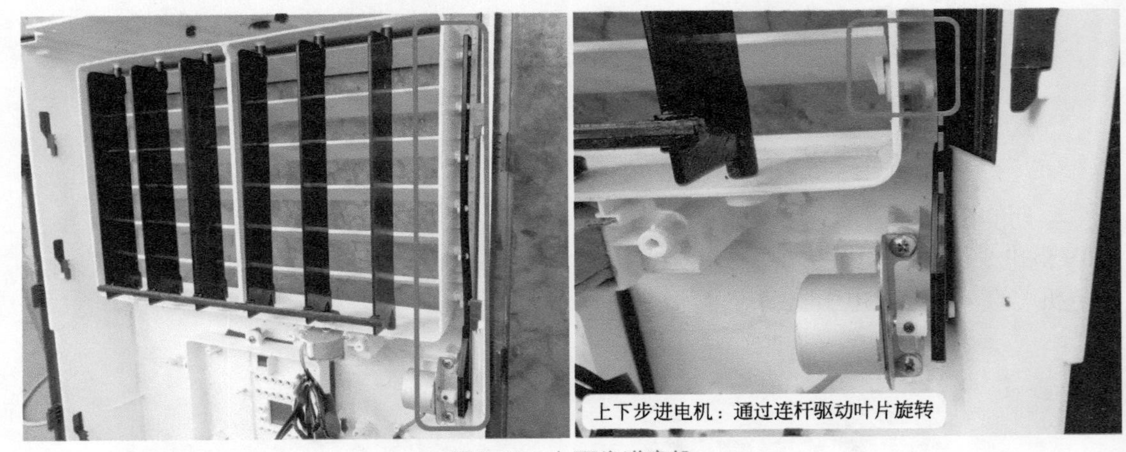

图2-31　上下步进电机

3. 内部结构

见图2-32，步进电机由外壳、上盖、定子、线圈、转子、变速齿轮、轴头（输出接头）、连接线、插头等组成。

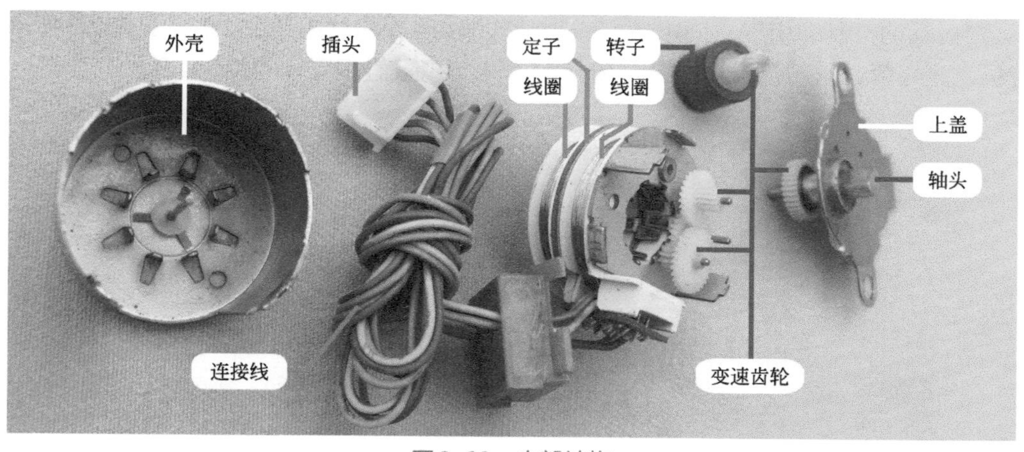

图2-32　内部结构

4. 测量步进电机阻值

步进电机共有5根引线，示例电机的颜色分别为红、橙、黄、粉、蓝。其中1根为公共端，另外4根为线圈接驱动控制，更换时需要将公共端引线与室内机主板插座的直流12V相对应，常见辨别方法有使用万用表测量引线阻值。

使用万用表电阻挡，逐个测量引线之间阻值，共有2组阻值，196Ω和392Ω，而392Ω为196Ω的2倍。测量5根引线，当一表笔接1根引线不动，另一表笔接另外4根引线，阻值均为196Ω时，那么这根引线即为公共端。

实测示例电机引线，见图2-33，红与橙、红与黄、红与粉、红与蓝的阻值均为196Ω，说明红线为公共端。

说明

196Ω和392Ω只是示例步进电机阻值，其他型号的步进电机阻值会不相同，但只要符合倍数关系即为正常，并且公共端引线通常位于插头的最外侧位置。

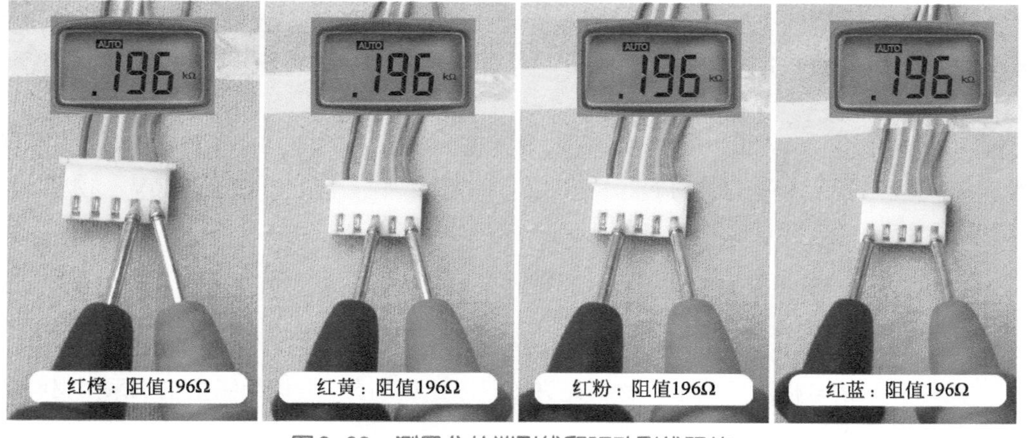

图2-33　测量公共端引线和驱动引线阻值

4根接驱动控制的引线之间阻值，应为公共端与4根引线阻值的2倍。见图2-34，实测蓝与粉、蓝与黄、蓝与橙、粉与黄、粉与橙、黄与橙阻值相等，均为392Ω。

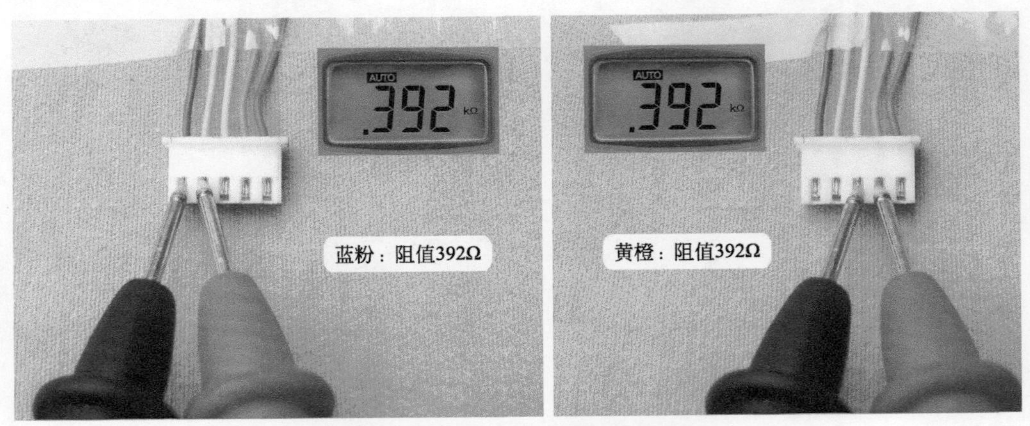

图2-34 测量驱动引线之间阻值

二、室内风机

1. 常见类型

变频空调器室内风机常见有两种类型。

① PG电机：实物外形见图2-35左图，使用在目前的全部定频空调器、交流变频空调器、直流变频空调器之中，是使用最广泛的类型，交流220V供电，也是本小节重点介绍的类型。

② 直流电机：使用在全直流变频空调器或定频高档空调器，直流300V供电（见第3章第1节）。

2. PG电机

（1）实物外形和主要参数

图2-35左图为PG电机实物外形，使用交流220V供电，最主要的特征是内部设有霍尔元件，在运行时输出代表转速的霍尔信号，因此共有2个插头，大插头为线圈供电，使用交流电源，作用是使PG电机运行；小插头为霍尔反馈，使用直流电源，作用是输出代表转速的霍尔信号。

PG电机铭牌主要参数见图2-35右图，格力KFR-32GW/（32556）FNDe-3挂式变频空调器室内风机为型号RPG20J（FN20J-PG）。主要参数：工作电压交流220V、频率50Hz、功率20W、4极、额定电流0.2A、防护等级IP20、E级绝缘。

说明

绝缘等级按电机所用的绝缘材料允许的极限温度划分，E级绝缘指电机采用材料的绝缘耐热温度为120℃。

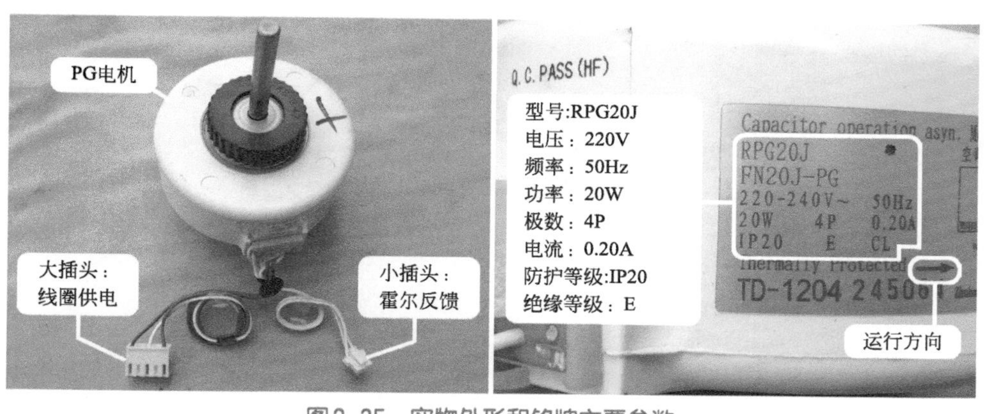

图2-35　实物外形和铭牌主要参数

（2）内部结构

内部结构见图2-36，PG电机由定子（含引线和线圈供电插头）、转子（含磁环和上下轴承）、霍尔电路板（含引线和霍尔反馈插头）、上盖和下盖、上部和下部的减振胶圈组成。

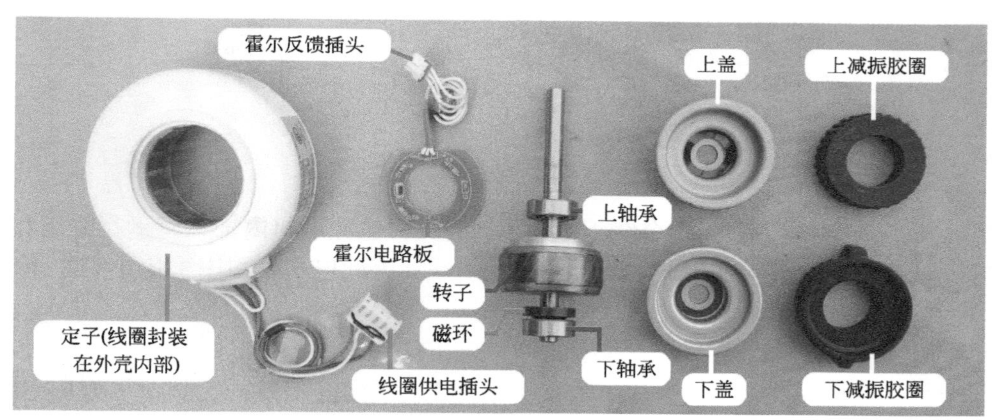

图2-36　内部结构

3. PG电机引线辨认方法

常见有3种方法，即根据室内机主板PG电机插座所接元件、使用万用表电阻挡测量线圈引线阻值、查看PG电机铭牌。

（1）根据主板插座引针判断线圈引线功能

见图2-37，将PG电机线圈供电插头插在室内机主板，查看插座引针所接元件：引针接光耦晶闸管（俗称光耦可控硅），对应的白线为公共端（C）；引针接电容和电源N端，对应的棕线为运行绕组（R）；引针只接电容，对应的红线为启动绕组（S）。

（2）使用万用表电阻挡测量线圈引线阻值

使用单相交流220V供电的电机，内部设有运行绕组和启动绕组，在实际绕制铜线时，见图2-38，由于运行绕组起主要旋转作用，使用的线径较粗，且匝数少，因此阻值小一些；而启动绕组只起启动的作用，使用的线径较细，且匝数多，因此阻值大一些。

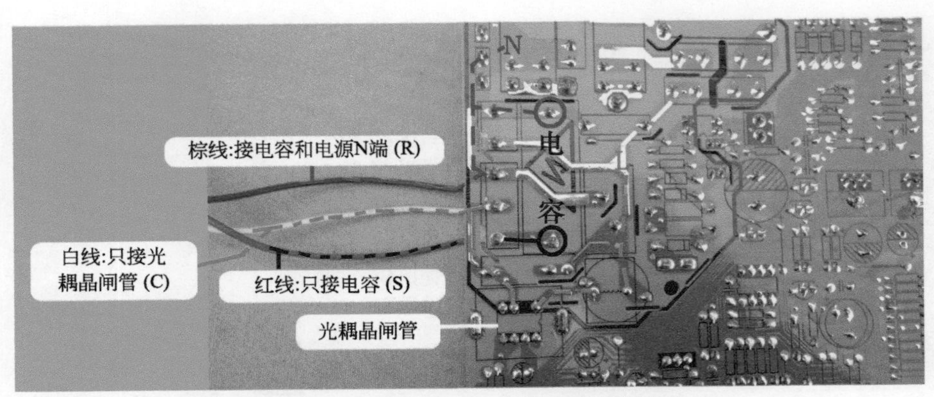

图2-37　根据插座引针连接部位判断引线功能

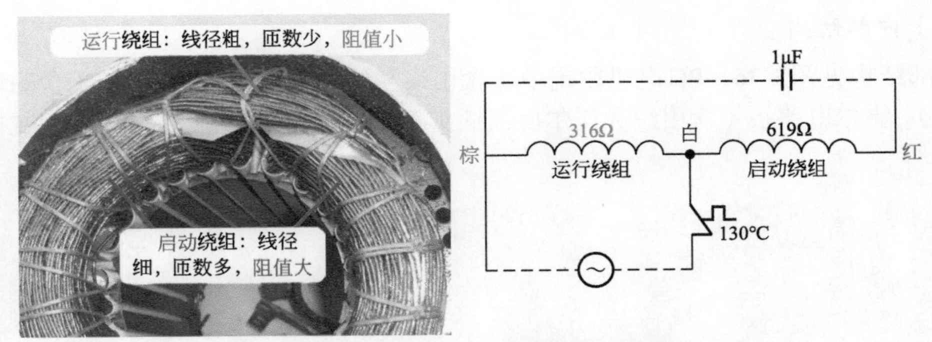

图2-38　引线线径和室内风机接线图

每个绕组共有2个接头，2个绕组共有4个接头，但在电机内部，将运行绕组和启动绕组的一端连接一起作为公共端，只引出1根引线，因此电机共引出3根引线或3个接线端子。

① 找出公共端

逐个测量室内风机的3根引线阻值，会得出3次不同的结果，实测型号为RPG20J的PG电机，见图2-39左图，阻值依次为934Ω、619Ω、316Ω，其中运行绕组阻值为316Ω，启动绕组阻值为619Ω，启动绕组＋运行绕组的阻值为934Ω。

见图2-39右图，在最大的阻值934Ω中，表笔接的引线为启动绕组S和运行绕组R，空闲的1根引线为公共端（C），本机为白线。

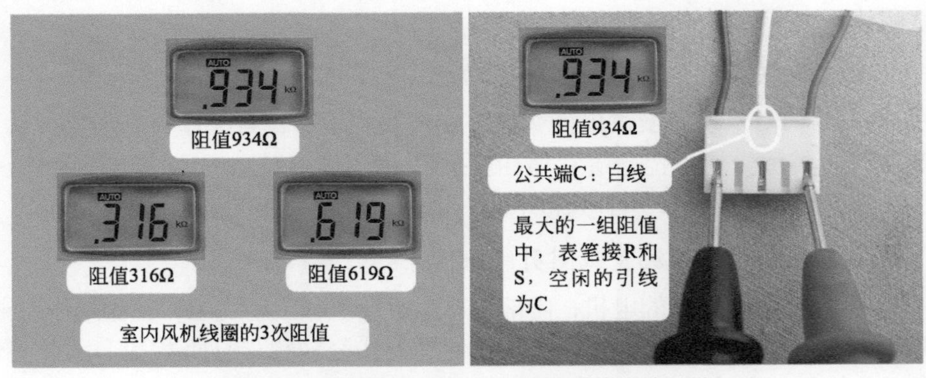

图2-39　PG电机线圈的3次阻值和找出公共端

② 找出运行绕组和启动绕组

一支表笔接公共端白线C，另一支表笔测量另外2根引线阻值。

阻值小（316Ω）的引线为运行绕组R，见图2-40左图，本机为棕线。

阻值大（619Ω）的引线为启动绕组S，见图2-40右图，本机为红线。

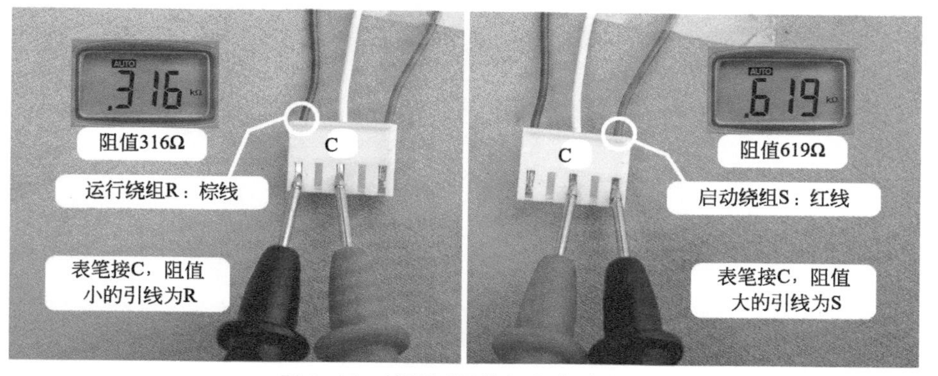

图2-40　找出运行绕组和启动绕组

（3）查看电机铭牌

见图2-41，铭牌标有电机的各个信息，包括主要参数及引线颜色的作用。PG电机设有2个插头，因此设有2组引线，电机线圈使用M表示，霍尔电路板使用电路图表示，各有3根引线。

电机线圈：白线只接交流电源，为公共端（C）；棕线接交流电源和电容，为运行绕组（R）；红线只接电容，为启动绕组（S）。

霍尔反馈电路板：棕线Vcc，为直流供电正极，本机供电电压为直流5V；黑线GND，为直流供电公共端地；白线Vout，为霍尔信号输出。

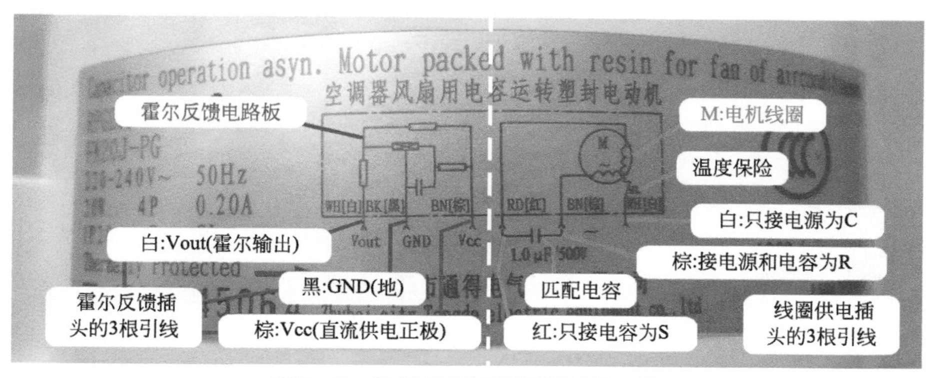

图2-41　根据铭牌标识判断引线功能

三、室外风机

1. 安装位置

室外风机安装在室外机左侧的固定支架上，见图2-42，作用是驱动室外风扇。制冷模式下，室外风机驱动室外风扇运行，强制吸收室外自然风为冷凝器散热，因此室外风机也称为“轴流电机”。

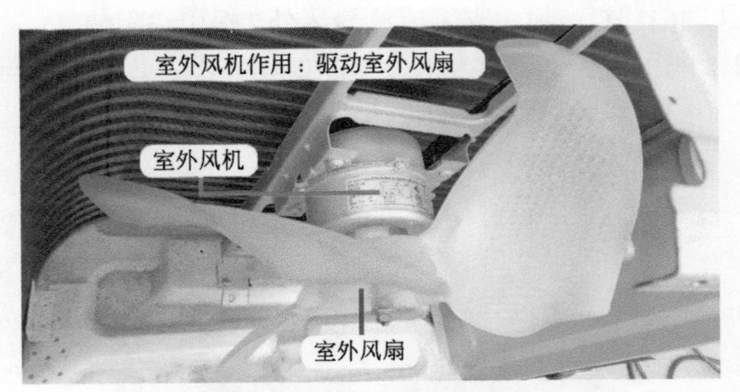

图2-42　安装位置和作用

2. 分类

（1）单速交流电机

引线插头作用见图2-49，使用交流220V供电，运行速度固定不可调节，是目前应用最广泛的类型，也是本小节重点介绍的类型，常见于目前的全部定频空调器、部分交流变频空调器和直流变频空调器的室外风机。

（2）多速抽头交流电机

实物外形和引线插头作用见图2-43，使用交流220V供电，运行速度根据机型设计通常分有2速或3速，通过改变电机抽头端的供电来改变转速，常见于早期的部分定频空调器和变频空调器、目前的部分直流变频空调器。

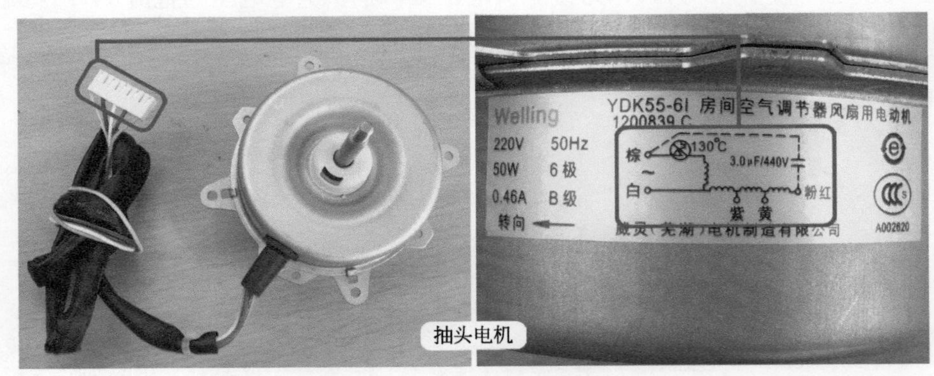

图2-43　多速抽头电机

（3）直流电机

安装位置见图3-1右图，引线插头作用见图3-8，使用直流300V供电，转速可连续宽范围调节，使用此电机的室外机设有电路板，CPU通过较为复杂的电路来控制，常见于全直流挂式或柜式变频空调器，以及高档定频空调器等。

3. 单速交流电机实物外形

示例电机使用在格力定频空调器型号为KFR-23W/R03-3的室外机，实物外形见图

2-44左图，共有4根引线，其中1根为地线，接电机外壳，另外3根为线圈引线。

图2-44右图为铭牌参数含义，型号为YDK35-6K（FW35X）。主要参数：工作电压交流220V、频率50Hz、功率35W、额定电流0.3A、转速850r/min、6极、B级绝缘。

B级绝缘指电机采用材料的绝缘耐热温度为130℃。

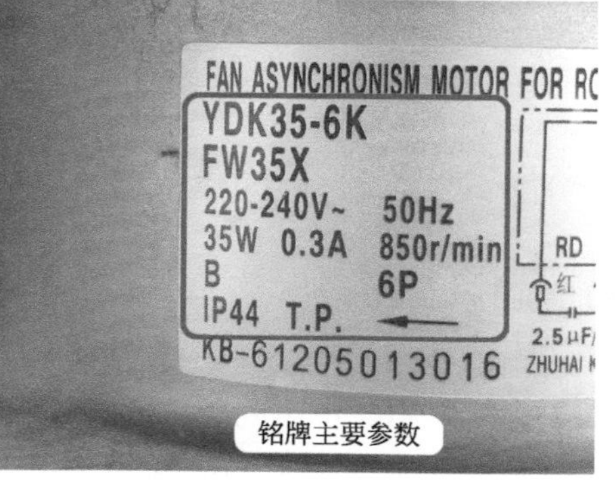

图2-44 实物外形和铭牌主要参数

4. 室外风机结构

此处以某款空调器室外风机为例，电机型号KFD-50K，4极34W。

（1）内部结构

见图2-45，室外风机由上盖、下盖、转子、上轴承、下轴承、定子、线圈、连接线、插头等组成。

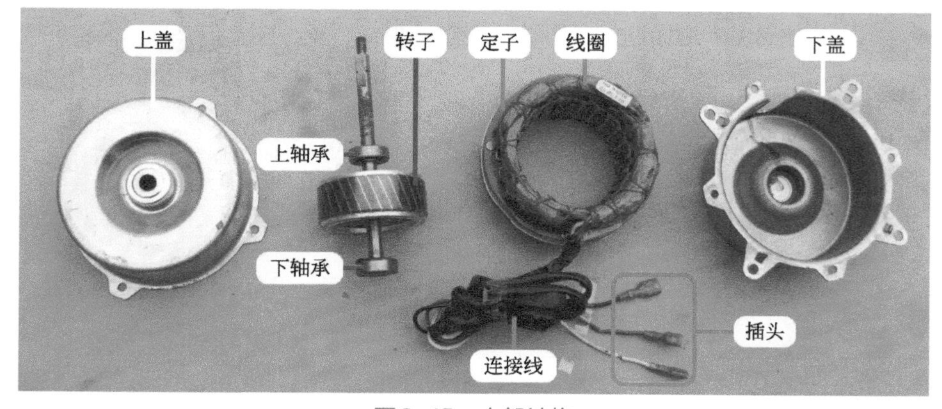

图2-45 内部结构

（2）温度保险

温度保险为铁壳封装，见图2-46，直接固定在线圈表面，外壳设有塑料套，保护温度为130℃，断开后不可恢复。

当温度保险因电机堵转或线圈短路，使得线圈温度超过130℃，温度保险断开保护，由于串接在公共端引线，断开后室外风机因无供电而停止运行。

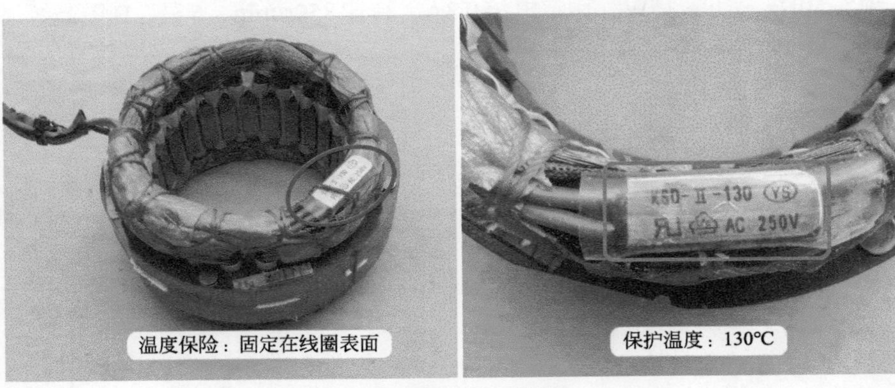

图2-46 温度保险

（3）线圈和极数

线圈由铜线按规律编绕在定子槽内，整个线圈分为2个绕组，见图2-47左图，位于外侧的线圈为运行绕组，位于内侧的线圈为启动绕组。

电机极数的定义：通俗的解释为，定子的360°（即1圈）由几组线圈组成，那么此电机就为几极电极。见图2-47右图，示例电机在1圈内由4组线圈组成，那么此电机即为4极电机，无论启动绕组还是运行绕组，1圈内均由4组线圈组成。极数均为偶数，2个极（N极和S极）组成1个磁极对数。

由线圈极数可决定电机的转速，每分钟转速n（r/min）= 秒数 × 电源频率 ÷ 磁极对数，示例电机为4极，共2个磁极对数，理论转速为60s × 50Hz ÷ 2 = 1500r/min，减去阻力等因素，实际转速约1450r/min。6极电机理论转速为1000r/min，实际转速约900r/min。压缩机使用2极电机，理论转速3000r/min，实际转速约2900r/min。

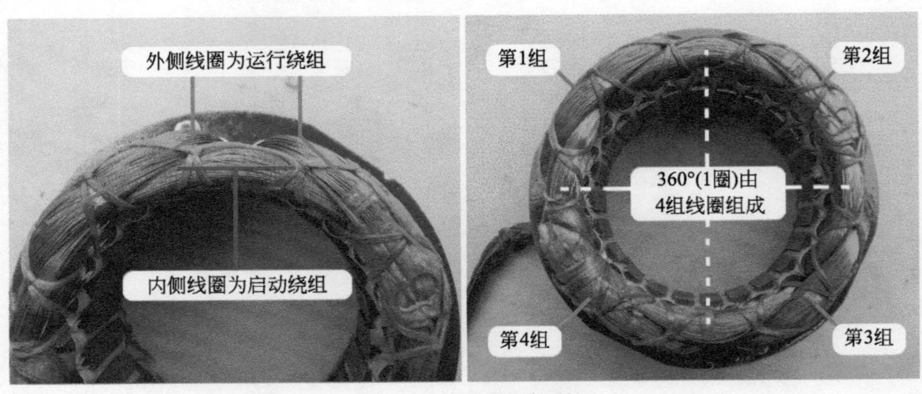

图2-47 线圈和极数

（4）工作原理

室外风机使用电容感应式电机，内含2个绕组：启动绕组和运行绕组，2个绕组在空间上相差90°。在启动绕组上串联了1个容量较大的电容器，当运行绕组和启动绕组通过单相交流电时，由于电容器作用使启动绕组中的电流在时间上比运行绕组的电流超前

90°，先到达最大值，在时间和空间上形成两个相同的脉冲磁场，使定子与转子之间的气隙中产生了一个旋转磁场，在旋转磁场的作用下，电机转子中产生感应电流，电流与旋转磁场互相作用产生电磁场转矩，使电机旋转起来。

5. 线圈引线作用辨认方法

（1）根据实际接线判断引线功能

室外风机线圈共有3根引线，见图2-48，黑线只接接线端子上电源N端，为公共端（C）；棕线接电容和电源L端，为运行绕组（R）；红线只接电容，为启动绕组（S）。

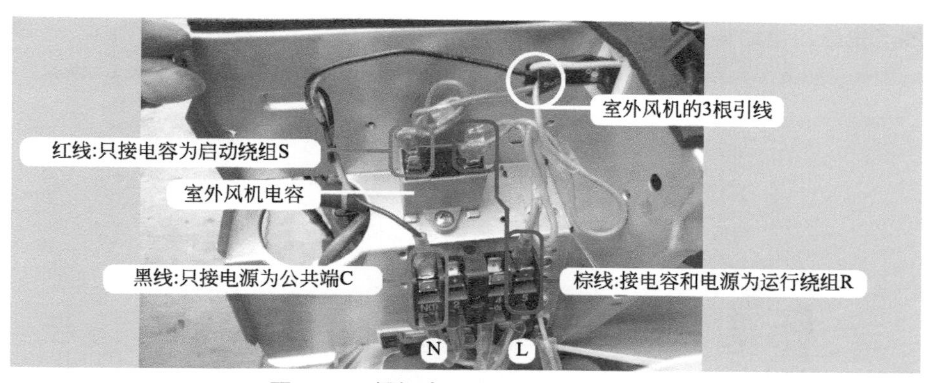

图2-48 根据实际接线判断引线功能

（2）根据电机铭牌标识或电气接线图判断引线功能

电机铭牌贴于室外风机表面，通常位于上部，检修时能直接查看。铭牌主要标识室外风机的主要信息，其中包括电机线圈引线的功能，见图2-49左图，黑线只接电源为公共端（C），棕线接电容和电源为运行绕组（R），红线只接电容为启动绕组（S）。

电气接线图通常贴于室外机接线盖内侧或顶盖右侧。见图2-49右图，通过查看电气接线图，也能区别电机线圈的引线功能：黑线只接电源N端为公共端（C）、棕线接电容和电源L端为运行绕组（R）、红线只接电容为启动绕线（S）。

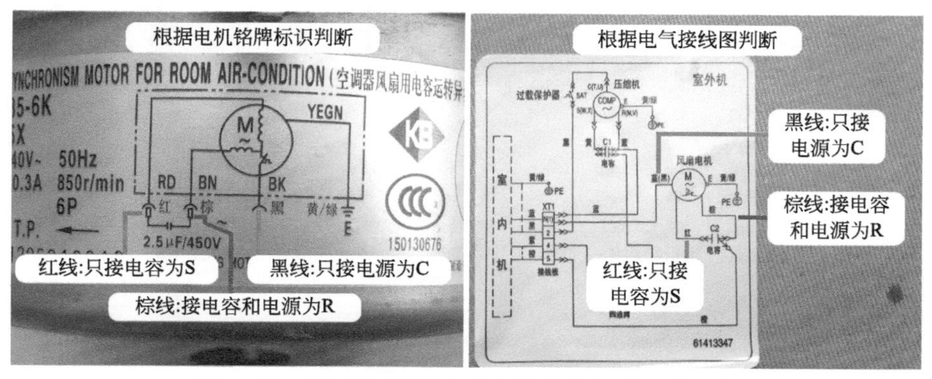

图2-49 根据铭牌标识和电气接线图判断引线功能

（3）使用万用表电阻挡测量线圈阻值

见图2-50左图，逐个测量室外风机线圈的3根引线阻值，会得出3次不同的结果，

YDK35-6K（FW35X）电机实测阻值依次为463Ω、265Ω、198Ω，阻值关系为463Ω = 198Ω+265Ω，即最大阻值463Ω为启动绕组+运行绕组的总数。

① 找出公共端

在最大的阻值463Ω中，见图2-50右图，表笔接的引线为启动绕组和运行绕组，空闲的1根引线为公共端（C），本机为黑线。

测量室外风机线圈阻值时，应当用手扶住室外风扇再测量，可防止因扇叶转动、电机线圈产生感应电动势干扰万用表显示数据。

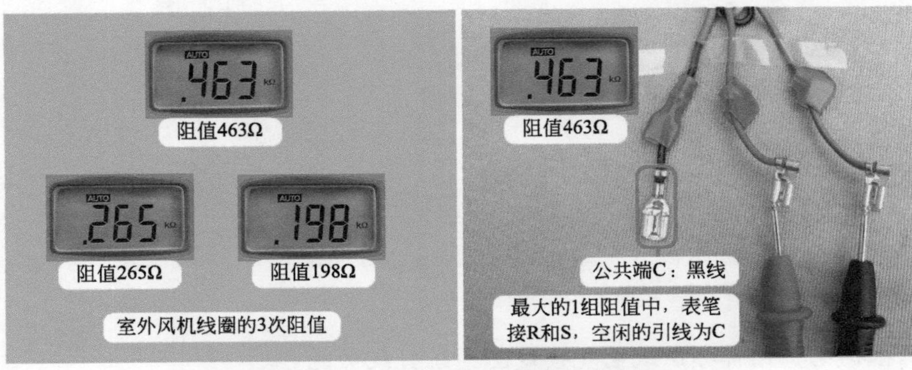

图2-50　3次线圈阻值和找出公共端

② 找出运行绕组和启动绕组

一支表笔接公共端（C），另一支表笔测量另外2根引线阻值，通常阻值小的引线为运行绕组（R）、阻值大的引线为启动绕组（S）。但本机实测阻值大（265Ω）的棕线为运行绕组（R），见图2-51左图；阻值小（198Ω）的红线为启动绕组（S），见图2-51右图。

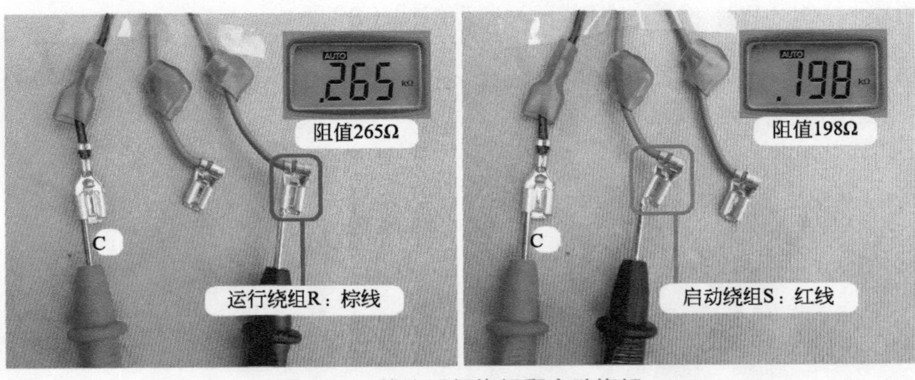

图2-51　找出运行绕组和启动绕组

变频空调器专用元器件检测与维修

变频空调器在室外机增加电控系统用于驱动变频压缩机，因此许多元器件在定频空调器上没有使用，通常工作在电流较大的电路中，比较容易损坏。将专用元器件集结为一章，对其作用、实物外形、测量方法等作简单说明。

第一节 主要元器件

一、直流电机

1. 作用

直流电机应用在全直流变频空调器的室内风机和室外风机，安装位置见图3-1，作用与安装位置和普通定频空调器室内机的PG电机、室外机的轴流电机相同。

室内直流电机带动室内风扇（贯流风扇）运行，制冷时将蒸发器产生的冷量输送到室内。

室外直流电机带动室外风扇（轴流风扇）运行，制冷时将冷凝器产生的热量排放到室外，吸入自然空气为冷凝器降温。

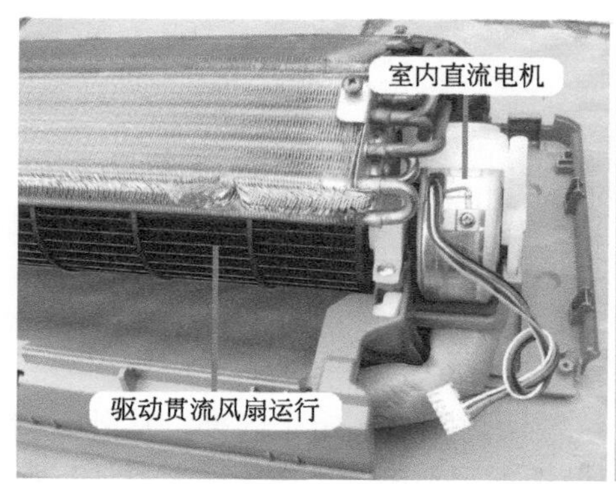

图3-1 室内和室外直流电机安装位置

2. 实物外形和内部结构

直流电机和交流电机的最主要的区别有两点，一是直流电机供电电压为直流300V，二是转子为永磁铁，直流电机也称为无刷直流电机。

由于室内直流电机和室外直流电机的内部结构基本相同，本小节以室内风机使用的直流电机为例，介绍内部结构等知识。

（1）实物外形和组成

见图3-2左图，示例电机为松下公司生产，型号为ARW40N8P30MS，8极（转速约750r/min），功率为30W，供电为直流280～340V。

见图3-2右图，直流电机由上盖、转子（含上轴承、下轴承）、定子（内含线圈和下盖）、控制电路板（主板）组成。

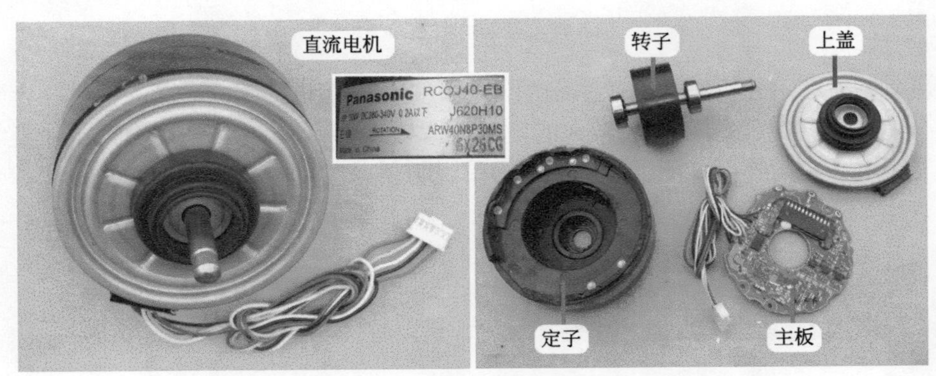

图3-2　实物外形和内部结构

（2）转子组件

见图3-3，转子主要由主轴、转子、上轴承、下轴承等组成。直流电机的转子和交流电机的转子不同的地方是，其由永久磁铁构成，表面有很强的吸力，将螺丝刀放在上面，能将铁杆部分紧紧地吸住。

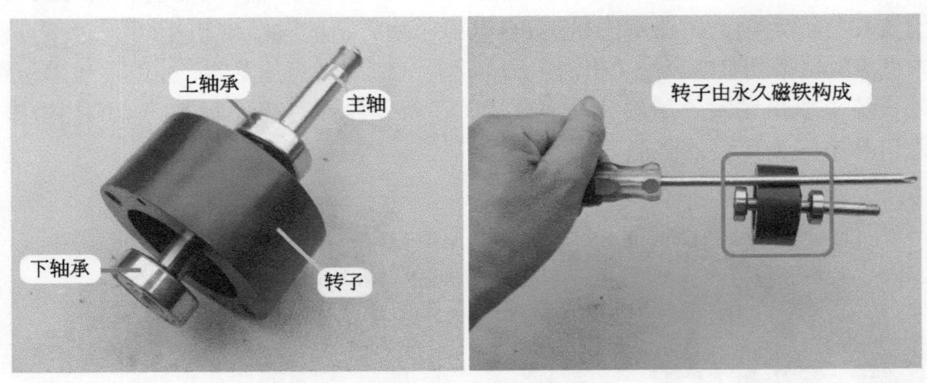

图3-3　转子组件

（3）定子组件

定子组件由定子和下盖组成，见图3-4。线圈塑封固定在定子内部，从外面看不到线圈，只能看到接线端子；下盖设有轴承孔，安装转子组件中的下轴承，将转子安装到下轴承孔时，转子的磁铁部分和定子在高度上相对应。

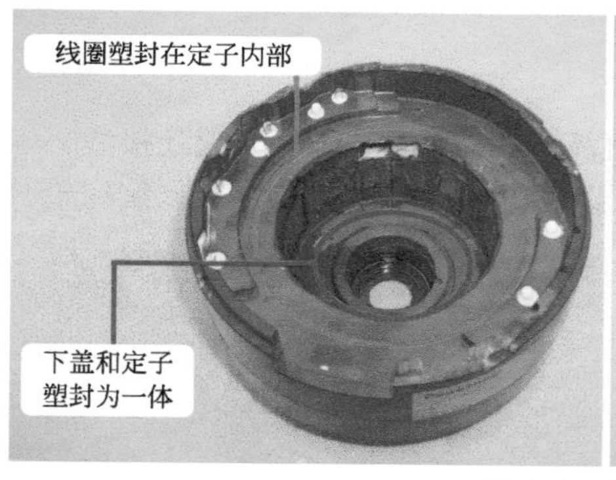

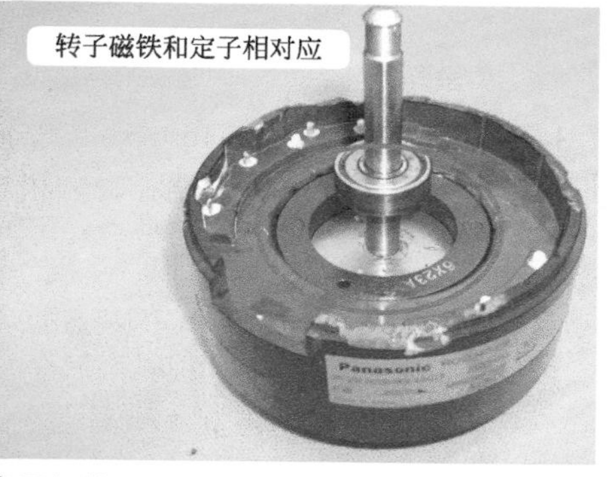

图3-4 定子组件

线圈塑封在定子内部，共引出4个接线端子，见图3-5左图，分别为线圈的中点、U、V、W。U-V-W和电机内部主板的模块上U-V-W对应连接，中点接线端子和主板不相连，相当于空闲的端子。

测量线圈的阻值时，使用万用表电阻挡，测量U和V、U和W、V和W的3次阻值应相等，见图3-5右图，实测约为80Ω。

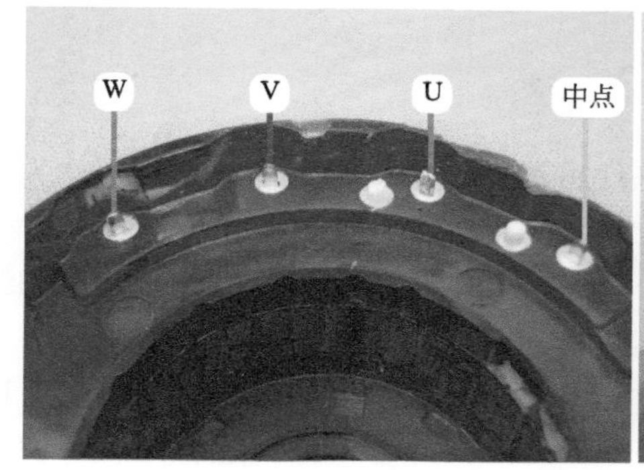

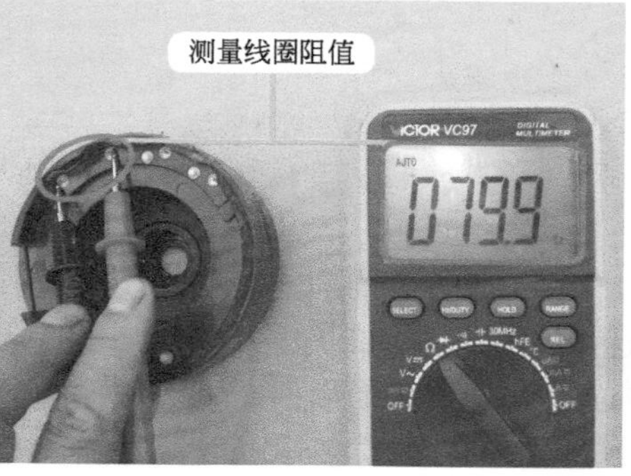

图3-5 接线端子和测量线圈阻值

（4）**主板**

电机内部设有主板，见图3-6，主要由控制电路集成块、3个驱动电路集成块、1个模块、1束连接线（共5根引线）组成。

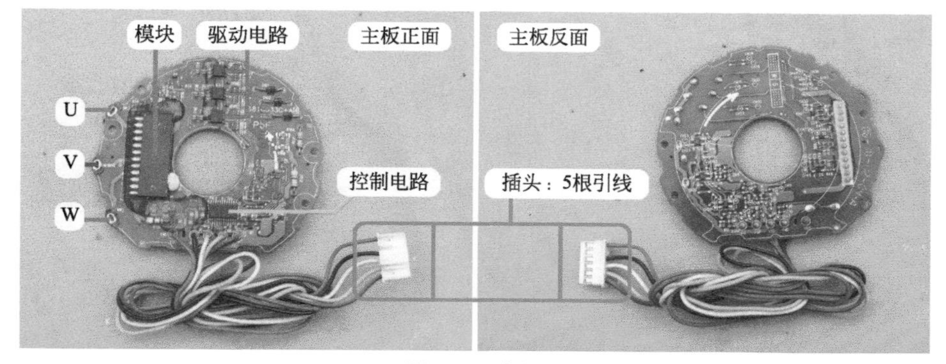

图3-6 主板

主要元件均位于主板正面，反面只设有简单的贴片元件。由于模块运行时热量较大，其表面涂有散热硅脂，紧贴在上盖，由上盖的铁壳为模块散热。

（5）5根连接线

见图3-7，无论是室内直流电机或室外直流电机，插头均只有5根连接线，插头一端连接电机内部的主板，插头另一端和室内机或室外机主板相连，为电控系统构成通路。

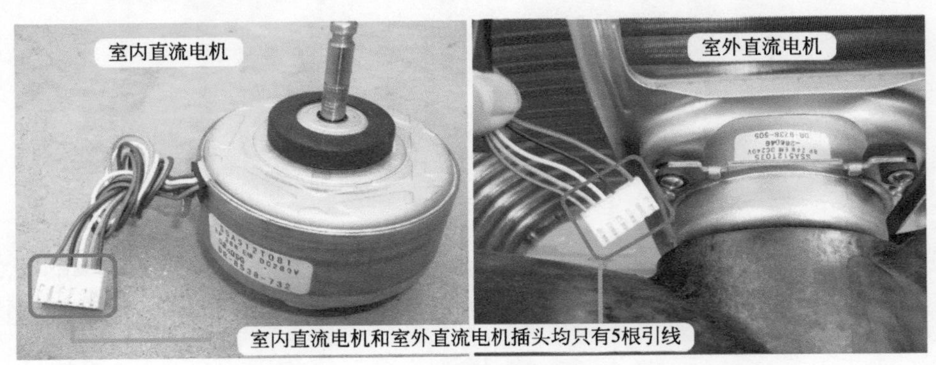

图3-7 5根连接线

插头引线作用见图3-8。

红线V_{DC}：直流300V电压正极引线，和黑线直流地组合成为直流300V电压，为主板内模块供电，其输出电压驱动电机线圈。

黑线GND：直流电压300V和15V的公共端地线。

白线V_{CC}：直流15V电压正极引线，和黑线直流地组合成为直流15V电压，为主板的弱信号控制电路供电。

黄线V_{SP}：驱动控制引线，室内机或室外机主板CPU输出的转速控制信号，由驱动控制引线送至电机内部控制电路，控制电路处理后驱动模块可改变电机转速。

蓝线FG：转速反馈引线，直流电机运行后，内部主板输出实时的转速信号，由转速反馈引线送到室内机或室外机主板，供CPU分析判断，并与目标转速相比较，使实际转速和目标转速相对应。

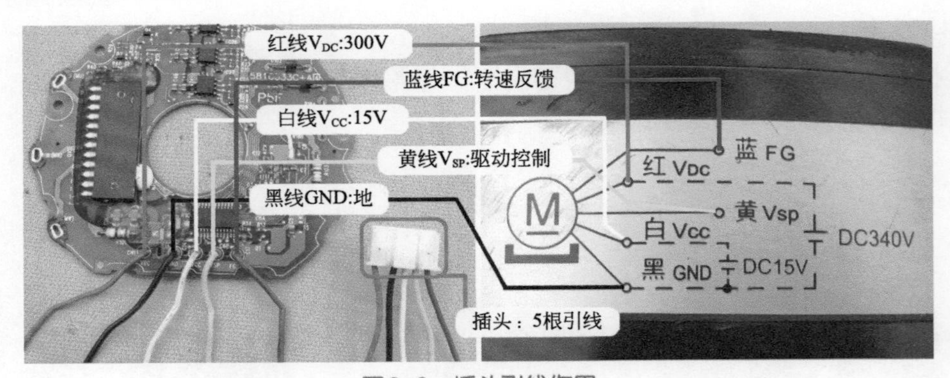

图3-8 插头引线作用

3. 直流电机和交流电机对比

虽然直流电机和室内PG电机、室外风机的作用及安装位置均相同，但两者的工作原理完全不同，是两种不同类型的电机，以室内直流电机、室内PG电机、室外风机（单速）为例进行比较，区别见表3-1。

表3-1　直流电机、室内PG电机、室外风机比较

序号	比较项目	直流电机	室内PG电机	室外风机
1	供电电压	直流300V	交流90～220V	交流220V
2	电机类型	直流电机	交流电机	交流电机
3	内部结构	控制电路板和直流绕组电机	交流异步电机和霍尔电路板	交流异步电机
4	启动方式	电机内部控制电路直接启动运行	电容启动运行	电容启动运行
5	控制方式	由主板和电机内部电路板两部分完成	以光耦晶闸管为核心组成的驱动电路	以继电器为核心组成的控制电路
6	控制电路	最复杂，由主板和电机内电路板两部分组成	比较简单	最简单
7	调速原理	电机内部电路板改变输出电压值	室内机主板改变交流电压有效值	单一风速不可调节
8	转速调节	转速可以调节且调节范围较宽	转速可以调节但调节范围较窄	单一风速不可调节
9	转速反馈	电机内部电路板输出转速反馈信号	电机内部输出霍尔反馈信号	无
10	引线数量	1个插头 5根引线	2个插头 各3根引线	一部分为3根引线， 一部分为4根引线
11	适用范围	全直流变频空调器的室内风机和室外风机	交直流变频空调器、定频空调器室内风机	交直流变频空调器、定频空调器室外风机

4. 测量方法

由于直流电机由主板和电机绕组两部分组成，绕组接线端子与内部主板连接，因此不能像交流电机那样，使用万用表电阻挡通过测量电机绕组线圈的阻值就可以判断是否正常。也就是说，依靠万用表电阻挡测量直流电机的方法不准确，容易引起误判。准确的方法是，在主板通电时测量插头引线之间电压，根据电压值判断。

测量时使用万用表直流电压挡，由于直流电机的直流300V电压的地线与主板上直流5V电压的地线不相连（即不是同一个地线），因此在测量时要注意地线的选择。

室内直流电机和室外机直流电机的测量方法及判断结果均相同，本小节以三菱重工KFR-35GW/AIBP全直流变频空调器的室内直流电机为例进行说明。

（1）测量直流300V和15V电压

由于直流电机供电由主板提供，如果主板未供电或供电电压不正常，即使直流电机正常也不能运行，因此应首先测量直流300V和15V电压。

黑表笔黑线地、红表笔接红线测量模块供电电压：见图3-9左图，实测为直流310V。

黑表笔黑线地、红表笔接白线测量控制电路供电电压：见图3-9右图，实测为直流15V。

如果实测电压为直流310V和15V，说明主板供电正常；如果实测电压值为0V或低于正常值较多，说明主板供电电路出现故障，可以更换主板试机。

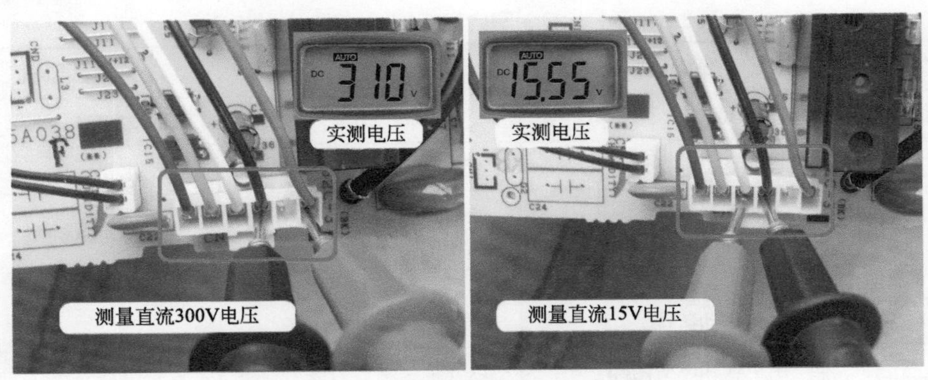

图3-9　测量直流300V和15V电压

（2）电机不运行故障，开机测量驱动控制引线电压

使用遥控器开机，主板CPU输出的驱动电压经光耦耦合，由驱动控制黄线送至直流电机内部电路板。

见图3-10，黑表笔接黑线地、红表笔接黄线测量驱动控制电压，正常运行时：低风2.7V、中风3.3V、高风3.7V，如果遥控器关机即处于待机状态，电压为0V。

直流电机不运行时，如实测电压值与上述电压值相同，说明主板输出驱动电压正常，在直流300V和15V电压正常的前提下，可以判断为直流电机损坏。如待机和开机状态下电压均为0V，则说明是主板故障，可更换试机。

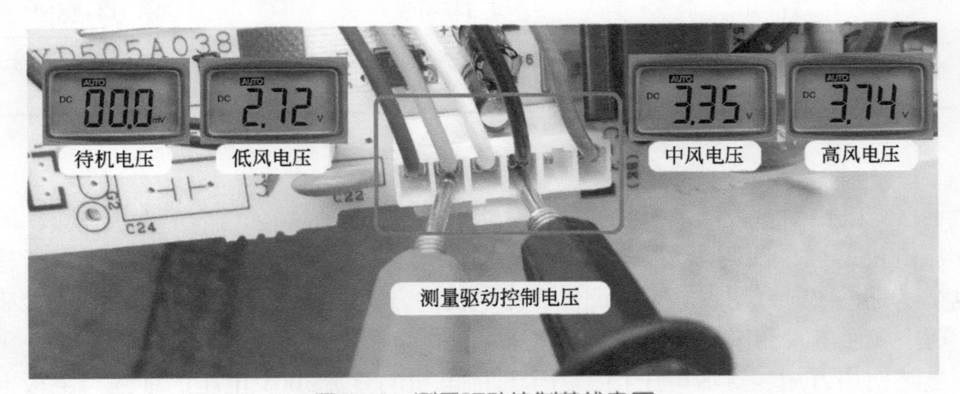

图3-10　测量驱动控制黄线电压

（3）电机运行正常，但开机后马上关机，报“室内风机异常”的故障代码

关机但不拔下电源插头，黑表笔接黑线地、红表笔接蓝线测量转速反馈电压：用手拨动室内风扇（贯流风扇），正常为跳变电压，见图3-11，即0V～24V～0V～24V变化。正常的直流电机在运行时，转速反馈蓝线电压约为直流11V。

如果测量结果符合上述特点，说明直流电机正常，故障为主板转速反馈电路损坏，可更换主板试机。

如果旋转室内风扇时显示值一直为0V或24V或其他数值，则说明直流电机内部电路板上转速反馈电路损坏，可更换直流电机试机。

说明1

直流电机转速反馈故障的检查方法和定频空调器室内风机为PG电机的检查方法一样，待机状态下拨动室内风扇时均为跳变电压，运行时则恒为一定值。

说明2

本机比较特殊，拨动室内风扇时为0V ~ 24V的跳变电压，有些直流电机则为0 ~ 15V的跳变电压，电机运行时霍尔反馈蓝线为恒定的直流7.5V。

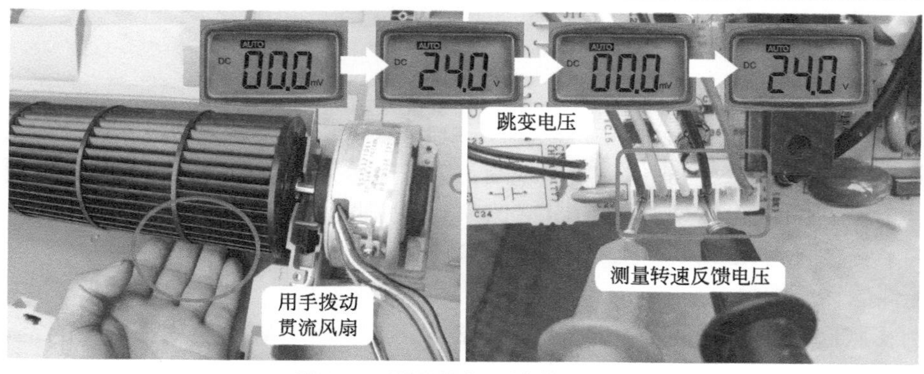

图3-11　测量霍尔反馈蓝线电压

二、电子膨胀阀

1. 基础知识

（1）安装位置

电子膨胀阀通常是垂直安装在室外机，见图3-12，其在制冷系统中的作用和毛细管相同，即降压节流和调节制冷剂流量。

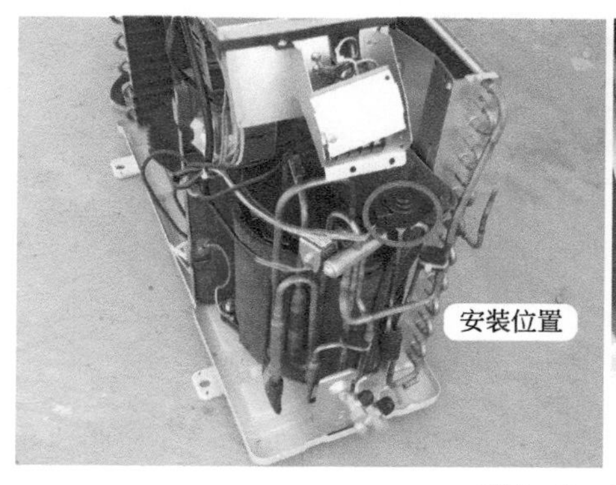

图3-12　安装位置

（2）电子膨胀阀组件

见图3-13，电子膨胀阀组件由线圈和阀体组成，线圈连接室外机电控系统，阀体连接制冷系统，其中线圈通过卡箍卡在阀体上面。

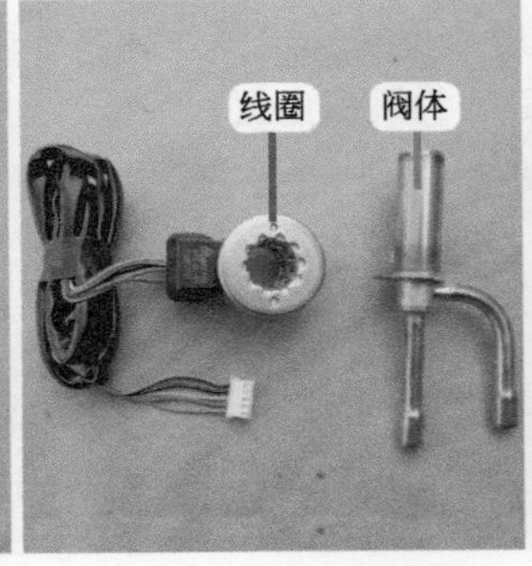

图3-13　电子膨胀阀组件

（3）型号

示例电子膨胀阀由三花公司生产。见图3-14左图，线圈型号为Q12-GL-01，表示为格力空调器公司定制的Q系列阀体使用的线圈，供电电压为直流12V，16082041为物料编号。

见图3-14右图，阀体型号为1.65C-06，1.65为阀孔通径，C表示为使用在制冷剂为R410A的系统（A为R22制冷剂，B为R407C制冷剂），06表示为设计序列号，16071262为格力配件的物料编号。

示例膨胀阀的阀孔通径为1.65 mm，其名义容量为5.3kW，使用在1.5P的空调器中，阀孔通径和空调器匹数的对应关系见表3-2。

表3-2　阀孔通径和空调器匹数的对应关系

阀孔通径/mm	1.3	1.65	1.8	2.2	2.4	3.0	3.2
空调器匹数/P	1～1.25	1.5～2	2～2.5	2.5～3	3～4	5～6	6～7

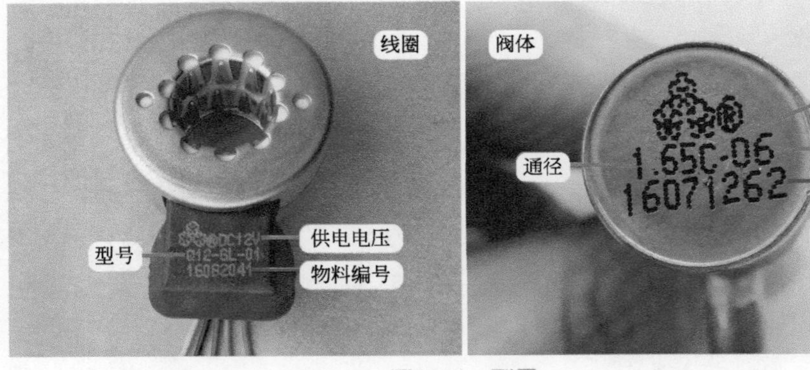

图3-14　型号

（4）阀体主要部件

见图3-15，阀体主要由转子、阀杆、底座组成，和线圈一起称为电子膨胀阀的四大部件。

线圈：相当于定子，将电控系统输出的电信号转换为磁场，从而驱动转子转动。

转子：由永久磁铁构成，顶部连接阀杆，工作时接受线圈的驱动，做正转或反转的螺旋回转运动。

阀杆：通过中部的螺丝固定底座上面。由转子驱动，工作时转子带动阀杆做上行或下行的直线运动。

底座：主要由黄铜组成，上方连接阀杆，下方引出2个管子连接制冷系统。

辅助部件设有限位器和圆筒铁皮。

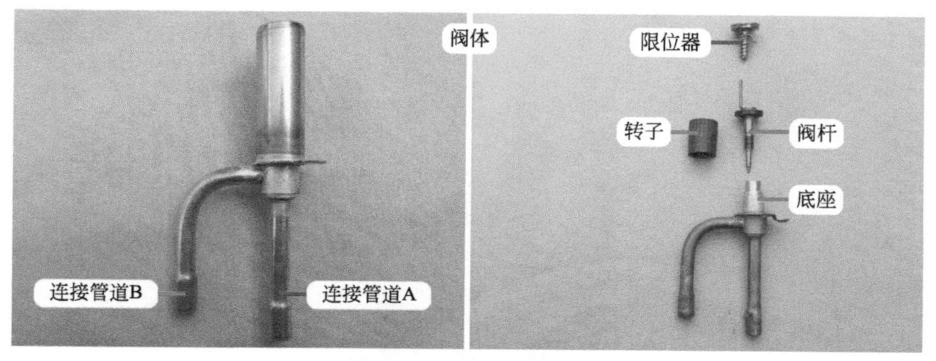

图3-15　阀体主要部件

（5）制冷剂流向

示例电子膨胀阀连接管道为h形，共有2根铜管与制冷系统连接。假定正下方的竖管称为A管，其连接二通阀；横管称为B管，其连接冷凝器出管。

制冷模式：制冷剂流动方向为B→A，见图3-16左图，冷凝器流出低温高压液体，经毛细管和电子膨胀阀双重节流后变为低温低压液体，再经二通阀由连接管道送至室内机的蒸发器。

制热模式：制冷剂流动方向为A→B，见图3-16右图，蒸发器（此时相发于冷凝器出口）流出低温高压液体，经二通阀送至电子膨胀阀和毛细管双重节流，变为低温低压液体，送至冷凝器出口（此时相当于蒸发器进口）。

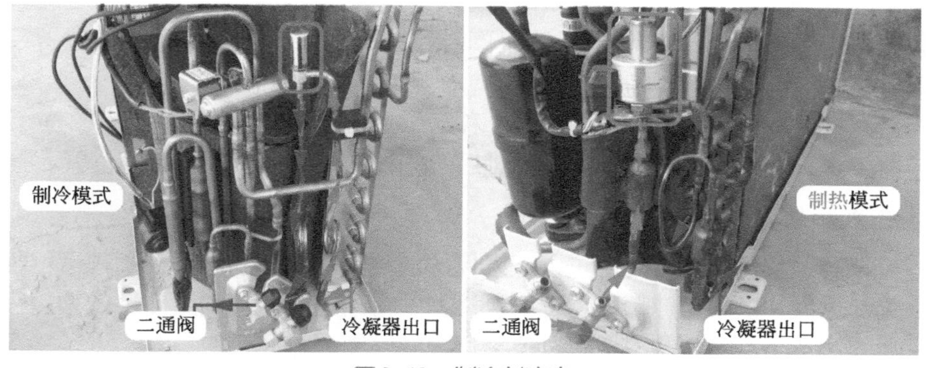

图3-16　制冷剂流向

2. 工作原理

（1）驱动流程

CPU需要控制电子膨胀阀工作时，输出4路驱动信号，经反相驱动器反相放大后，经插座送至线圈，线圈将电信号转换为磁场，带动阀体内转子螺旋转动，转子带动阀杆向上或向下的垂直移动，阀针上下移动，改变阀孔的间隙，使阀体的流通截面体发生变化，改变制冷剂流过时的压力，从而改变节流压力和流量，使进入蒸发器的流量与压缩机运行速度相适应，达到精确调节制冷量的目的。

膨胀阀驱动流程：见图3-17，CPU→反相驱动器→线圈→转子→阀杆→阀针→阀孔开启或关闭。

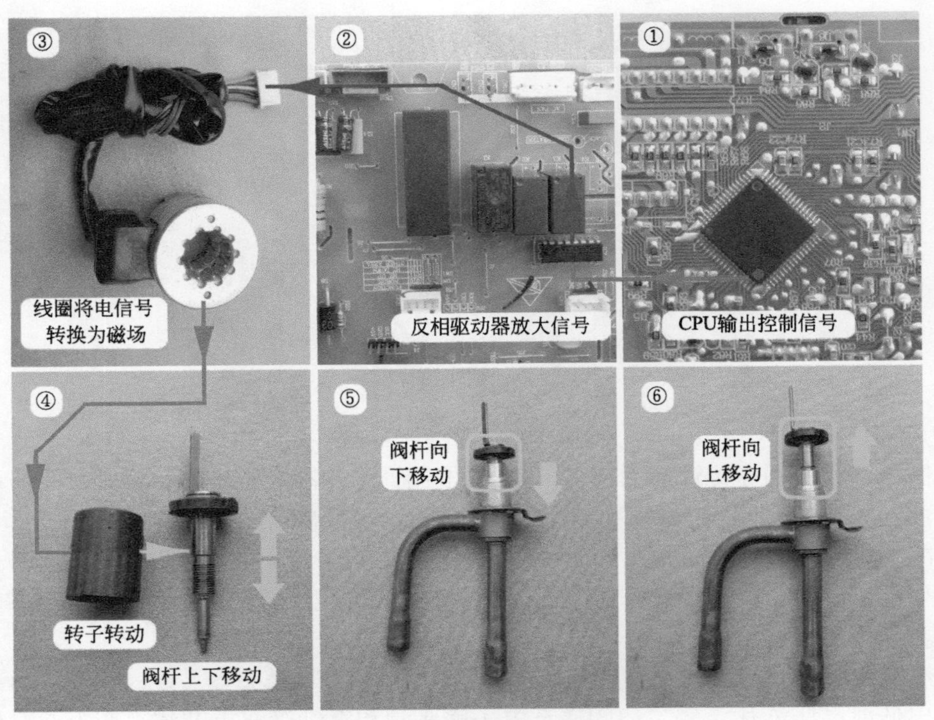

图3-17　膨胀阀驱动流程

（2）阀杆位置

室外机CPU上电复位：控制电子膨胀阀时，首先是向上移动处于最大位置，然后再向下移动处于关闭位置，此时为待机状态。

遥控器开机，室外机运行，则阀杆向上移动，处于节流降压状态。

遥控器关机，室外机停止运行，延时过后，阀杆向下移动，处于关闭位置。

（3）优点和缺点

压缩机在高频或低频运行时对进入蒸发器的制冷剂流量要求不同，高频运行时要求进入蒸发器的流量大，以便迅速蒸发，提高制冷量，可迅速降低房间温度；低频运行时要求进入蒸发器的流量小，降低制冷量，以便维持房间温度。

使用毛细管作为节流元件，由于节流压力和流量为固定值，因而在一定程度上降低了变频空调器的优势；而使用电子膨胀阀作为节流元件则满足制冷剂流量变化的要求，从而最大程度发挥变频空调器的优势，提高系统制冷量。

使用电子膨胀阀的变频空调器，由于运行过程中需要同时调节两个变量，这也要求室外机主板上CPU有很高的运算能力；同时电子膨胀阀与毛细管相比成本较高，因此一般使用在高档空调器中。

如果电子膨胀阀的开度控制不好（即和压缩机转速不匹配），制冷量会下降甚至低于使用毛细管作为节流元件的变频空调器。

3. 阀体构造

（1）限位器

见图3-18，限位器位于阀体顶部。当室外机CPU上电，对电子膨胀阀复位时，阀杆向上移动至最顶部位置时，其顶部铁杆接触到限位器的弹簧，阻止阀杆不能再上移动，此时会发出“哒哒”的声音。

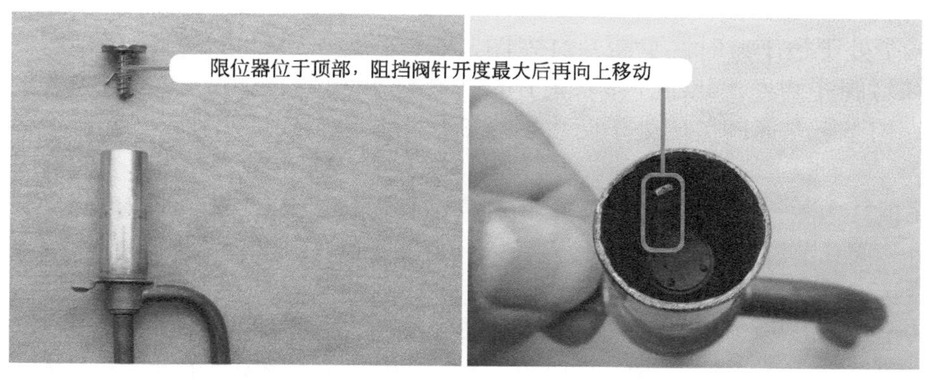

图3-18　限位器

（2）阀杆和底座

阀杆中部设有螺纹，而底座的上部也设有螺丝孔，阀杆就是通过螺纹固定在底座上面，阀杆旋转时通过螺纹做向上和向下移动。

见图3-19，阀杆最下部呈锥形，称为阀针。底座下方设有制冷剂流动的圆孔，称为阀孔。当阀杆处于最下方时，阀针和阀孔相对应。

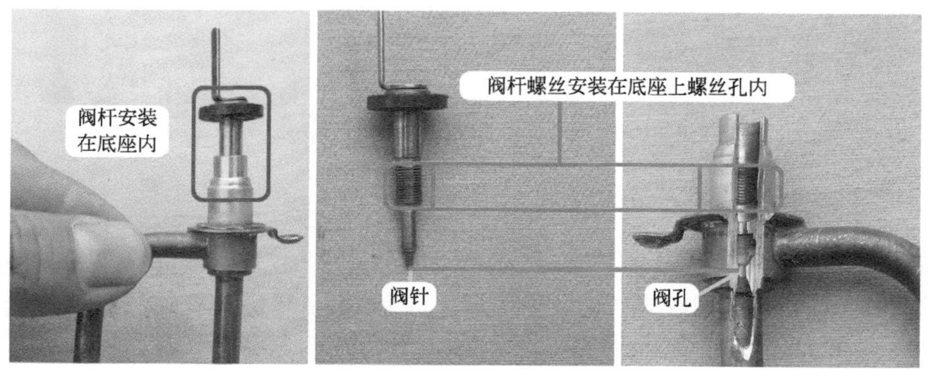

图3-19　阀杆和底座

（3）节流原理

见图3-20，当电子膨胀阀的线圈通电时，产生磁场带动转子移动，转子从而带动阀杆向上或向下移动。

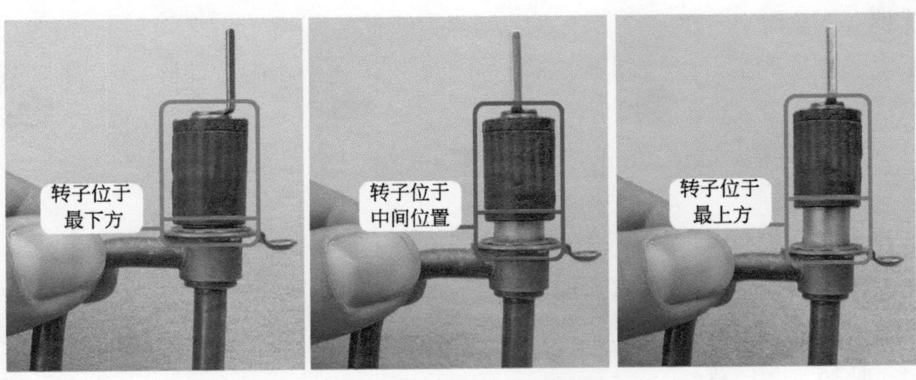

图3-20 转子上下移动

当转子处于最下方时，见图3-21左图，阀杆也处于最下方位置，下部的阀针位于阀孔内并将阀孔堵死，此时连接管道B的制冷剂不能通过阀孔，连接管道A则无制冷剂流动，相当于二通阀关闭处于回收制冷剂状态，室内外机连接管道和蒸发器内均为负压。

见图3-21中图，当转子向上移动，阀杆带动阀针随之向上移动，连接管道B的制冷剂通过阀针和阀孔节流，节流后的制冷剂流入到连接管道A，通过二通阀进入室内机，处于正常制冷状态。

当转子再向上移动处于最上方时，见图3-21右图，阀杆带动阀针也处于最上方，连接管道B的制冷剂只通过阀孔节流，此时阻力最小，因而进入蒸发器的流量也最大。

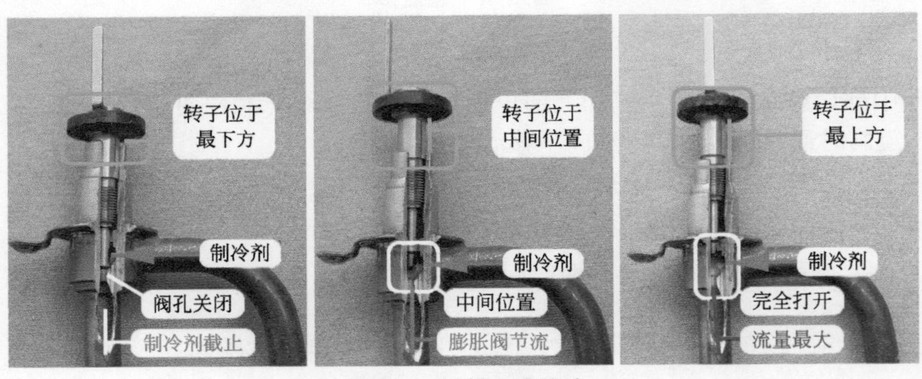

图3-21 阀针上下移动

4. 测量阻值

线圈根据引线数量分为2种：一种为6根引线，其中有2根引线连在一起为公共端接电源直流12V，余下4根引线接CPU控制；另一种为5根引线，见图3-22，1根为公共端接直流12V（示例为蓝线），余下4根接CPU控制（黑线、黄线、红线、橙线）。

测量方法和测量步进电机线圈相同，使用万用表电阻挡，黑表笔接公共端蓝线，红表笔测量4根控制引线，见图3-23，蓝与黑、蓝与黄、蓝与红、蓝与橙的阻值均为47Ω。

4根接驱动控制的引线之间阻值，应为公共端与4根引线阻值的2倍。见图3-24，实测黑与黄、红与橙阻值相等，均为94Ω。另外，黑与红、黑与橙、黄与红、黄与橙也均为94Ω。

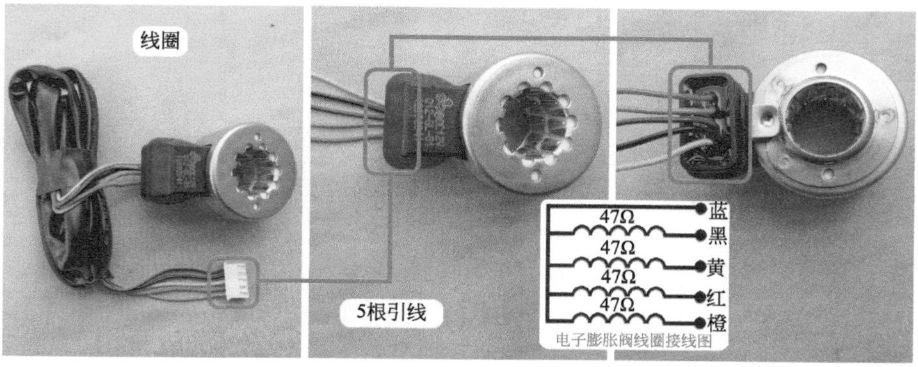

图3-22 线圈

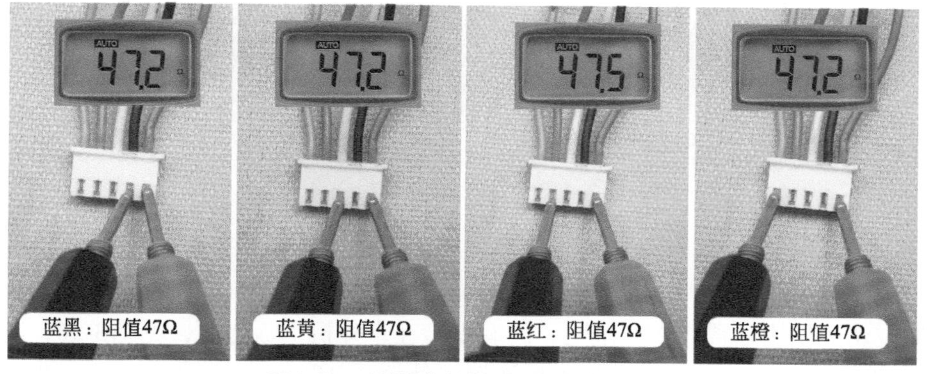

图3-23 测量公共端和驱动引线阻值

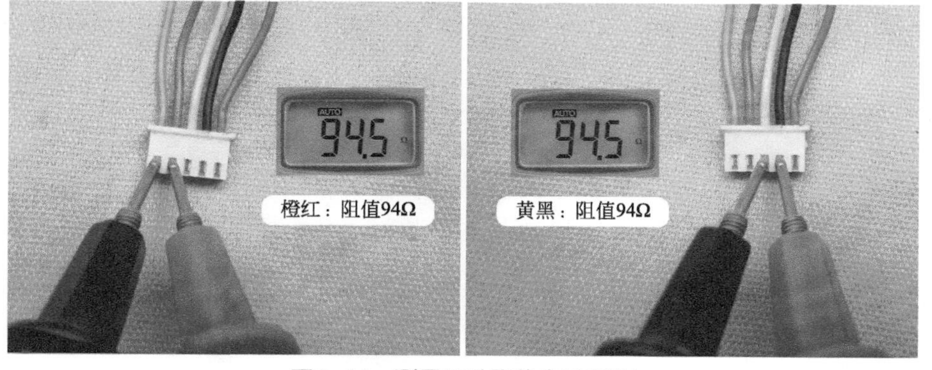

图3-24 测量驱动引线之间阻值

三、PTC电阻

1. 作用

PTC电阻为正温度系数热敏电阻，阻值随温度上升而变大，与室外机主控继电器触点并联。室外机初次通电，主控继电器因无工作电压触点断开，交流220V电压通过PTC电阻对滤波电容充电，PTC电阻通过电流时由于温度上升阻值也逐渐变大，从而限制充电电流，防止由于电流过大造成损坏硅桥等故障。在室外机供电正常后，CPU控制主控继电器触点闭合，PTC电阻便不起作用。

2. 安装位置与实物外形

PTC电阻安装在室外机主板主控继电器附近，图3-25，引脚与继电器触点并联，外观为黑色的长方体电子元件，共有2个引脚。

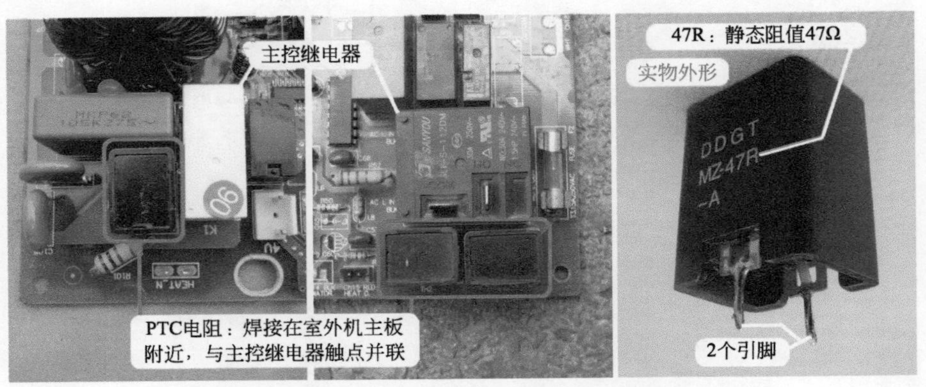

图3-25 安装位置与实物外形

3. 外置式PTC电阻

早期空调器使用外置式PTC电阻，没有安装在室外机主板上面，见图3-26，安装在室外机电控盒内，通过引线和室外机主板连接。外置式PTC电阻主要由PTC元件、绝缘垫片、接线端子、外壳、顶盖等组成。

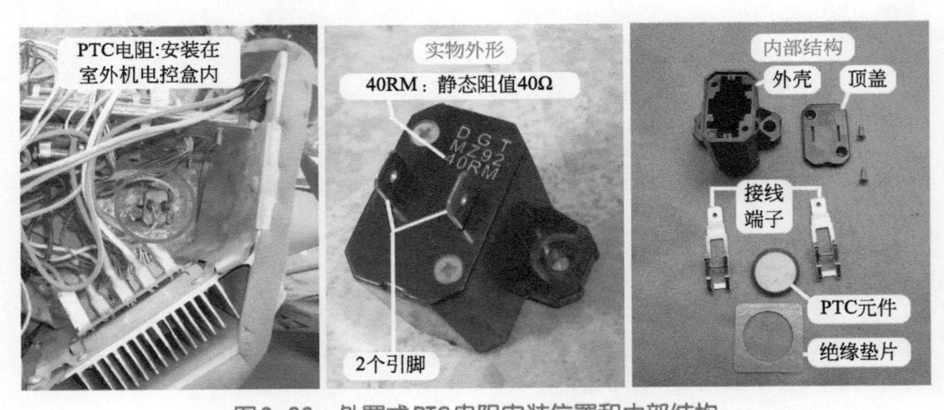

图3-26 外置式PTC电阻安装位置和内部结构

4. 测量阻值

PTC使用型号通常为25℃ / 47Ω，见图3-27左图，常温下测量阻值为50Ω左右，表面温度较高时测量阻值为无穷大。常见为开路故障，即常温下测量阻值为无穷大。

由于PTC电阻2个引脚与室外机主控继电器2个触点并联，使用万用表电阻挡，见图3-27右图，测量继电器的2个端子（触点）就相当于测量PTC电阻的2个引脚，实测阻值约为50Ω。

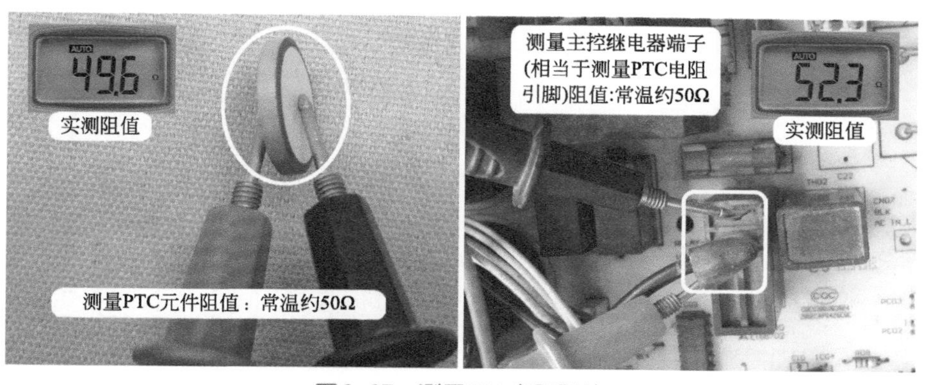

图3-27　测量PTC电阻阻值

四、硅桥

1. 作用

硅桥内部为4个整流二极管组成的桥式整流电路，将交流220V电压整流成为直流300V电压。

由于硅桥工作时需要通过较大的电流，功率较大且有一定的热量，因此通常与模块一起固定在大面积的散热片上。

2. 分类和常用型号

根据外观分类常见有3种：方形硅桥、扁形硅桥、PFC模块（内含硅桥）。

（1）方形硅桥

方形硅桥常用型号为S25VB60，见图3-28，25含义为最大正向整流电流25A，60含义为最高反向工作电压600V。

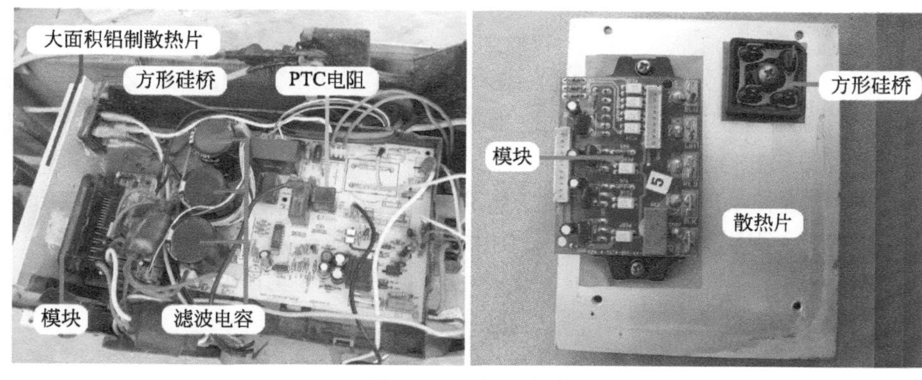

图3-28　方形硅桥

（2）扁形硅桥

扁形硅桥常用型号为D15XB60，见图3-29，15含义为最大正向整流电流15A，60含义为最高反向工作电压600V。

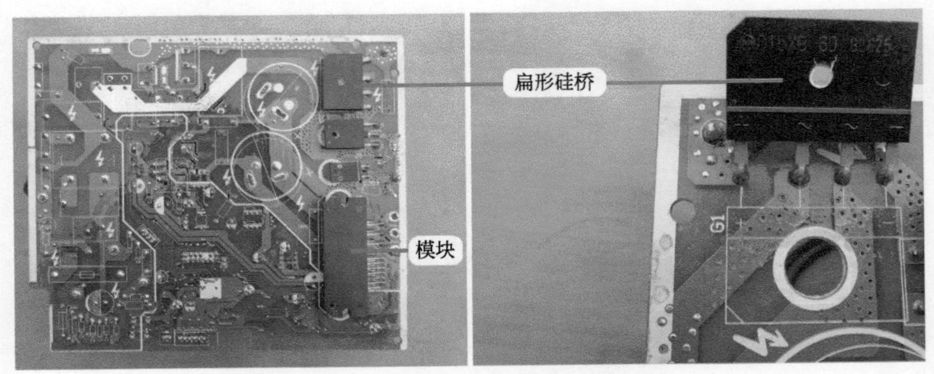

图3-29　扁形硅桥

（3）PFC模块（内含硅桥）

目前变频空调器电控系统中还有一种设计方式，见图3-30，就是将硅桥和PFC电路集成在一起，组成PFC模块，和驱动压缩机的变频模块设计在一块电路板上，因此在此类空调器中，找不到普通意义上的硅桥。

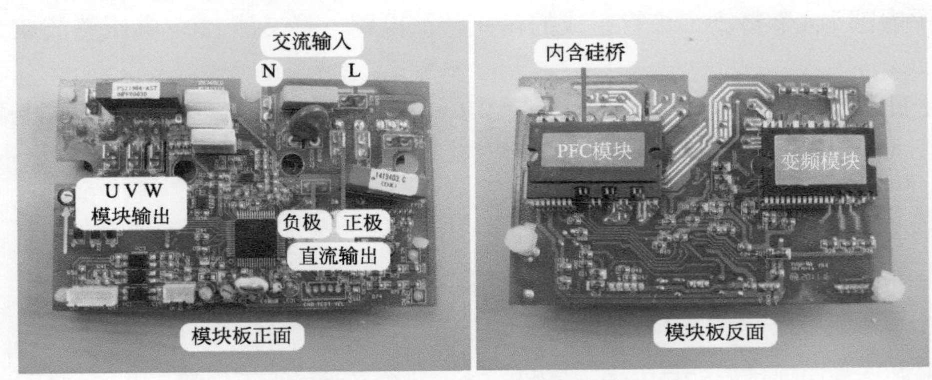

图3-30　PFC模块（内含硅桥）

3. 引脚作用和辨认方法

硅桥共有4个引脚，分别为2个交流输入端和2个直流输出端。2个交流输入端接交流220V，使用时没有极性之分。2个直流输出端中的正极经滤波电感接滤波电容正极，负极直接与滤波电容负极相连。

方形硅桥：见图3-31左图，其中的一脚有豁口，对应引脚为直流正极，对角线引脚为直流负极，其他2个引脚为交流输入端（使用时不分极性）。

扁形硅桥：见图3-31右图，其中一侧有1个豁口，对应引脚为直流正极，中间2个引脚为交流输入端，最后1个引脚为直流负极。

4. 测量硅桥

硅桥内部为4个大功率的整流二极管，测量时应使用万用表二极管挡。

（1）测量正、负端子

相当于测量串联的D1和D4（或串联的D2和D3）。

红表笔接正、黑表笔接负，为反向测量，见图3-32左图，结果为无穷大。
红表笔接负、黑表笔接正，为正向测量，见图3-32右图，结果为823mV。

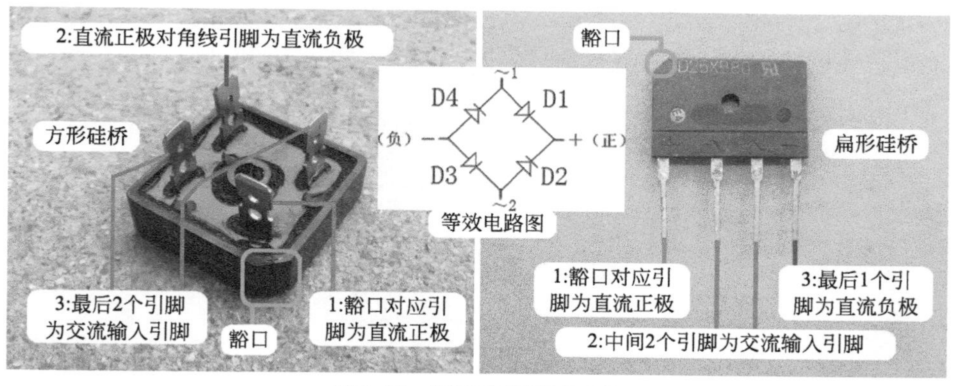

图3-31　引脚功能辨认方法

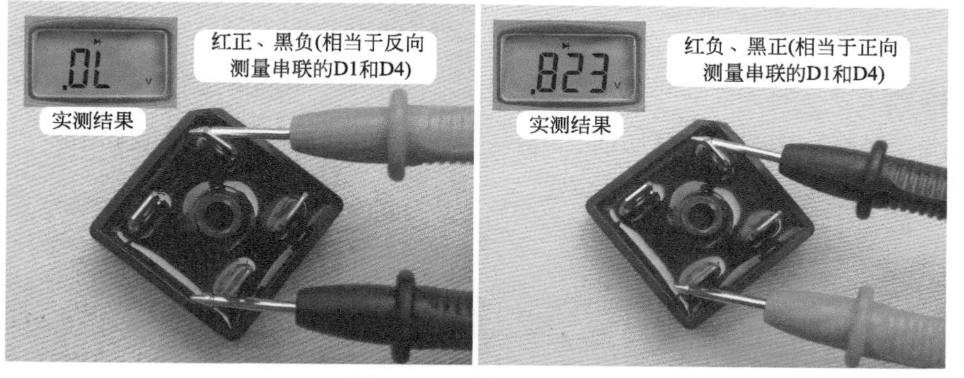

图3-32　测量正、负端

（2）测量正、两个交流输入端

测量过程见图3-33，相当于测量D1、D2。
红表笔接正、黑表笔接交流输入端，为反向测量，两次结果相同，应均为无穷大。
红表笔接交流输入端、黑表笔接正，为正向测量，两次结果应相同，均为452mV。

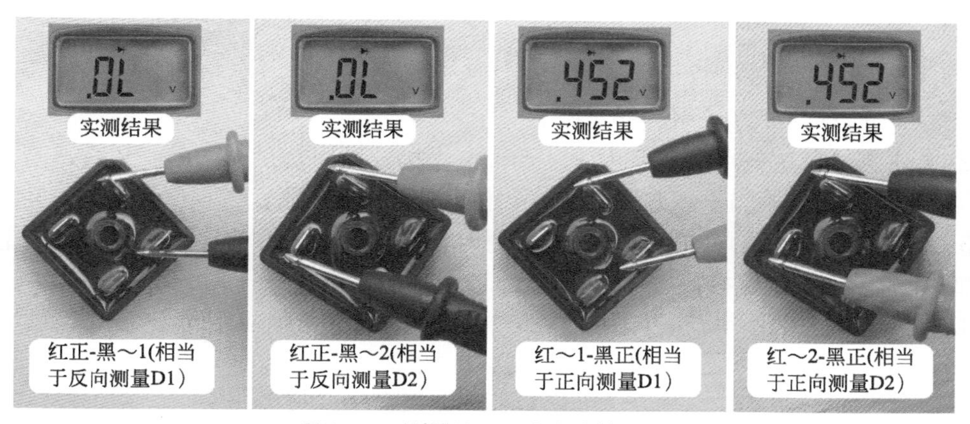

图3-33　测量正、两个交流输入端

（3）测量负、两个交流输入端

测量过程见图3-34，相当于测量D3、D4。

红表笔接负、黑表笔接交流输入端，为正向测量，两次结果相同，均为452mV。

红表笔接交流输入端、黑表笔接负，为反向测量，两次结果相同，均为无穷大。

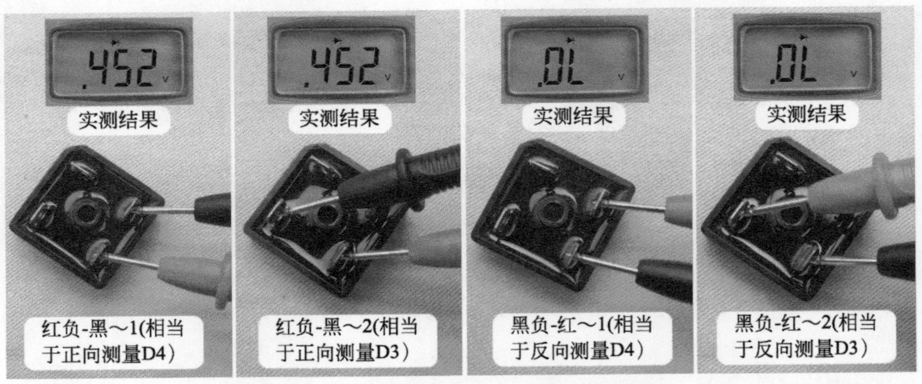

图3-34　测量负、两个交流输入端

（4）测量交流输入端～1、～2

相当于测量反方向串联D1和D2（或D3和D4），见图3-35，由于为反向串联，因此正反向测量结果应均为无穷大。

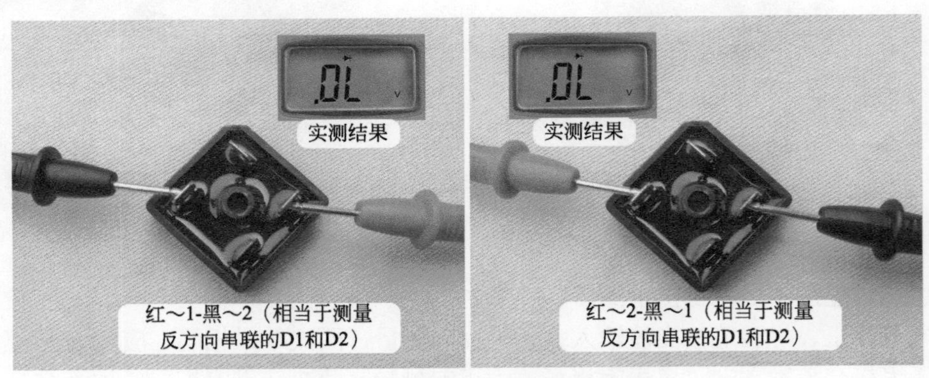

图3-35　测量2个交流输入端

5. 测量说明

① 测量时应将4个端子引线全部拔下。

② 上述测量方法使用数字万用表。如果使用指针万用表，选择R×1K欧姆挡，测量时红、黑表笔所接端子与上述方法相反，得出的规律才会一致。

③ 不同的硅桥、不同的万用表正向测量时，得出结果的数值会不相同，但一定要符合内部4个整流二极管连接特点所构成的规律。

④ 同一硅桥同一万用表正向测量内部二极管时，结果数值应相同（如本次测量为452 mV），测量硅桥时不要死记得出的数值，要掌握规律。

⑤ 硅桥常见故障为内部4个二极管全部击穿或某个二极管击穿，开路损坏的比例相对较少。

五、滤波电感

1. 作用和实物外形

根据电感线圈“通直流、隔交流”的特性，阻止由硅桥整流后直流电压中含有的交流成份通过，使输送滤波电容的直流电压更加平滑、纯净。

实物外形见图3-36，将较粗的电感线圈按规律绕制在铁芯上，即组成滤波电感。只有2个接线端子，没有正反之分。

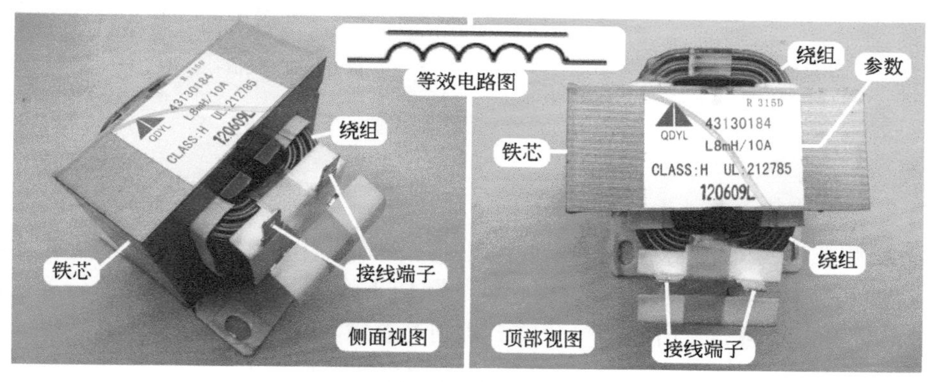

图3-36　实物外形

2. 安装位置

滤波电感通电时会产生电磁频率，且自身较重容易产生噪声，为防止对主板控制电路产生干扰，见图3-37左图，早期的空调器通常将滤波电感设计在室外机底座上面。

由于滤波电感安装在底座上容易因化霜水浸泡出现漏电故障，见图3-37中图和右图，目前的空调器通常将滤波电感设计在挡风隔板的中部或电控盒的顶部。

图3-37　安装位置

3. 测量方法

测量滤波电感阻值时，使用万用表电阻挡，见图3-38左图，阻值约1 Ω。

早期空调器因滤波电感位于室外机底部，且外部有铁壳包裹，直接测量其接线端子不是很方便，见图3-38右图，检修时可以测量2个连接引线的插头阻值，实测阻值约1Ω。

如果实测阻值为无穷大，应检查滤波电感上引线插头是否正常。

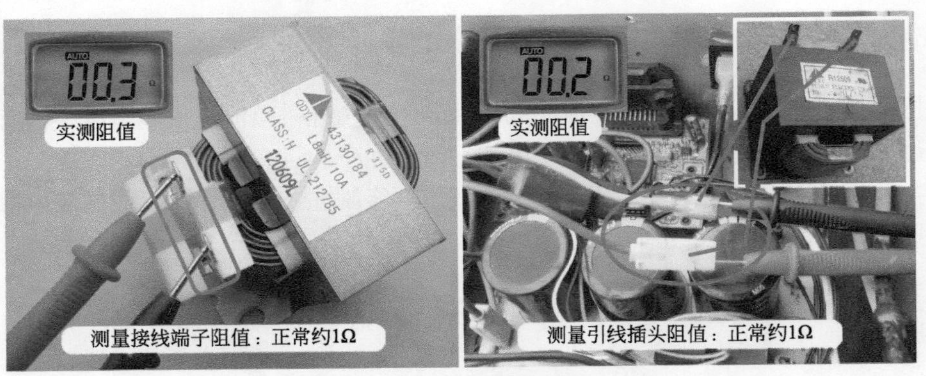

图3-38　测量滤波电感阻值

4. 常见故障

① 早期滤波电感安装在室外机底部，在制热模式下化霜过程中产生的化霜水将其浸泡，一段时间之后（安装5年左右），引起绝缘阻值下降，通常低于2MΩ时，会出现空调器通上电源之后，断路器（俗称空气开关）跳闸的故障。

② 由于绕制滤波电感绕组的线径较粗，很少有开路损坏的故障。而其工作时通过的电流较大，接线端子处容易产生热量，将连接引线烧断出现室外机无供电的故障。

六、滤波电容

1. 作用

滤波电容实际为容量较大（约2000μF）、耐压较高（约直流400V）的电解电容。根据电容“通交流、隔直流”的特性，对滤波电感输送的直流电压再次滤波，将其中含有的交流成分直接入地，使供给模块P、N端的直流电压平滑、纯净，不含交流成分。

2. 引脚作用

滤波电容共有2个引脚，分别是正极和负极。正极接模块P端子，负极接模块N端子，负极引脚对应有“□”状标志。

3. 分类

按电容个数分类，有2种型式：即单个电容或多个电容并联组成。

（1）单个电容

见图3-39，由1个耐压400V、容量2200μF左右的电解电容，对直流电压滤波后为模块供电，常见于早期生产的挂式变频空调器或目前的柜式变频空调器，电控盒内设有专用安装位置。

（2）多个电容并联

由2～4个耐压400V、容量560μF左右的电解电容并联组成，对直流电压滤波后为模块供电，总容量为单个电容标注容量相加，见图3-40。常见于目前生产的变频空调器，直接焊在室外机主板上。

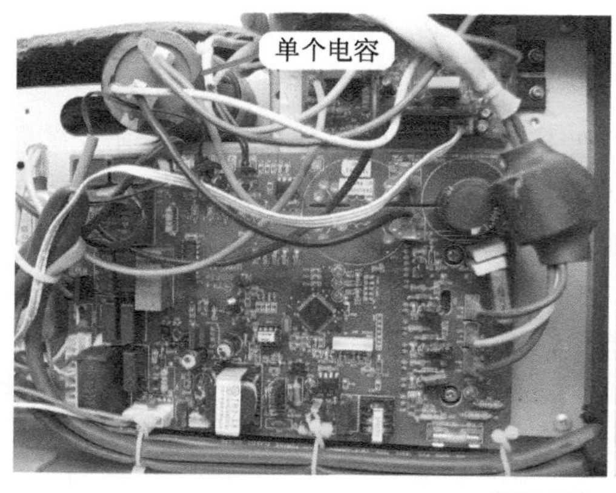

图3-39 单个电容

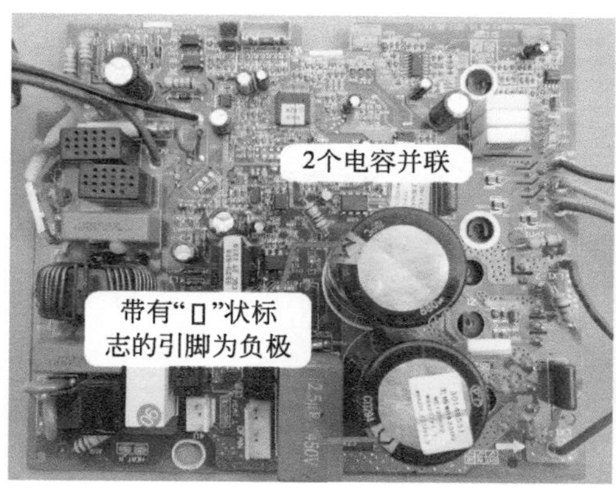

图3-40 多电容并联

4. 测量说明

① 由于电容容量较大，使用万用表检测难以准确判断，通常直接代换试机。常见故障为容量减少引发屡烧模块故障，在实际维修中损坏比例较小。

② 需要注意的是，由于滤波电容容量较大，不能像检测定频空调器的压缩机电容一样，直接短路其2个引脚，否则将会出现很大的放电声音，甚至能将螺丝刀杆打出一个豁口。

第二节 IPM模块

IPM模块是变频空调器电控系统中重要元件之一，也是故障率较高的一个元件，属于电控系统专用元器件之一，由于知识点较多，因此单设一节进行详细说明。

一、基础知识

1. 模块板组件

（1）接线端子

图3-41左图为海尔早期某款交流变频空调器使用的模块板组件，主要接线端子功能如下。

ACL和ACN：共2个端子，为交流220V输入，接室外机主板的交流220V。

RO和RI：共2个端子，接外置的滤波电感。

N－和P＋：共2个端子，接外置的滤波电容。

U、V、W：共3个端子，为输出，接压缩机线圈。

右下角白色插座共4个引针为信号传送，接室外机主板，使室外机主板CPU控制模块板组件以驱动压缩机运行。

从图3-41右图可以看出，用于驱动压缩机的IGBT开关管，使用分离元件类型。

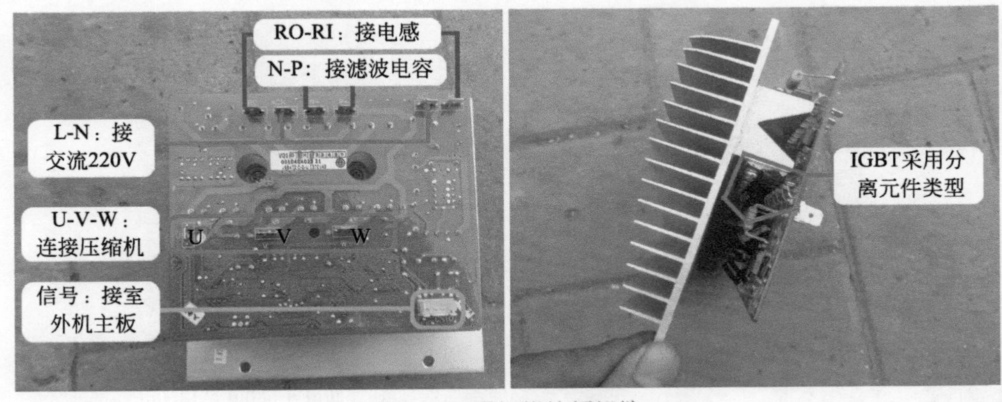

图3-41　早期模块板组件

（2）单元电路

取下模块板组件的散热片，查看电路板单元电路，见图3-42，主要由以下几个单元电路组成：整流电路（整流硅桥）、PFC电路（改善电源功率因数）、电流检测电路、开关电源电路（提供直流15V、3.3V等电压）、控制电路（模块板组件CPU）、驱动电路（驱动IGBT开关管）、6个IGBT开关管等。

由于分离元件类型的IGBT开关管故障率和成本均较高，且体积较大，如果将6个IGBT开关管、驱动电路、电流检测等电路单独封装在一起，见图3-42右图，即组成常见的IPM模块。

图3-42左图中，控制电路使用的集成块为东芝公司生产的微处理器，型号为TMG88CH40MG；驱动电路使用的集成块为IR公司生产，型号为2136S：功能是三相桥式驱动器，用于驱动6个IGBT开关管。

图3-42　分离元件模块板组件和IPM模块

（3）IGBT开关管

模块内部开关管方框简图见图3-43，实物图见图3-44。模块最核心的部件是IGBT开关管，压缩机有3个接线端子，模块需要3组独立的桥式电路，每组桥式电路由上桥和下桥组成，因此模块内部共设有6个IGBT开关管，分别称为U相上桥（U＋）和下桥（U－）、V相上桥（V＋）和下桥（V－）、W相上桥（W＋）和下桥（W－），由于工作时需要通过较大的电流，6个IGBT开关管固定在面积较大的散热片上面。

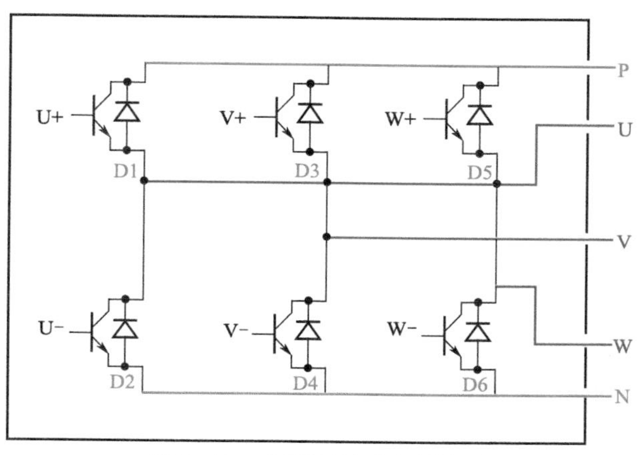

图3-43　内部开关管方框简图

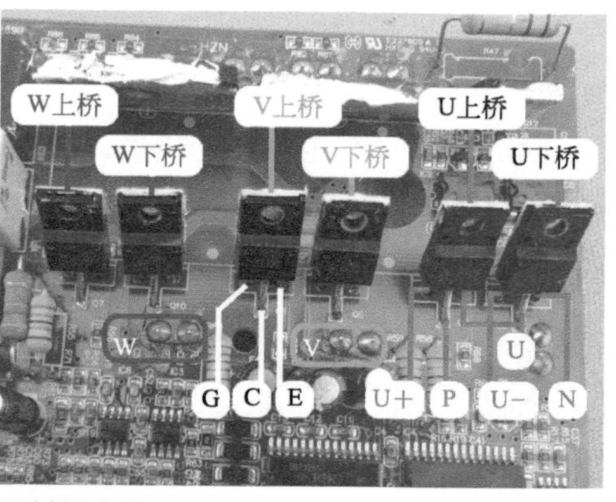

图3-44　IGBT开关管实物图

图3-44中IGBT开关管型号为东芝GT20J321，为绝缘栅双极型晶体管，共有3个引脚，从左到右依旧为G（控制极）、C（集电极）、E（发射极），内部C极和E极并联有续流二极管。

室外机CPU（或控制电路）输出的6路信号（弱电），经驱动电路放大后接6个IGBT开关管的控制极，3个上桥的集电极接直流300V的正极P端子，3个下桥的发射极接直流

300V的负极N端子，3个上桥的发射极和3个下桥的集电极相通为中点输出，分别为U、V、W接压缩机线圈。

（4）IPM模块

严格意义的IPM模块见图3-45，是一种智能的模块，将IGBT连同驱动电路和多种保护电路封装在同一模块内，从而简化了设计，提高了稳定性。IPM模块只有固定在外围电路的控制基板上，才能组成模块板组件。

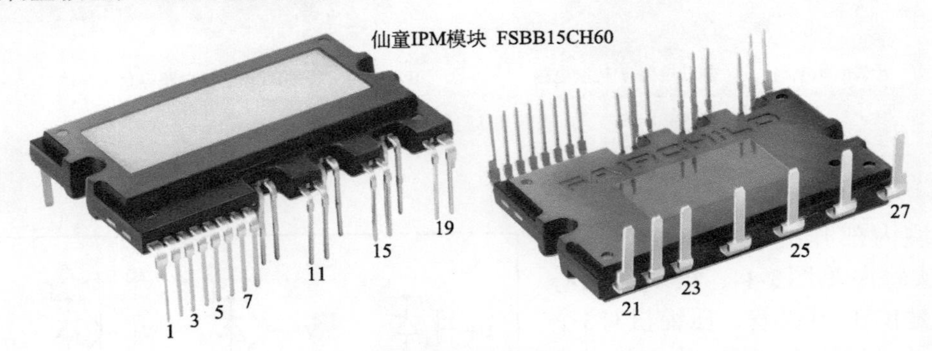

图3-45 IPM模块

2. 工作原理

模块可以简单地看作是电压转换器。室外机主板CPU输出6路信号，经模块内部驱动电路放大后控制IGBT开关管的导通与截止，将直流300V电压转换成与频率成正比的模拟三相交流电（交流30～220V、频率15～120Hz），驱动压缩机运行。

三相交流电压越高，压缩机转速及输出功率（即制冷效果）也越高；反之，三相交流电压越低，压缩机转速及输出功率（即制冷效果）也就越低。三相交流电压的高低由室外机CPU输出的6路信号决定。

3. 安装位置

由于模块工作时产生很高的热量，因此设有面积较大的铝制散热片，并固定在上面，见图3-46，模块设计在室外机电控盒里侧，室外风扇运行时带走铝制散热片表面的热量，间接为模块散热。

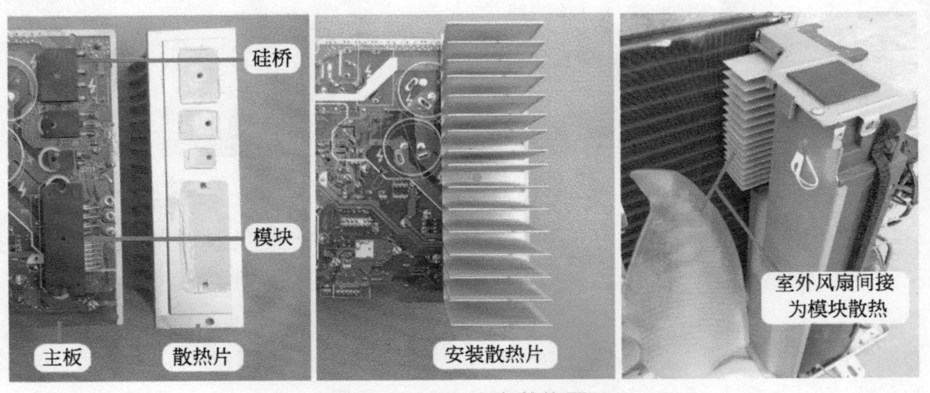

图3-46 模块安装位置

二、输入和输出电路

图3-47为模块输入和输出电路的方框图，图3-48为实物图。

直流300V供电回路中，在实物图上未显示PTC电阻、室外机主控继电器、滤波电感等器件。

1. 输入部分

① P、N：由滤波电容提供直流300V电压，为模块内部IGBT开关管供电，其中P外接滤波电容正极，内接上桥三个IGBT开关管的集电极；N外接滤波电容负极，内接下桥三个IGBT开关管的发射极。

② 15V电压：由开关电源电路提供，为模块内部控制电路供电。

③ 6路驱动信号：由室外机CPU提供，经模块内部控制电路放大后，按顺序驱动6个IGBT开关管的导通与截止。

2. 输出部分

① U、V、W：即上桥与下桥IGBT的中点，输出与频率成正比的模拟三相交流电，驱动压缩机运行。

② FO（保护信号）：当模块内部控制电路检测到过热、过流、短路、15V电压低4种故障，输出保护信号至室外机CPU。

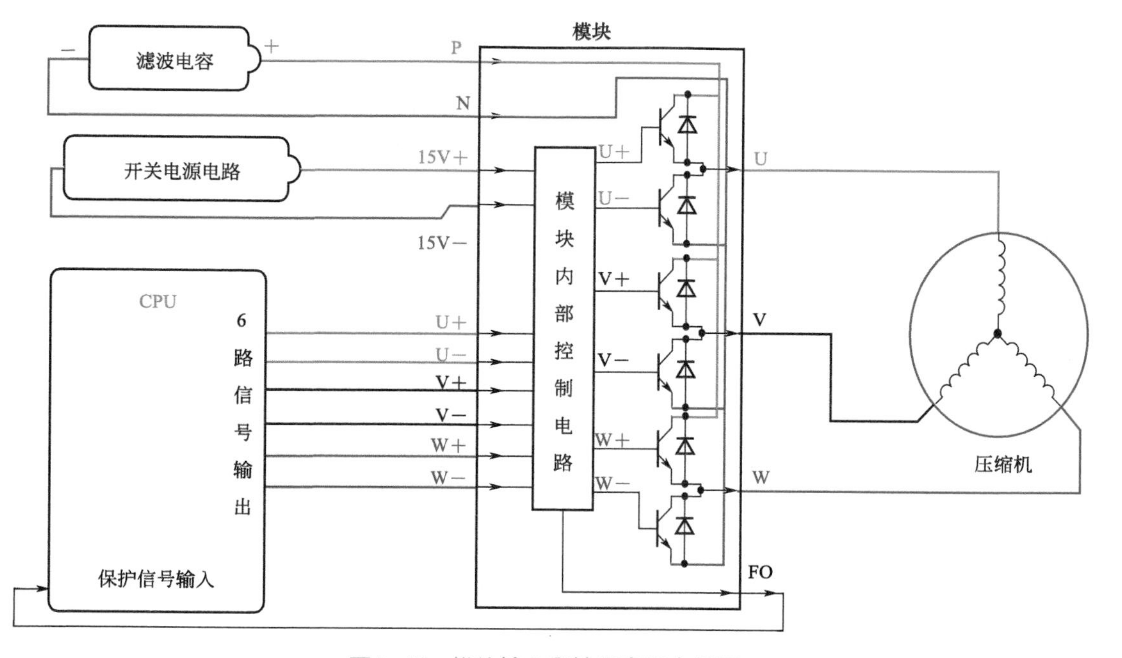

图3-47　模块输入和输出电路方框图

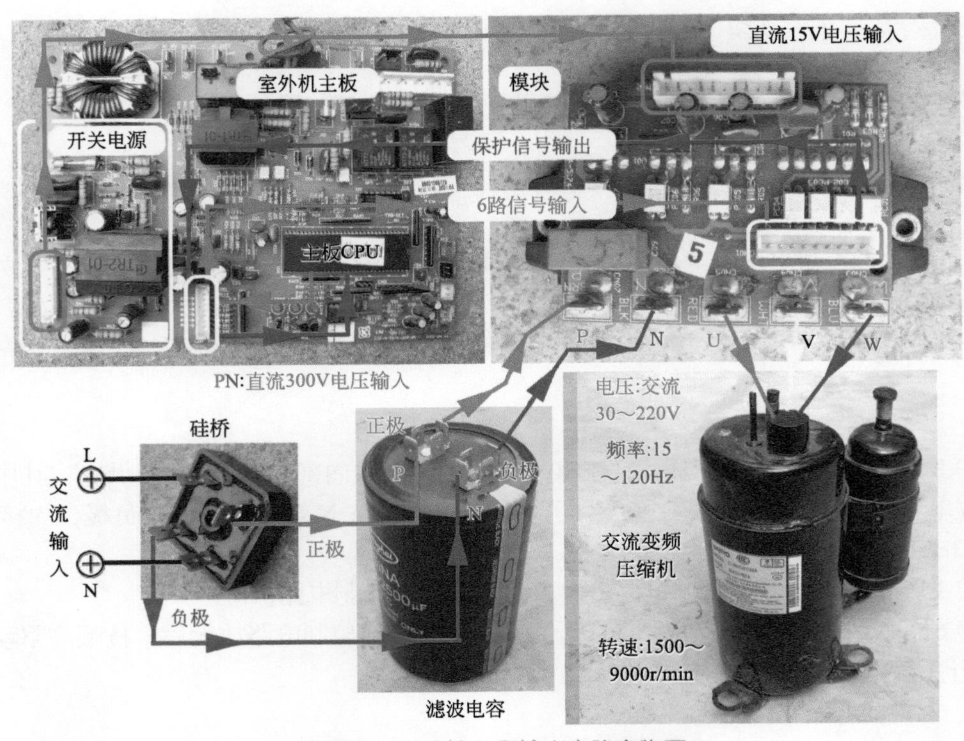

图3-48　模块输入和输出电路实物图

三、测量模块

无论任何类型的模块使用万用表测量时，内部控制电路工作是否正常均不能判断，只能对内部6个开关管做简单的检测。

从图3-43所示的模块内部IGBT开关管方框简图可知，万用表显示值实际为IGBT开关管并联6个续流二极管的测量结果，因此应选择二极管挡，且P、N、U、V、W端子之间应符合二极管的特性。

各个空调器的模块测量方法基本相同，本小节以测量海信空调器一款模块为例，实物见图3-49，介绍模块测量方法。

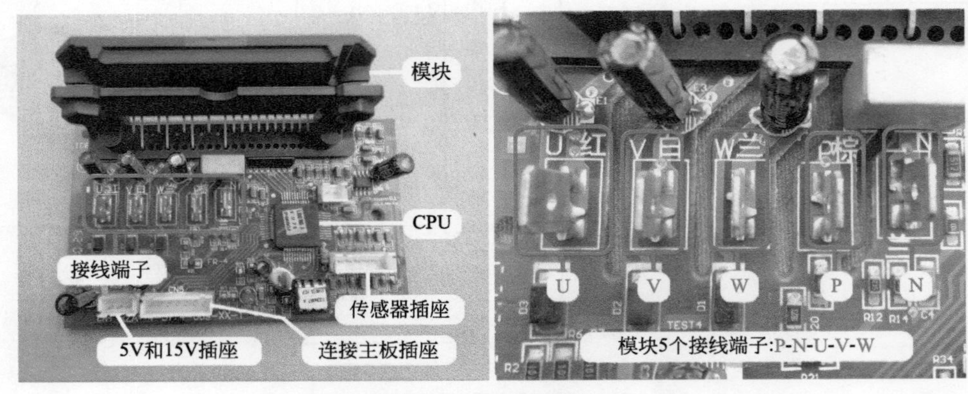

图3-49　模块实物图

1. 测量P、N端子

相当于D1和D2（或D3和D4、D5和D6）串联。

红表笔接P、黑表笔接N，为反向测量，见图3-50左图，结果为无穷大。

红表笔接N、黑表笔接P，为正向测量，见图3-50右图，结果为684mV。

如果正反向测量结果均为无穷大，为模块P、N端子开路；如果正反向测量结果均接近0 mV，为模块P、N端子短路。

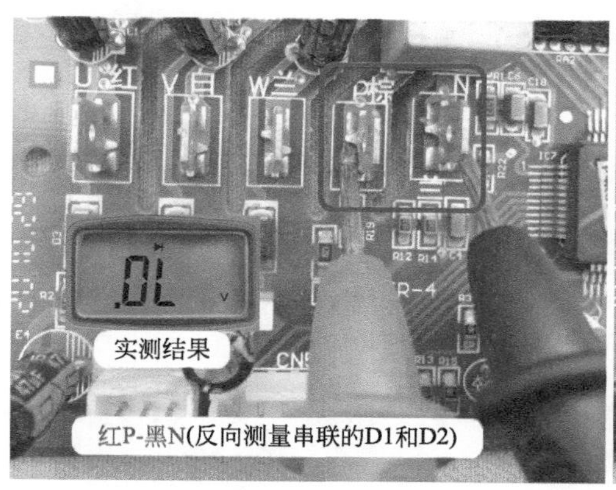

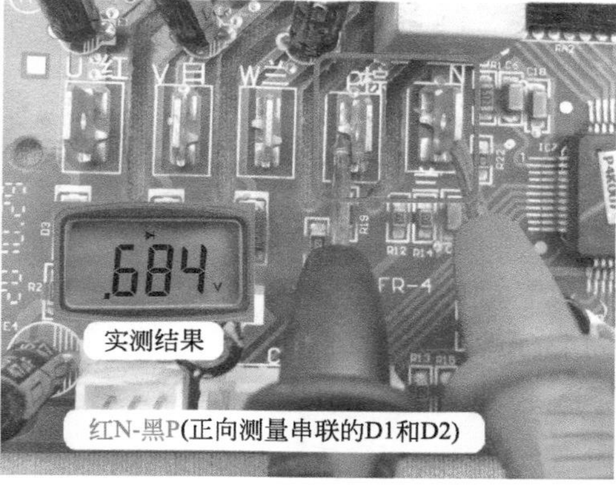

图3-50　测量P、N端子

2. 测量P与U、V、W端子

相当于测量D1、D3、D5。

红表笔接P，黑表笔接U、V、W，为反向测量，测量过程见图3-51，3次结果相同，应均为无穷大。

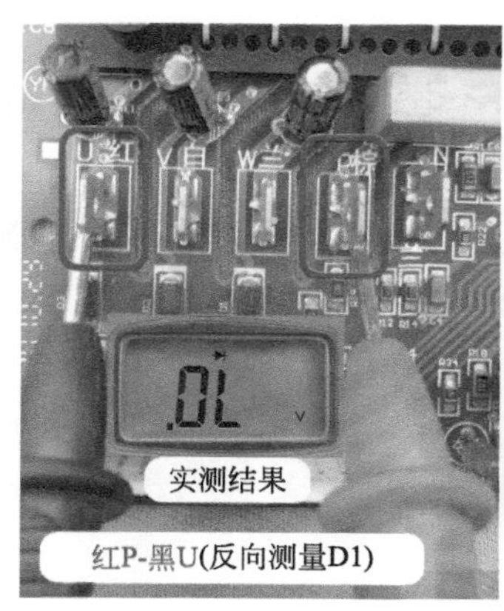

图3-51　反向测量P与U-V-W端子

红表笔接U、V、W，黑表笔接P，为正向测量，测量过程见图3-52，3次结果相同，应均为437mV。

如果反向测量或正向测量时P与U、V、W端结果接近0 mV，则说明模块PU、PV、PW结击穿。实际损坏时有可能是PU、PV结正常，只有PW结击穿。

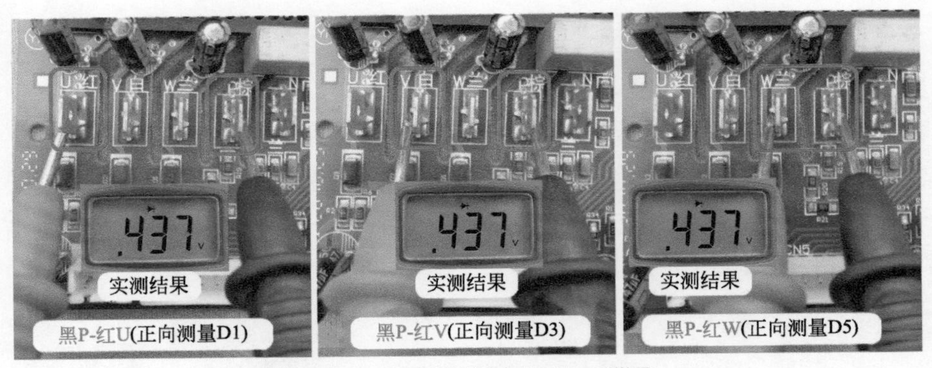

图3-52 正向测量P与U-V-W端子

3. 测量N与U、V、W端子

相当于测量D2、D4、D6。

红表笔接N，黑表笔接U、V、W，为正向测量，测量过程见图3-53，3次结果相同，应均为436mV。

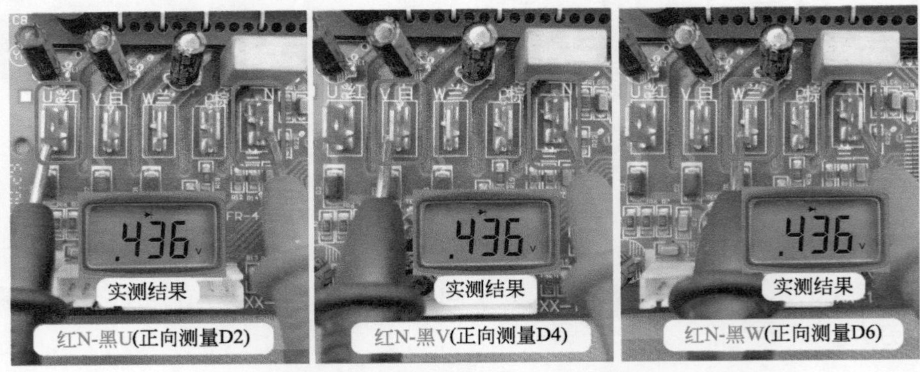

图3-53 正向测量N与U-V-W端子

红表笔接U、V、W，黑表笔接N，为反向测量，测量过程见图3-54，3次结果相同，应均为无穷大。

如果反向测量或正向测量时，N与U、V、W端结果接近0mV，则说明模块NU、NV、NW结击穿。实际损坏时有可能是NU、NW结正常，只有NV结击穿。

图3-54 反向测量N与U-V-W端子

4. 测量U、V、W端子

测量过程见图3-55，由于模块内部无任何连接，U、V、W端子之间无论正反向测量，结果相同应均为无穷大。

如果结果接近0 mV，则说明UV、UW、VW结击穿。实际维修时U、V、W之间击穿损坏比例较少。

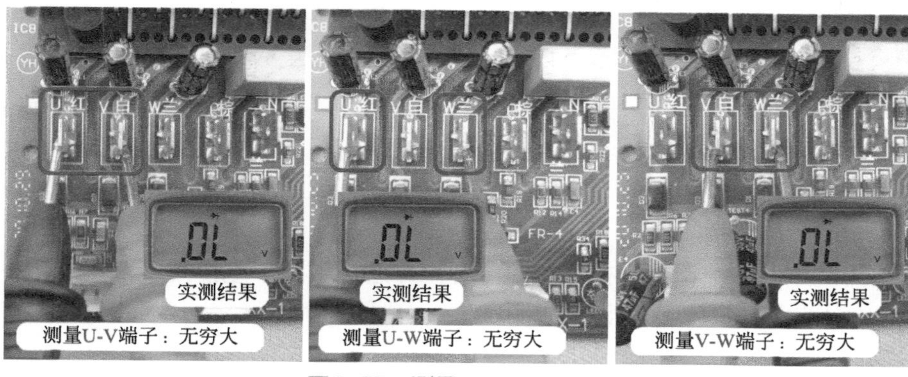

图3-55 测量U、V、W端子

5. 测量说明

① 测量时应对模块上P、N端子滤波电容供电，U、V、W压缩机线圈共5个端子的引线全部拔下。如测量目前室外机电控系统中模块一体化的主板，见图3-56，通常未设单独的P、N、U、V、W，则测量模块时需要断开空调器电源，并将滤波电容放电至直流0V，其正极相当于P端子、负极相当于N端子，再拔下压缩机线圈的对接插头，3根引线为U-V-W端子。

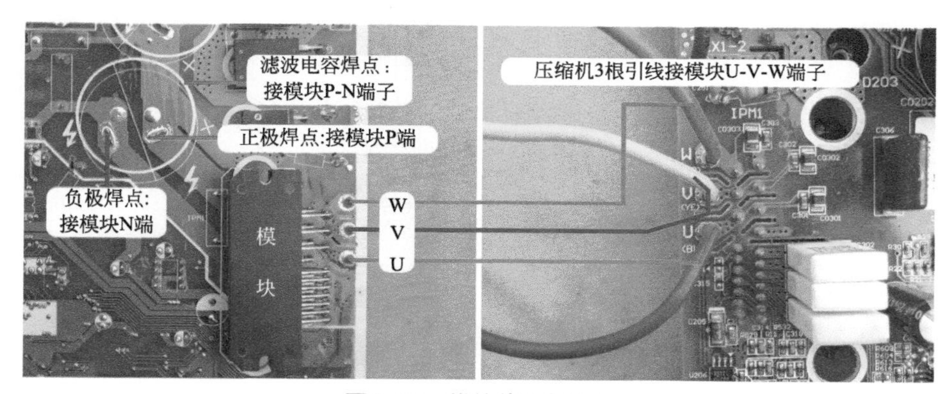

图3-56 模块的5个端子

② 上述测量方法使用数字万用表。如果使用指针万用表，选择R×1K欧姆挡，测量时红、黑表笔所接端子与上述方法相反，得出的规律才会一致。

③ 不同的模块、不同的万用表正向测量时得出结果数值会不相同，但一定要符合内部6个续流二极管连接特点所组成的规律。同一模块同一万用表正向测量P与U、V、W端或N与U、V、W端时，结果数值应相同（如本次测量为437 mV）。

④ P、N端子正向测量得出的结果数值应大于P与U、V、W或N与U、V、W得出的数值。

⑤ 测量模块时不要死记得出的数值，要掌握规律。

⑥ 模块常见故障为PN、PU（或PV、PW）、NU（或NV、NW）击穿，其中PN端子击穿的比例最高。

⑦ 纯粹的模块为一体化封装，如内部IGBT开关管损坏，只能更换整个模块组件。

⑧ 模块与控制基板（电路板）焊接在一起，如模块内部损坏，或电路板上某个元件损坏但检查不出来，也只能更换整个模块板组件。

第三节 变频压缩机

变频压缩机是变频空调器电控系统中重要元件之一，属于电控系统专用元器件，由于知识点较多，因此单设一节进行详细说明。

一、基础知识

1. 安装位置和系统引线

压缩机安装在室外机右侧，见图3-57，也是室外机重量最重的器件，其管道（吸气管和排气管）连接制冷系统，接线端子上引线（U-V-W）连接电控系统中的模块。

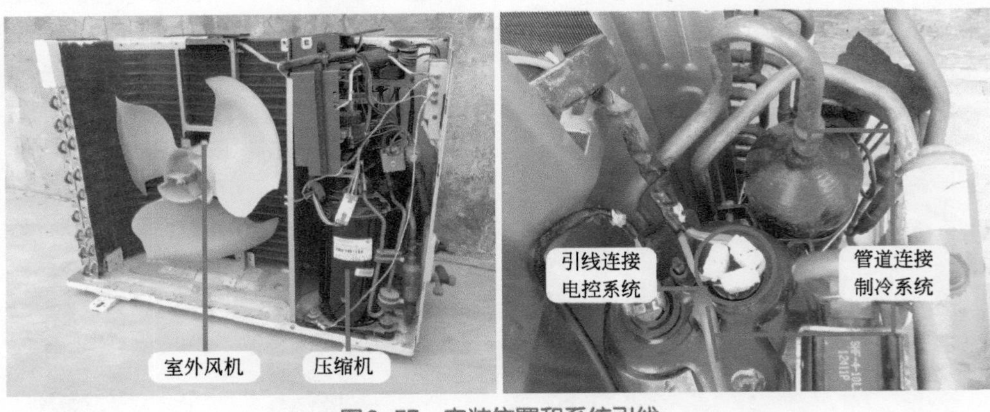

图3-57 安装位置和系统引线

2. 实物外形

压缩机实物外形见图3-58，其为制冷系统的心脏，通过运行使制冷剂在制冷系统保持流动和循环。

压缩机由三相感应电机和压缩系统两部分组成，模块输出频率与电压均可调的模拟三相交流电为三相感应电机供电，电机带动压缩系统工作。

模块输出电压变化时电机转速也随之变化，转速变化范围为1500～9000r/min，压缩系统的输出功率（即制冷量）也发生变化，从而达到在运行时调节制冷量的目的。

图3-58 实物外形

3. 分类

根据工作方式主要分为交流变频压缩机和直流变频压缩机。

交流变频压缩机：见图3-59左图，使用在早期的变频空调器中，使用三相感应电机。示例为西安庆安公司生产的交流变频压缩机，其为三相交流供电，工作电压为交流60～173V，频率30～120Hz，使用R22制冷剂。

直流变频压缩机：见图3-59右图，使用目前的变频空调器中，使用无刷直流电机，工作电压为连续但极性不断改变的直流电。示例为三菱直流变频压缩机，其为直流供电，工作电压为27～190V，频率30～390Hz，功率1245W，制冷量为4100W，使用R410A制冷剂。

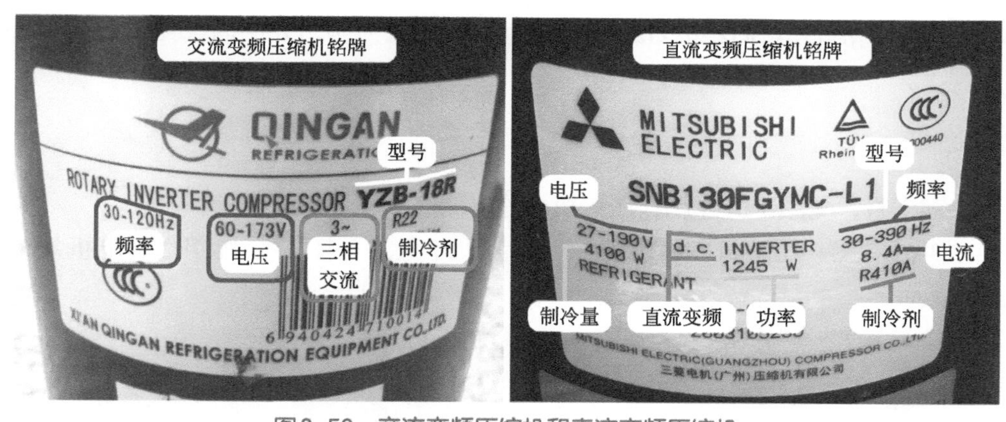

图3-59 交流变频压缩机和直流变频压缩机

4. 工作原理

压缩机运行原理见图3-60，当需要控制压缩机运行时，模块U、V、W输出三相均衡的交流电，经顶部的接线端子送至电机线圈的3个端子，定子产生旋转磁场，转子产生感应电动势，与定子相互作用，转子转动起来，转子转动时带动主轴旋转，主轴带动压缩组件工作，吸气口开始吸气，经压缩成高温高压的气体后由排气口排出，系统的制冷剂循环工作，空调器开始制冷或制热。

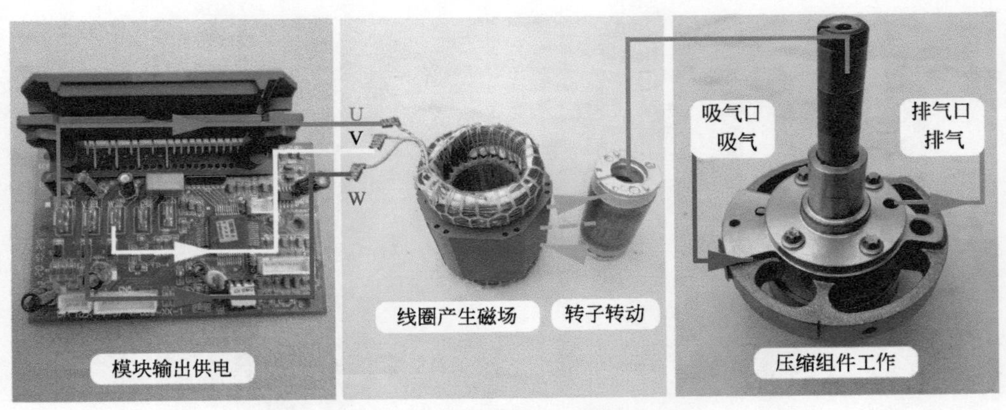

图3-60　压缩机运行原理

5. 常见故障

实际维修中变频空调器压缩机和定频空调器压缩机相比，故障率较低，原因为室外机电控系统保护电路比较完善，故障主要是压缩机启动不起来（卡缸）或线圈对地短路等。

交流变频空调器在更换模块或压缩机时，如果U、V、W接线端子由于不注意插反导致不对应，压缩机则有可能反方向运行，引起不制冷故障，调整方法和定频空调器三相涡旋压缩机相同，即对调任意2根引线的位置。

二、剖解变频压缩机

本小节以上海日立SGZ20EG2UY交流变频压缩机为例，介绍内部结构、实物外形、工作原理等。

1. 内部结构

从外观上看，见图3-61左图，压缩机由外置储液瓶和本体组成。

见图3-61右图，压缩机本体由壳体（上盖、外壳、下盖）、压缩组件、电机共3大部分组成。

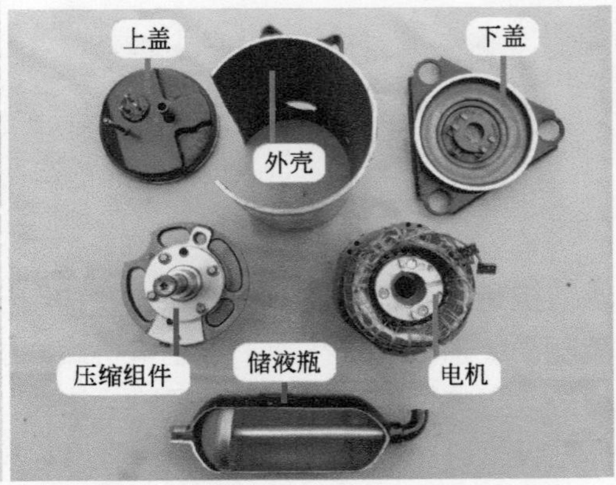

图3-61　内部结构

取下外置储液瓶后，见图3-62左图，吸气管和位于下部的压缩组件直接相连，排气管位于顶部；电机组件位于上部，其引线和顶部的接线端子直接相连。

压缩机本体由压缩组件和电机组件组成，见图3-62右图。

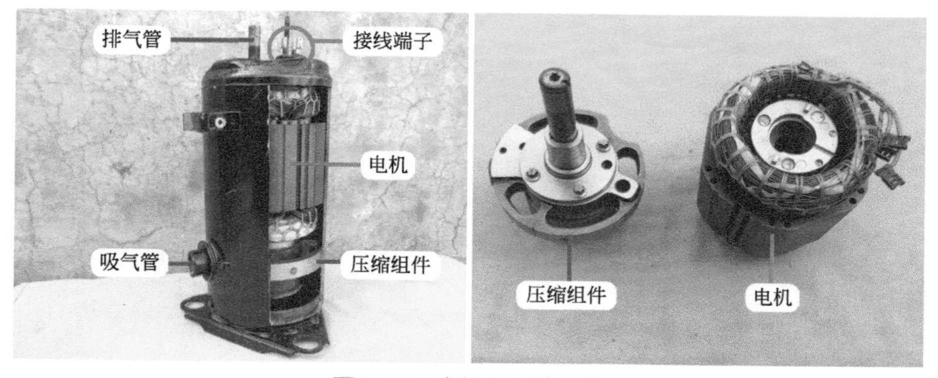

图3-62 电机和压缩组件

2. 上盖和下盖

见图3-63左图和中图，压缩机上盖从外侧看，设有排气管和接线端子，从内侧看排气管只是1个管口，说明压缩机大部分区域均为高压高温状态；内设的接线端子设有插片，以便连接电机线圈的3个端子。

下盖外侧设有3个较大的孔，见图3-63右图，用于安装减振胶垫，以便固定压缩机。内侧中间部位设有磁铁，以吸附磨损的金属铁屑，防止被压缩组件吸入或粘附在转子周围，因磨损而损坏压缩机。

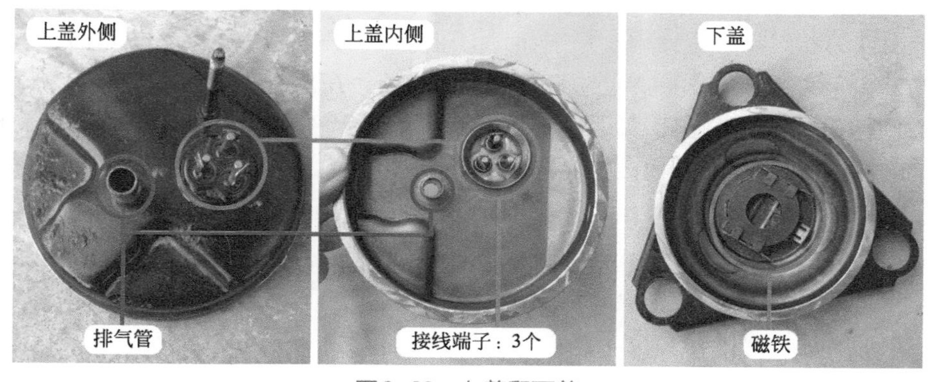

图3-63 上盖和下盖

3. 储液瓶

储液瓶是为防止液体的制冷剂进入压缩机的保护部件，见图3-64左图，主要由过滤网和虹吸管组成。过滤网的作用是为了防止杂质进入压缩机，虹吸管底部设有回油孔，可使进入制冷系统的润滑油顺利的再次回流到压缩机内部。

储液瓶工作示意图见图3-64右图，储液瓶顶部的吸气管连接蒸发器，如果制冷剂没有完全汽化即含有液态的制冷剂进入储液瓶后，因液态制冷剂本身比气态制冷剂重，将直接落入储液瓶底部，气态制冷剂则经虹吸管进入压缩机内部，从而防止压缩组件吸入液态制冷剂而造成液击损坏。

图3-64　储液瓶

三、电机部分

1. 组成

见图3-65，电机部分由转子和定子2部分组成。

转子由铁芯和平衡块组成。转子的上部和下部均安装有平衡块，以减少压缩机运行的振动；中间部位为鼠笼式铁芯，由硅钢片叠压而成，其长度和定子铁芯相同，安装时定子铁芯和转子铁芯相对应；转子中间部分的圆孔安装主轴，以带动压缩组件工作。

定子由铁芯和线圈组成，线圈镶嵌在定子槽里面。在模块输出三相供电时，经连接线至线圈的3个接线端子，线圈中通过三相对称的电流，在定子内部产生旋转磁场，此时转子铁心与旋转磁场之间存在相对运动，切割磁力线而产生感应电动势，转子中有电流通过，转子电流和定子磁场相互作用，使转子中形成电磁力，转子便旋转起来，通过主轴从而带动压缩部分组件工作。

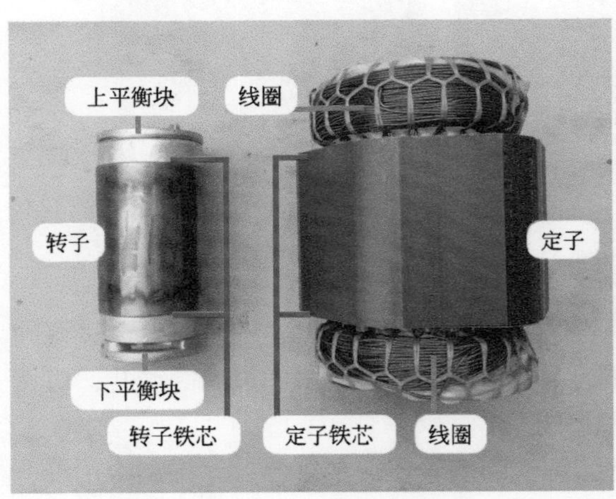

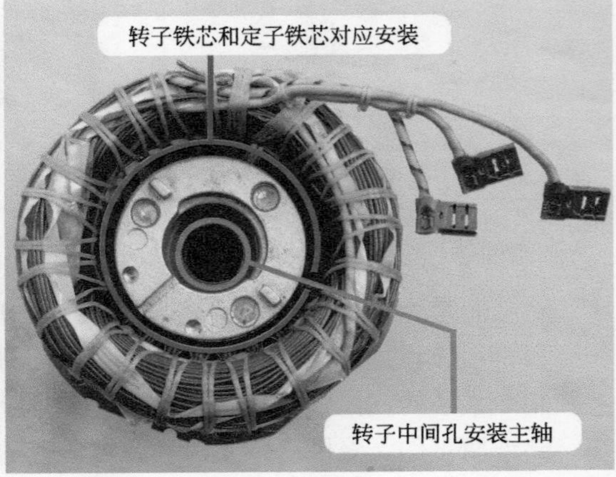

图3-65　转子和定子

2. 引线作用

见图3-66，电机的线圈引出3根引线，安装至上盖内侧的3个接线端子上面。

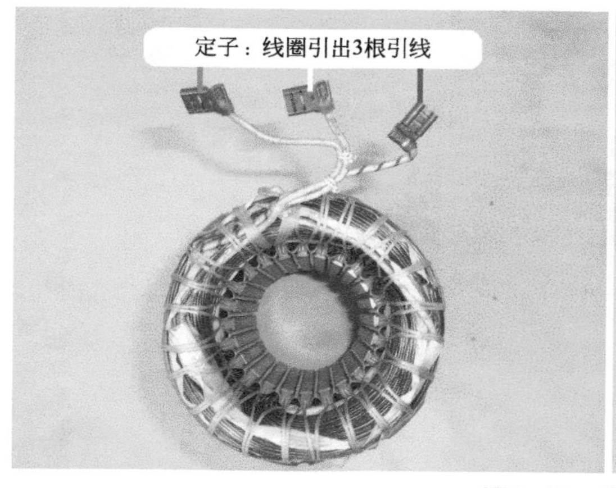

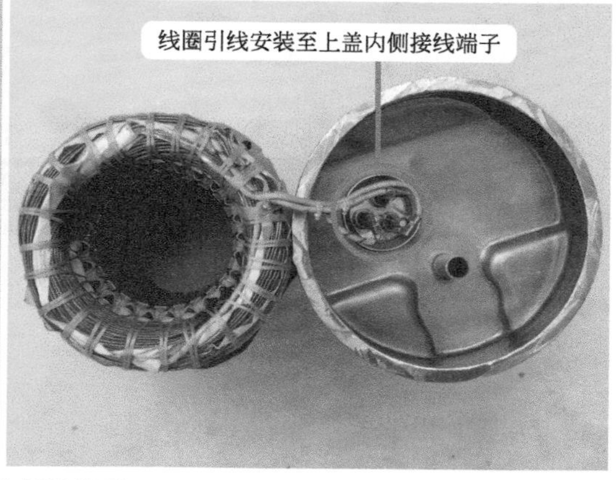

图3-66　电机连接线

因此上盖外侧也只有3个接线端子，标号为U、V、W，连接至模块的引线也只有3根，引线连接压缩机端子标号和模块标号应相同，见图3-67，本机U端子为红线、V端子为白线、W端子为蓝线。

说明

无论是交流变频压缩机或直流变频压缩机，均有三个接线端子，标号分别为U、V、W，和模块上的U、V、W三个接线端子对应连接。

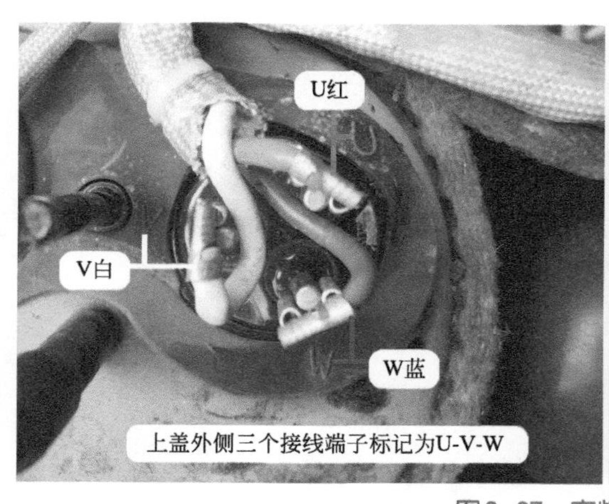

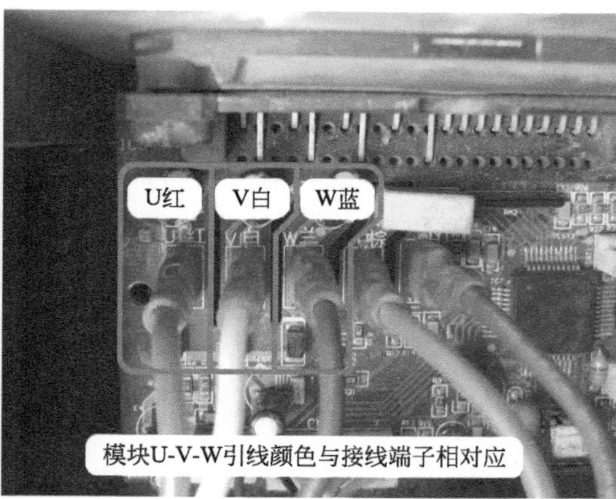

图3-67　变频压缩机引线

3. 测量线圈阻值

使用万用表电阻挡，测量3个接线端子之间阻值，见图3-68，UV、UW、VW阻值相等，即UV = UW = VW，实测阻值为1.5Ω左右。

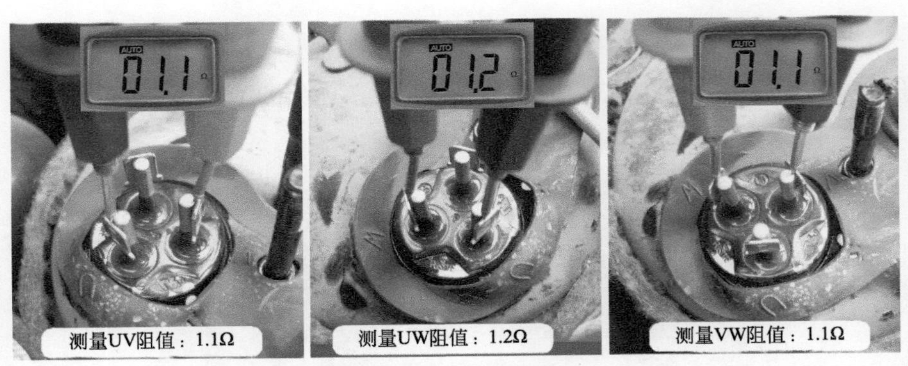

图3-68　测量线圈阻值

四、压缩部分

1. 组成

取下储液瓶、定子和上盖后，见图3-69左图，转子位于上方，压缩组件位于下方，同时吸气管也位于下方和压缩组件相对应。

见图3-69中图和右图，压缩组件的主轴直接安装在转子内，也就是说，转子转动时直接带动主轴（偏心轴）旋转，从而带动压缩组件工作。

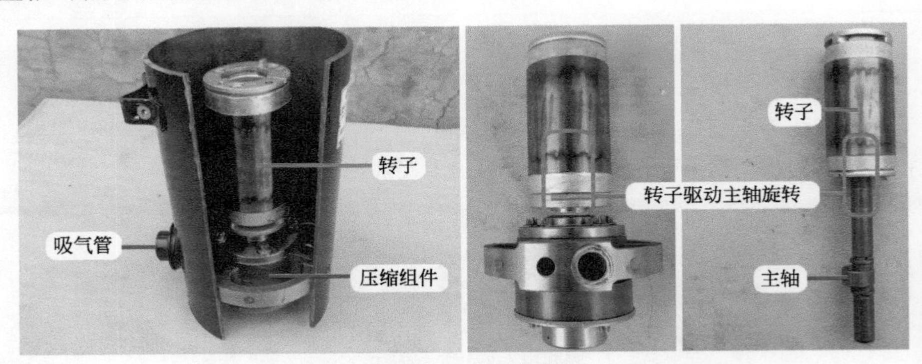

图3-69　压缩组件

图3-70左图为压缩组件实物外形，图3-70右图为主要元件，由主轴、上气缸盖、气缸、下气缸盖、滚动活塞（滚套）、刮片、弹簧、平衡块、下盖、螺丝等组成。

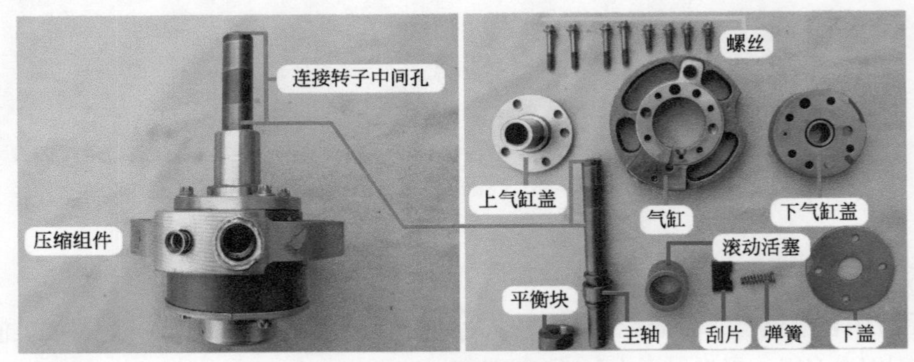

图3-70　压缩组件组成

2. 主要部件实物外形

（1）主轴和滚动活塞

主轴其实就是一根较粗的长轴，见图3-71左图，上部连接转子，下部连接压缩组件（大部分位置位于气缸内），在连接气缸的中间部位设计有偏心轴，用于驱动滚动活塞。为了消除偏心轴在运行时引起的震动，在主轴的下部设计有平衡块。

滚动活塞（滚套）见图3-71右图，内侧对应主轴上的偏心轴，偏心轴推动滚动活塞外侧沿气缸内壁转动，以压缩制冷剂气体。

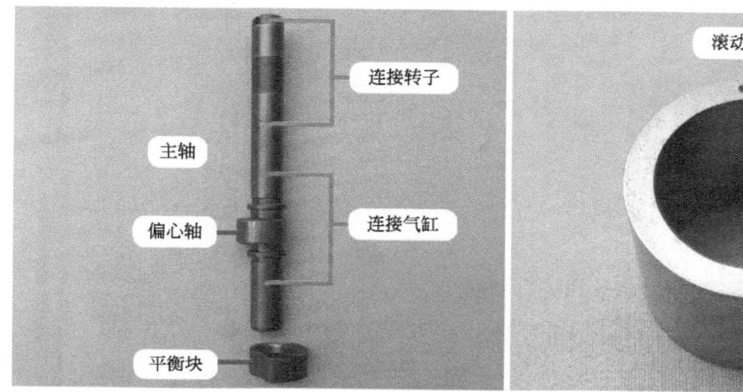

图3-71　主轴和滚动活塞

（2）气缸和刮片弹簧

气缸见图3-72左图，设有吸气口并直接连接至气缸内部，在相应位置设有弹簧和刮片的安装位置。

刮片和弹簧见图3-72右图，刮片紧贴滚动活塞外壁，产生密封线，隔离气缸内低压腔和高压腔的气体，使之不能向另一侧流动，否则会造成窜气故障。弹簧的作用是顶住刮片，使其紧紧贴在滚动活塞上面，以避免高压腔向低压腔漏气。

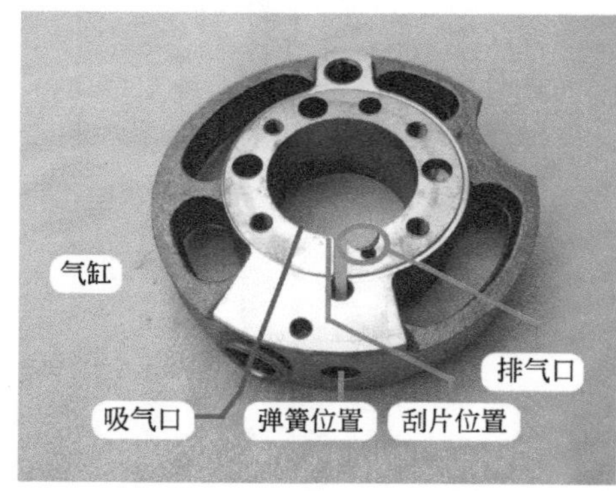

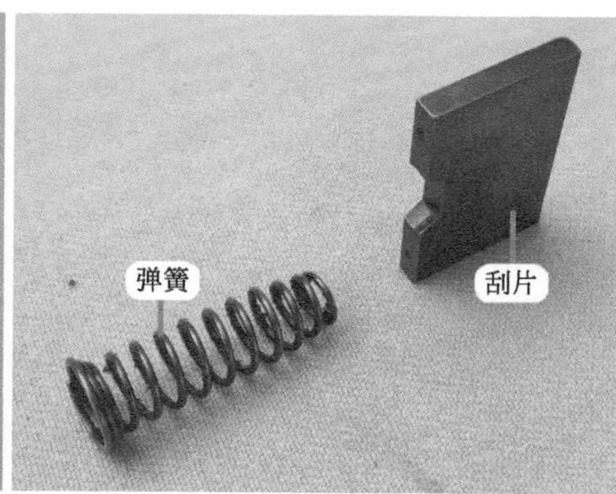

图3-72　气缸和刮片弹簧

（3）上气缸盖和下气缸盖

上气缸盖、下气缸盖见图3-73，作用是气缸的上方和下方的密封盖，上气缸盖设计有上轴承，下气缸盖设计有下轴承，同时排气阀片也设计在下气缸盖上面。

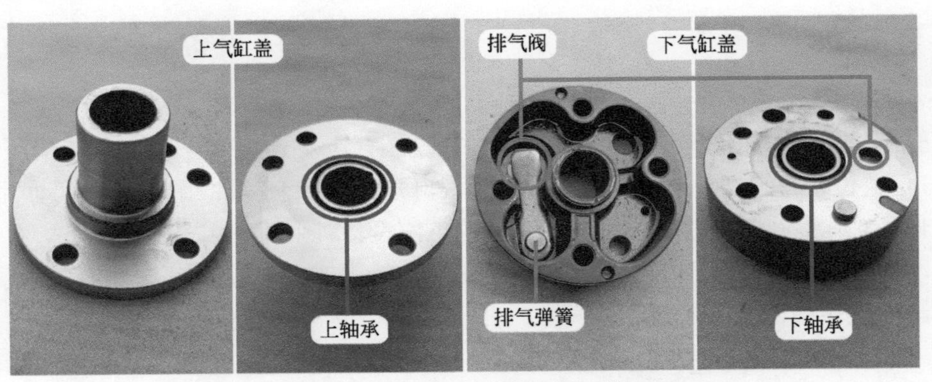

图3-73　上气缸盖和下气缸盖

3. 工作原理

旋转式压缩机压缩部分工作原理见图3-74，根据滚动活塞处于不同位置，汽缸内形成高压腔和低压腔。

① 低压腔容积最大，吸气口吸入制冷剂气体。

② 滚动活塞开始压缩汽缸内的制冷剂气体，同时吸气口继续吸气。

③ 低压腔与高压腔的容积相等，同时低压腔继续吸气，高压腔进一步压缩，使气体的压力增大，直到排气阀开启，通过排气口排出高压气体。

④ 低压腔继续吸气，高压腔排气结束。

图3-74　压缩机工作原理

室内机/室外机主板和通信电路检修分析

本章以格力KFR-32GW/（32556）FNDe-3挂式直流变频空调器为基础，介绍室内机和室外机主板的基础知识，并详细介绍通信电路。

第一节　室内机主板

一、电控系统组成和主要元件

1. 硬件组成

图4-1为室内机电控系统电气接线图，图4-2为室内机电控系统实物外形和作用（不含辅助电加热等）。

从图4-2中可以看出，室内机电控系统由主板（AP1）、室内环温传感器（室内环境感温包）、室内管温传感器（室内管温感温包）、显示板组件（显示接收板）、PG电机（风扇电机）、步进电机（上下扫风电机）、变压器、辅助电加热（电加热器）等组成。

2. 室内机主板插座和电子元件

表4-1为室内机主板和显示板的插座与元件明细，图4-3为室内机主板实物图，图4-4为显示板实物图。在图4-3和图4-4中，插座和接线端子的代号以英文字母表示，电子元件以阿拉伯数字表示。

主板有供电才能工作，为主板供电有电源L端输入和电源N端输入2个端子。由于室内机主板还为室外机供电和与室外机交换信息，因此还设有室外机供电端子和通信线。输入部分设有变压器、室内环温和管温传感器，主板上设有变压器一次绕组和二次绕组插座、室内环温和管温传感器插座。输出负载有显示板组件、步进电机、PG电机，相对应的在主板上有显示板组件插座、步进电机插座、PG电机供电插座、霍尔反馈插座。

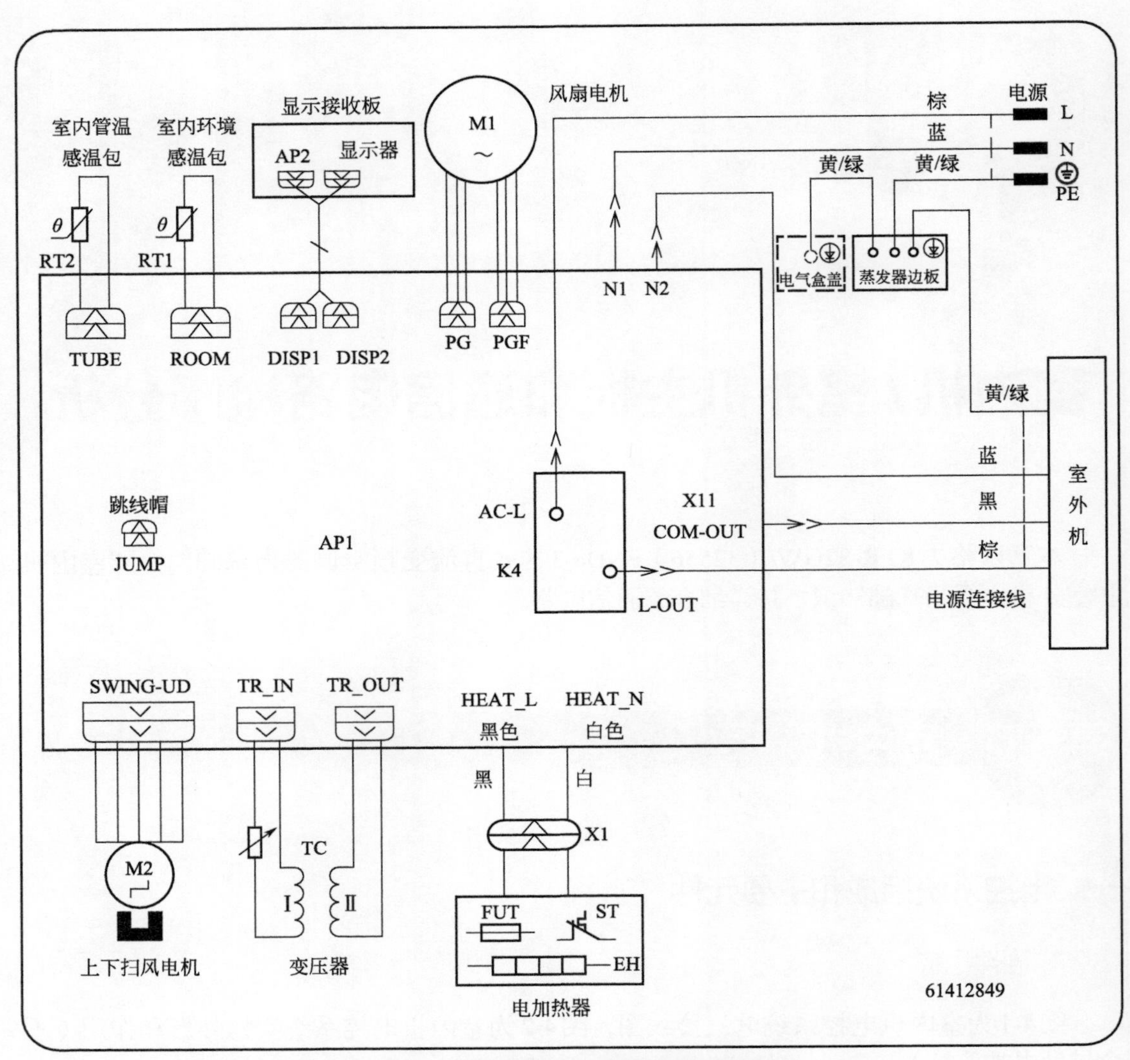

图4-1　室内机电控系统电气接线图

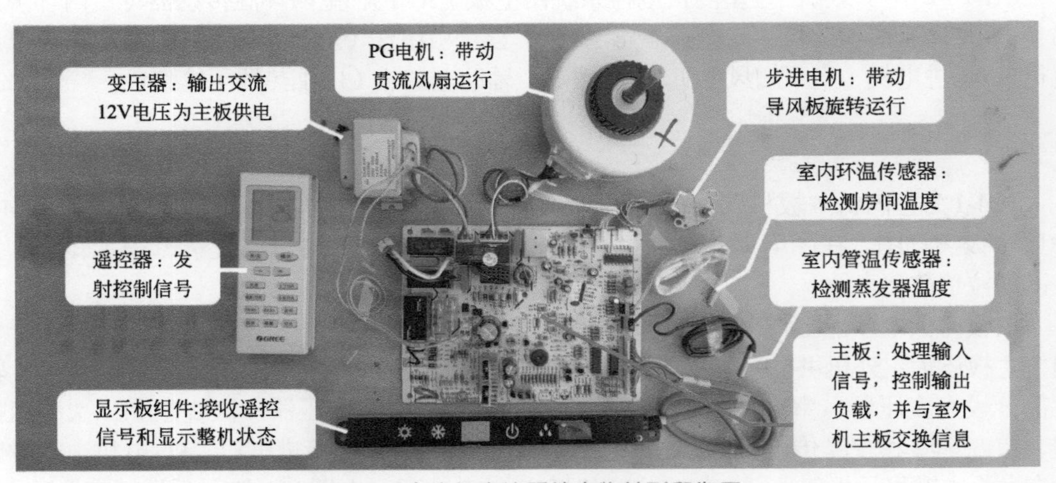

图4-2　室内机电控系统实物外形和作用

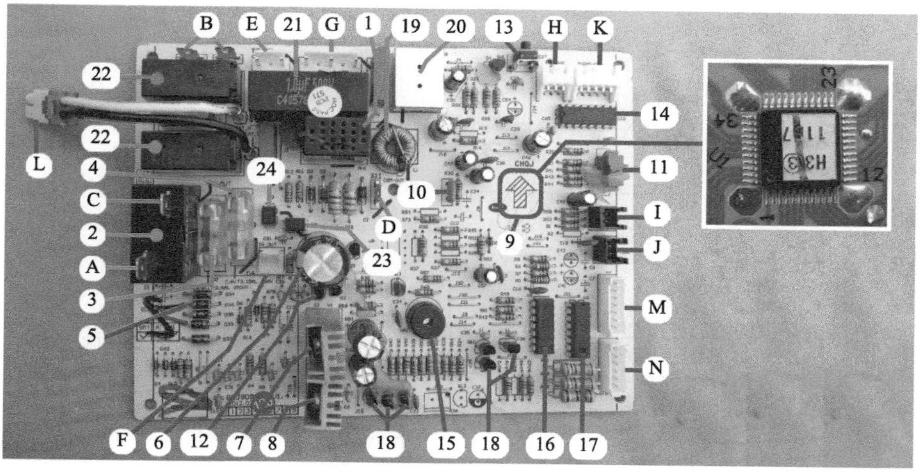

图4-3　室内机主板实物图

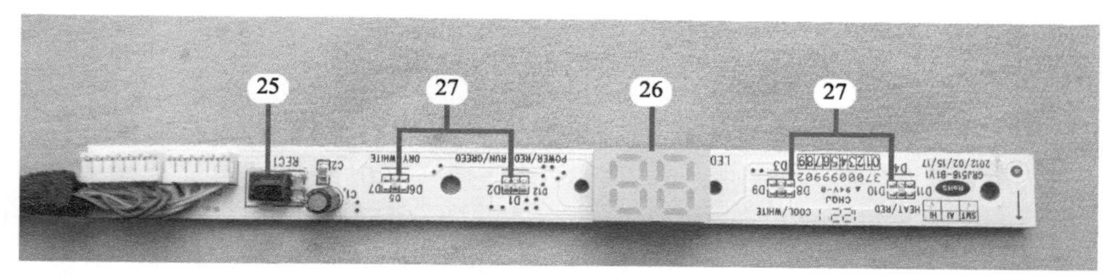

图4-4　显示板实物图

表4-1　室内机主板和显示板的插座和元件明细

标号	名称	标号	名称	标号	名称
A	电源相线输入	B	电源零线输入和输出	C	电源相线输出
D	通信	E	变压器一次绕组	F	变压器二次绕组
G	室内风机	H	霍尔反馈信号	I	室内环温传感器
J	室内管温传感器	K	步进电机	L	辅助电加热
M	显示板组件1	N	显示板组件2		
1	压敏电阻	2	主控继电器	3	12.5A保险管
4	3.15A保险管	5	整流二极管	6	主滤波电容
7	12V稳压块7812	8	5V稳压块7805	9	CPU（贴片型）
10	晶振	11	跳线帽	12	过零检测三极管
13	应急开关	14	反相驱动器	15	蜂鸣器
16	串行移位集成电路	17	反相驱动器	18	三极管
19	扼流圈	20	光耦晶闸管	21	室内风机电容
22	辅助电加热继电器	23	发送光耦	24	接收光耦
25	接收器	26	2位数码管	27	发光二极管

3. 单元电路作用

图4-5为室内机主板电路方框图，由方框图可知，主板主要由5部分电路组成，即电源电路、CPU三要素电路、输入部分电路、输出部分电路、通信电路。

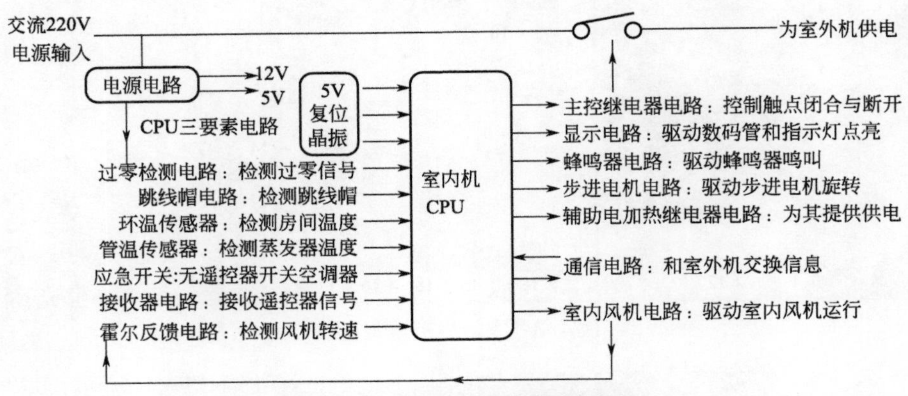

图4-5　室内机主板电路方框图

① 电源电路　电源电路的作用是向主板提供直流12V和5V电压，由保险管、压敏电阻、变压器、整流二极管、主滤波电容、7812稳压块、7805稳压块等元件组成。

② CPU和其三要素电路　CPU是室内机电控系统的控制中心，处理输入部分电路的信号，对负载进行控制。CPU三要素电路是CPU正常工作的前提，由供电电路、复位电路、晶振等元件组成。

③ 通信电路　通信电路的作用是和室外机CPU交换信息，主要元件为接收光耦和发送光耦。

④ 应急开关电路　应急开关电路的作用是在无遥控器时用其可以开启或关闭空调器，主要元件为应急开关。

⑤ 接收器电路　接收器电路的作用是接收遥控器发射的信号，主要元件为接收器。

⑥ 传感器电路　传感器电路的作用是向CPU提供温度信号。室内环温传感器提供房间温度，室内管温传感器提供蒸发器温度。

⑦ 过零检测电路　过零检测电路的作用是向CPU提供交流电源的零点信号，主要元件为过零检测三极管（12）。

⑧ 霍尔反馈电路　霍尔反馈电路的作用是向CPU提供转速信号，PG电机输出的霍尔反馈信号直接送至CPU引脚。

⑨ 指示灯电路　指示灯电路的作用是显示空调器的运行状态，主要元件为串行移位集成电路、反相驱动器、三极管、2位数码管、发光二极管。

⑩ 蜂鸣器电路　蜂鸣器电路的作用是提示已接收到遥控器信号，主要元件为反相驱动器和蜂鸣器。

⑪ 步进电机电路　步进电机电路的作用是驱动步进电机运行，从而带动导风板上下旋转运行，主要元件为反相驱动器和步进电机。

⑫ 主控继电器电路　主控继电器电路的作用是向室外机提供电源，主要元件为反相驱动器和主控继电器。

⑬ PG电机驱动电路　PG电机驱动电路的作用是驱动PG电机运行，主要元件为扼流

圈、光耦晶闸管、室内风机电容、室内风机（PG电机）。

⑭ 辅助电加热电路　辅助电加热电路的作用是控制电加热器的接通和断开，主要元件器件为反相驱动器、12.5A保险管、辅助电加热继电器、辅助电加热。

二、单元电路对比

1. 电源电路

电源电路对比见图4-6，作用是为室内机主板提供直流12V和5V电压。

常见有2种类型：即使用变压器降压和使用开关电源电路。交流变频空调器或直流变频空调器室内风机使用PG电机（供电为交流220V），普遍使用变压器降压型式的电源电路，也是目前最常见的设计型式，只有少数机型使用开关电源电路。

全直流变频空调器室内风机为直流电机（供电为直流300V），普遍使用开关电源电路。

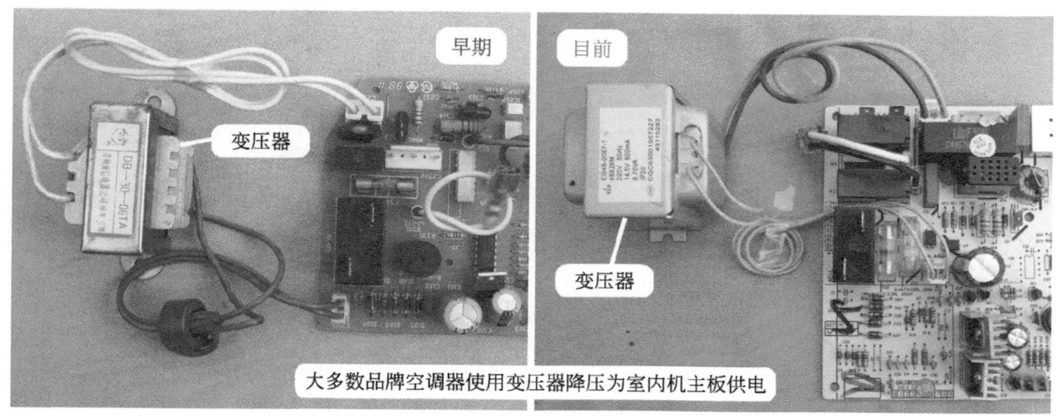

图4-6　电源电路

2. CPU三要素电路

对比见图4-7，CPU三要素电路是CPU正常工作的必备电路，包含直流5V供电电路、复位电路、晶振电路。

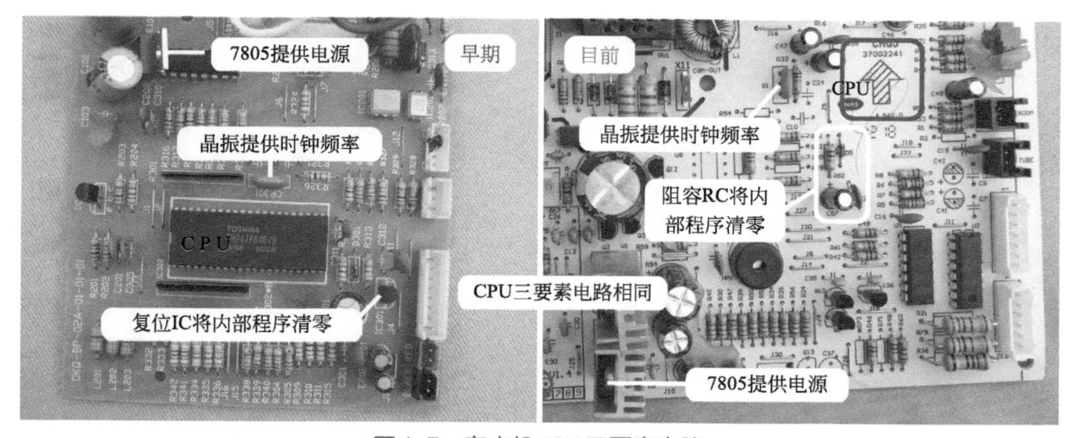

图4-7　室内机CPU三要素电路

无论是早期还是目前的室内机主板，三要素电路工作原理完全相同，即使不同也只限于使用元件的型号。

3. 传感器电路

传感器电路对比见图4-8，作用是为CPU提供温度信号，环温传感器检测房间温度，管温传感器检测蒸发器温度。

早期和目前的室内机主板传感器电路相同，均是由环温传感器和管温传感器组成。

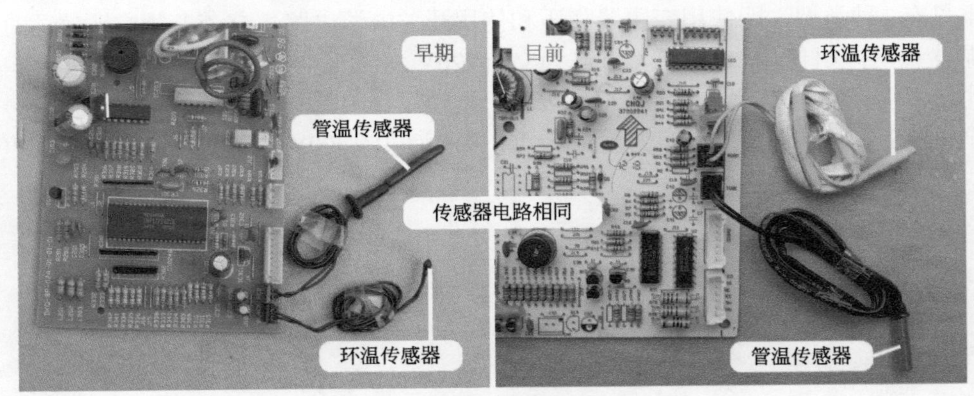

图4-8 传感器电路

4. 接收器电路、应急开关电路

接收器电路和应急开关电路对比见图4-9，接收器电路将遥控器发射的遥控信号传送至CPU，应急开关电路在无遥控器时可以操作空调器的运行。

早期和目前的室内机主板两者电路基本相同，即使不同也只限于应急开关的设计位置或型号，目前生产的接收器表面涂有绝缘胶（减少空气中水分引起的漏电概率）。

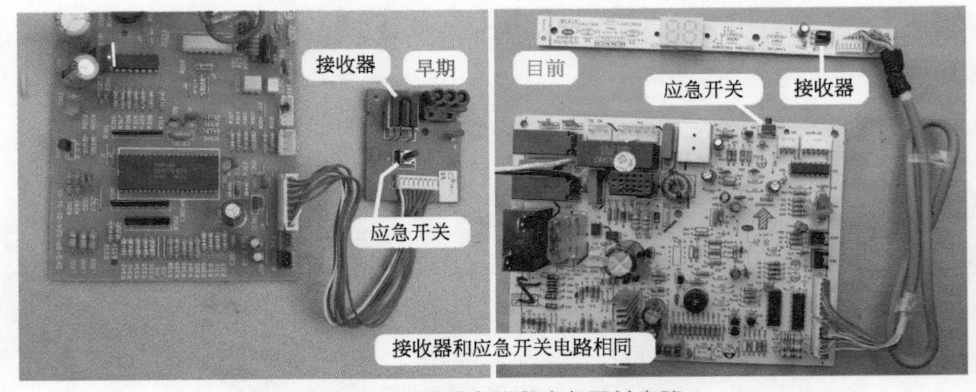

图4-9 接收器电路和应急开关电路

5. 过零检测电路

过零检测电路对比见图4-10，作用是为CPU提供过零信号，以便CPU驱动光耦晶闸管（俗称光耦可控硅）。

使用变压器供电的主板，检测元件为NPN型三极管，取样电压为变压器二次绕组整流电路；使用开关电源电路供电的主板，检测元件为光耦，取样电压为交流220V输入电源。

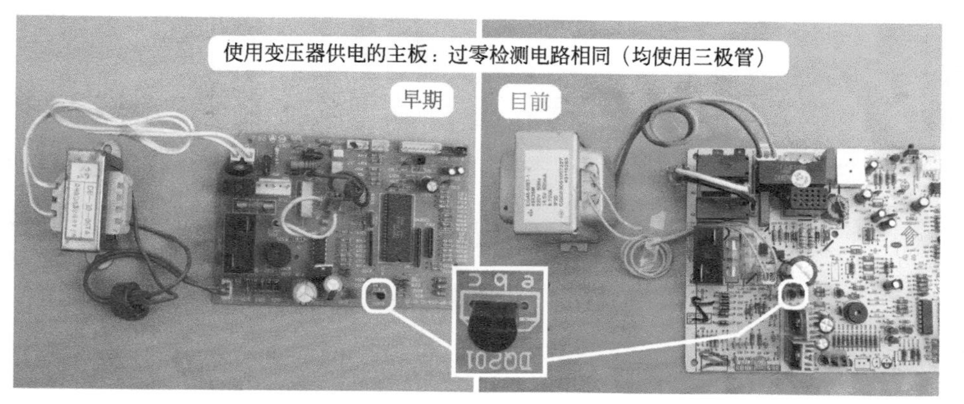

图4-10　过零检测电路

6. 显示电路

显示电路对比见图4-11，作用是显示空调器的运行状态。

早期多使用单色的发光二极管，目前多使用双色的发光二极管，或者使用指示灯+数码管组合的方式。

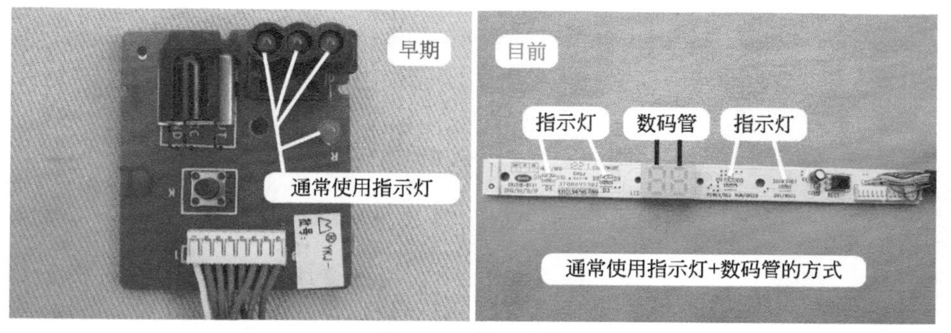

图4-11　显示电路

7. 蜂鸣器电路、主控继电器电路

蜂鸣器和主控继电器电路对比见图4-12，蜂鸣器电路提示已接收到遥控器信号或应急开关信号，并且已处理。主控继电器电路为室外机供电。

早期和目前的主板两者电路相同。

说明

有些空调器蜂鸣器发出响声为和弦音。

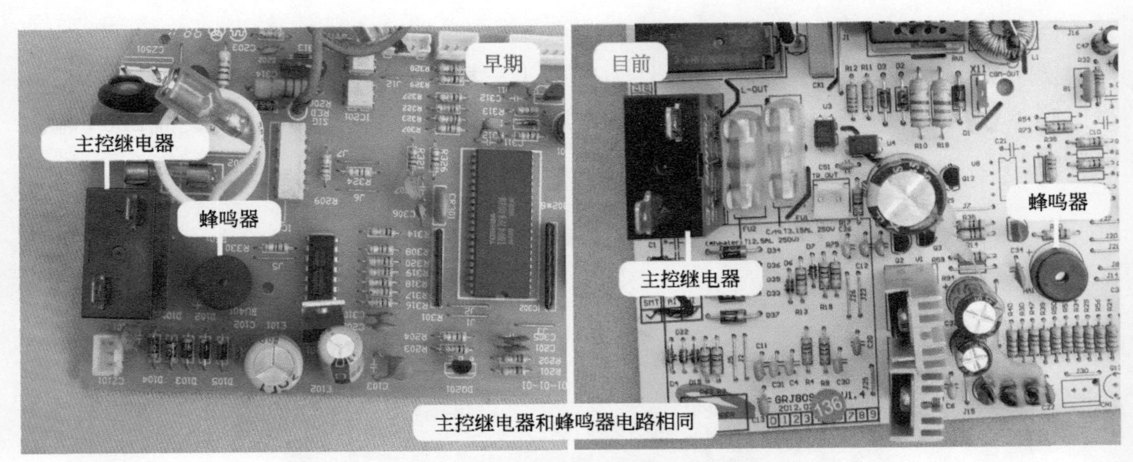

图4-12　蜂鸣器和主控继电器电路

8. 步进电机电路

步进电机电路对比见图4-13，作用是带动导风板上下旋转运行。

早期和目前的主板电路相同。

说明

有些空调器也使用步进电机驱动左右导风板。

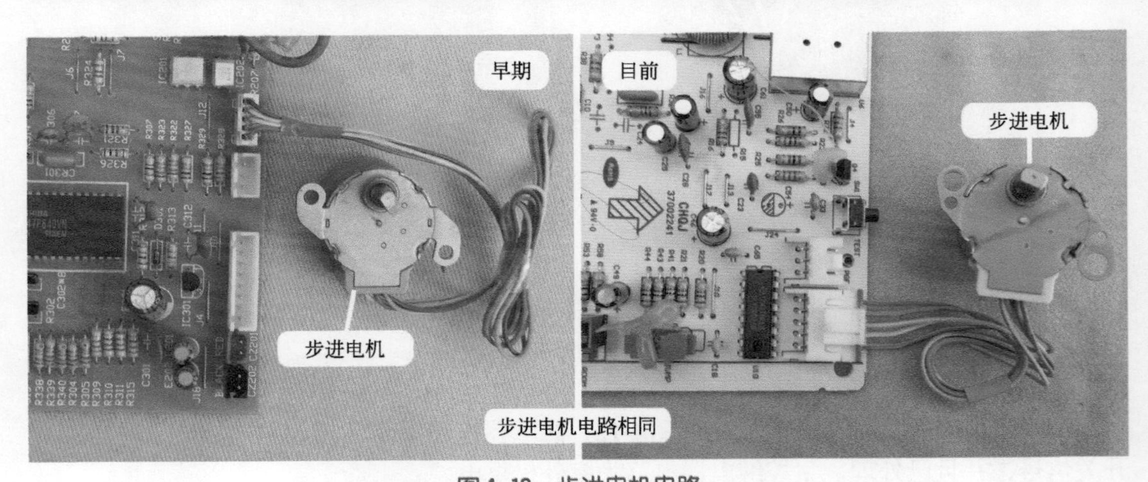

图4-13　步进电机电路

9. 室内风机（PG电机）驱动电路、霍尔反馈电路

室内风机驱动和霍尔反馈电路对比见图4-14，室内风机驱动电路改变PG电机的转速，霍尔反馈电路向CPU输入代表PG电机实际转速的霍尔信号。

早期和目前的主板两者电路相同。

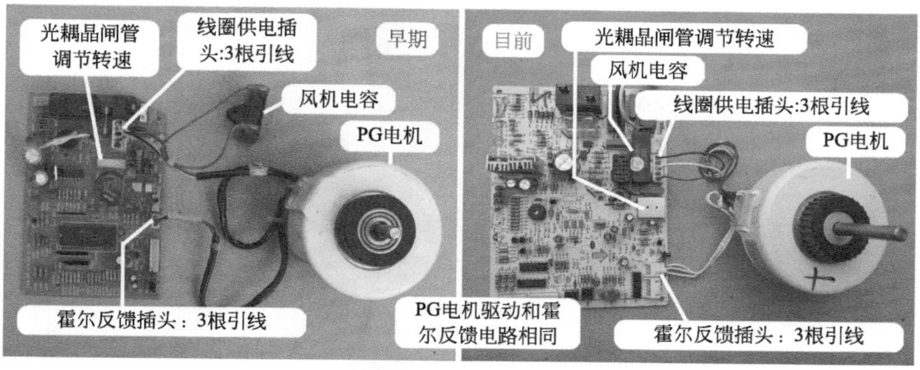

光耦晶闸管调节转速
线圈供电插头:3根引线
早期
风机电容
PG电机
霍尔反馈插头：3根引线
目前
光耦晶闸管调节转速
风机电容
线圈供电插头:3根引线
PG电机
PG电机驱动和霍尔反馈电路相同
霍尔反馈插头：3根引线

图4-14　PG电机驱动电路和霍尔反馈电路

第二节　室外机主板

一、电控系统组成和主要元件

1. 硬件组成

图4-15为室外机电控系统电气接线图，图4-16为室外机电控系统实物外形和作用（不含压缩机、室外风机、端子排等）。

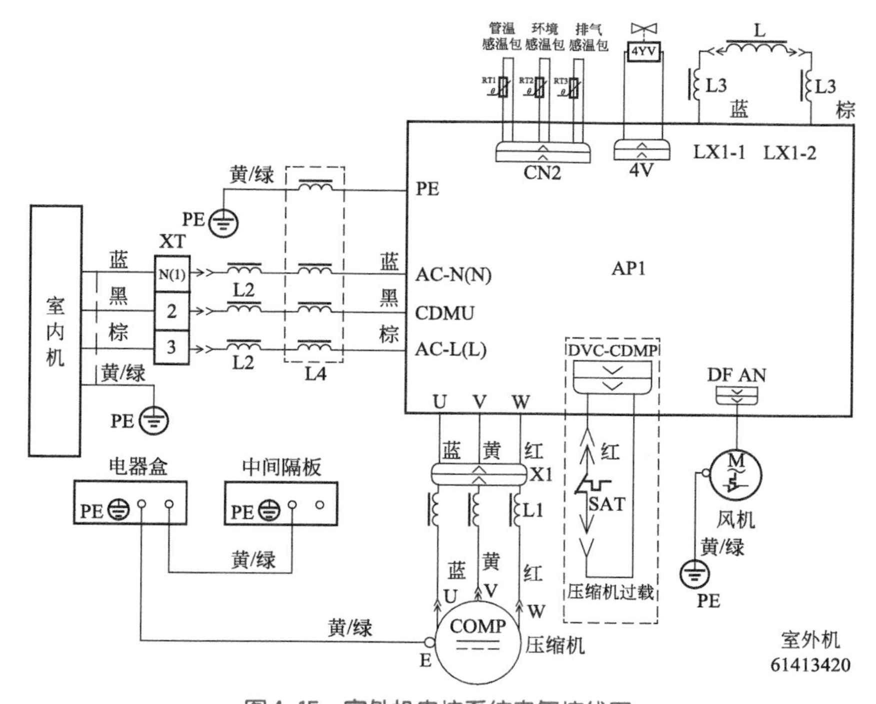

图4-15　室外机电控系统电气接线图

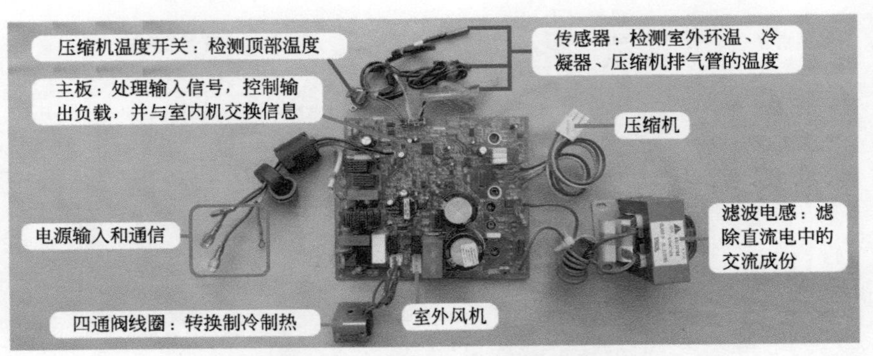

图4-16　室外机电控系统实物外形和作用

室外机电控系统由主板（AP1）、滤波电感（L）、压缩机、压缩机顶盖温度开关（压缩机过载）、室外风机（风机）、四通阀线圈（4YV）、室外环温传感器（环境感温包）、室外管温传感器（管温感温包）、压缩机排气传感器（排气感温包）、端子排（XT）组成。

2. 室外机主板插座

表4-2为室外机主板插座明细，图4-17为室外机主板插座实物图，插座引线的代号以英文字母表示。由于室外机只设有1块主板，将室外机CPU和模块集成在一起，因此主板的插座较少。

室外机主板有供电才能工作，为其供电有电源L输入、电源N输入、地线3个端子；为了和室内机主板通信，设有通信线；输入部分设有室外环温传感器、室外管温传感器、压缩机排气传感器、压缩机顶盖开关，设有室外环温－室外管温－压缩机排气传感器插座、压缩机顶盖温度开关插座；直流300V供电电路中设有外置滤波电感，外接有滤波电感的2个插头；输出负载有压缩机、室外风机、四通阀线圈，相对应设有压缩机对接插头、室外风机插座、四通阀线圈插座。

表4-2　室外机主板插座明细

标号	名称	标号	名称	标号	名称
A	棕线：相线输入	B	蓝线：零线输入	C	黑线：通信
D	黄绿色：地线	E	滤波电感输入	F	滤波电感输出
G	压缩机	H	四通阀线圈	I	室外风机
G	压缩机温度开关	K	室外环温-室外管温-压缩机排气传感器		

图4-17　室外机主板插座实物图

3. 室外机主板电子元件

表4-3为室外机主板电子元件明细，图4-18为室外机主板电子元件实物图，电子元件以阿拉伯数字表示。

表4-3　室外机主板电子元件明细

标号	名称	标号	名称	标号	名称
1	15A保险管	2	压敏电阻	3	放电管
4	扼流圈	5	PTC电阻	6	主控继电器
7	整流硅桥	8	快恢复二极管	9	IGBT开关管
10	滤波电容（2个）	11	模块	12	室外风机继电器
13	室外风机电容	14	四通阀线圈继电器	15	3.15A保险管
16	开关变压器	17	开关电源集成电路	18	TL431
19	稳压光耦	20	3.3V稳压电路	21	CPU
22	存储器	23	相电流放大集成电路	24	PFC取样集成电路
25	模块保护集成电路	26	PFC取样电阻	27	模块电流取样电阻
28	电压取样电阻	29	PFC驱动集成电路	30	反相驱动器
31	发光二极管	32	通信电源降压电阻	33	通信电源滤波电容
34	通信电源稳压二极管	35	发送光耦	36	接收光耦

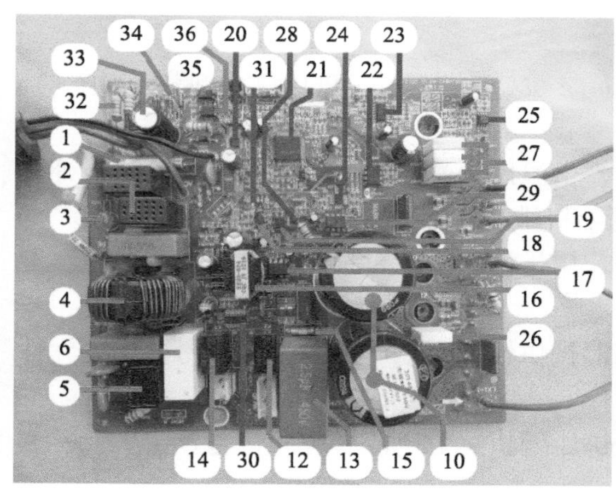

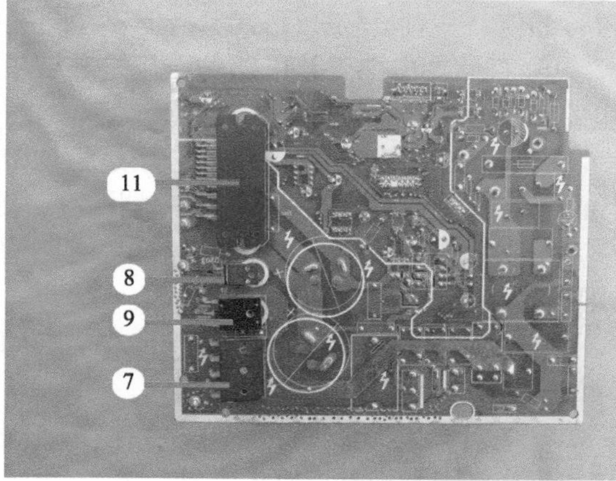

图4-18　室外机主板电子元件实物图

4. 单元电路作用

图4-19为室外机主板电路方框图，由方框图可知，主板主要由5部分电路组成，即电源电路、输入部分电路、输出部分电路、模块电路、通信电路。

① 交流220V输入电压电路　该电路的作用是过滤电网带来的干扰，以及在输入电压过高时保护后级电路。其由15A保险管、压敏电阻、扼流圈等元件组成。

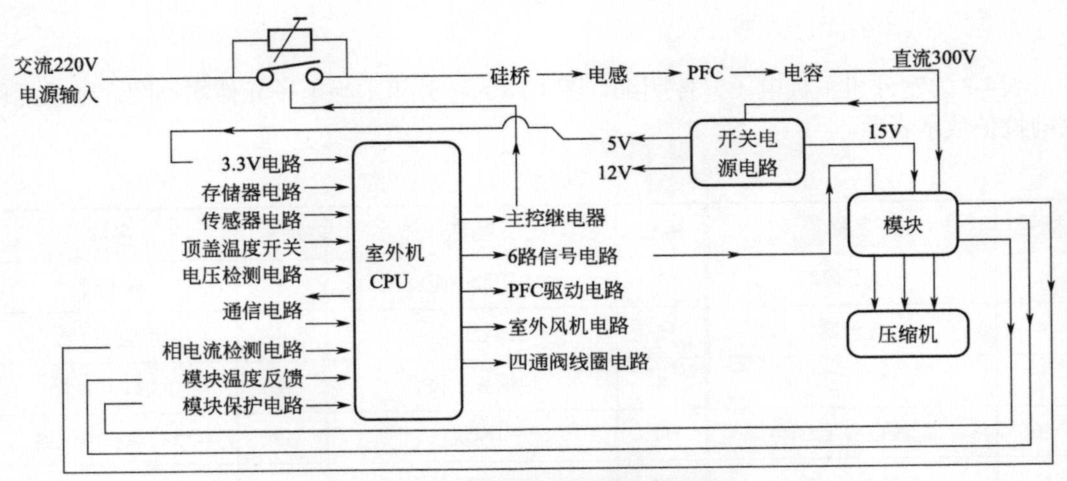

图4-19 室外机主板电路方框图

② 直流300V电压形成电路　该电路的作用是将交流220V电压变为纯净的直流300V电压。由PTC电阻、主控继电器、整流硅桥、滤波电感、快恢复二极管、IGBT开关管、滤波电容等元件组成。

③ 开关电源电路　该电路的作用是将直流300V电压转换成直流15V、直流12V、直流5V电压，其中直流15V为模块内部控制电路供电，直流12V为继电器和反相驱动器供电，直流5V为弱电信号电路和3.3V稳压集成电路供电，3.3V为CPU和弱电信号电路供电。

开关电源电路由3.15A保险管、开关变压器、开关电源集成电路、TL431、稳压光耦、二极管等组成。

④ CPU电路　CPU是室外机电控系统的控制中心，处理输入电路的信号和对室内机进行通信，并对负载进行控制。

⑤ 存储器电路　该电路的作用是存储相关参数和数据，供CPU运行时调取使用。其主要元件为存储器。

⑥ 传感器电路　该电路的作用是为CPU提供温度信号。室外环温传感器检测室外环境温度，室外管温传感器检测冷凝器温度，压缩机排气传感器检测压缩机排气管温度。

⑦ 压缩机顶盖温度开关电路　该电路的作用是检测压缩机顶部温度是否过高，主要由顶盖温度开关组成。

⑧ 电压检测电路　该电路的作用是向CPU提供输入市电电压的参考信号，主要元件为电压取样电阻。

⑨ 相电流检测电路　该电路的作用是提供压缩机运行电流和位置信号，主要元件为电流取样电阻和相电流放大集成电路。

⑩ PFC电路　该电路的作用是提高电源的功率因数，主要由PFC取样电阻、PFC取样集成电路、PFC驱动集成电路、快恢复二极管、IGBT开关管等。

⑪ 通信电路　该电路的作用是与室内机主板交换信息，主要元件为降压电阻、滤波电容、稳压二极管、发送光耦和接收光耦。

⑫ 指示灯电路　该电路的作用是指示室外机的状态，主要由发光二极管组成。

⑬ 主控继电器电路　该电路的作用是待滤波电容充电完成后主控继电器触点闭合，短路PTC电阻。驱动主控继电器线圈的元件为2003反相驱动器和主控继电器。

⑭ 室外风机电路　该电路的作用是控制室外风机运行，主要由反相驱动器、室外风机电容、继电器和室外风机等元件组成。

⑮ 四通阀线圈电路　该电路的作用是控制四通阀线圈的供电与失电，主要由反相驱动器、继电器、四通阀线圈等元件组成。

⑯ 6路信号电路　6路信号控制模块内部6个IGBT开关管的导通与截止，使模块输出频率与电压均可调的模拟三相交流电，6路信号由室外机CPU输出。该电路主要由CPU和模块等元件组成。

⑰ 模块保护电路　模块保护信号由模块输出，送至室外机CPU，该电路主要由模块和CPU组成。

⑱ 模块电流保护电路　该电路的作用是在压缩机相电流过大时，控制模块停止工作，主要由模块保护集成电路（25）组成。

⑲ 模块温度反馈电路　该电路的作用是使CPU实时检测模块温度，信号由模块输出至CPU。

二、单元电路对比

1. 直流300V电压形成电路

直流300V电压形成电路对比见图4-20，作用是将输入的交流220V电压转换为平滑的直流300V电压，为模块和开关电源电路供电。

早期和目前的电控系统均是由PTC电阻、主控继电器、硅桥、滤波电感、滤波电容5个主要部件组成。

不同之处在于滤波电容的结构形式，早期电控系统通常由1个容量较大的电容构成，目前电控系统通常由2～4个容量较小的电容并联组成。

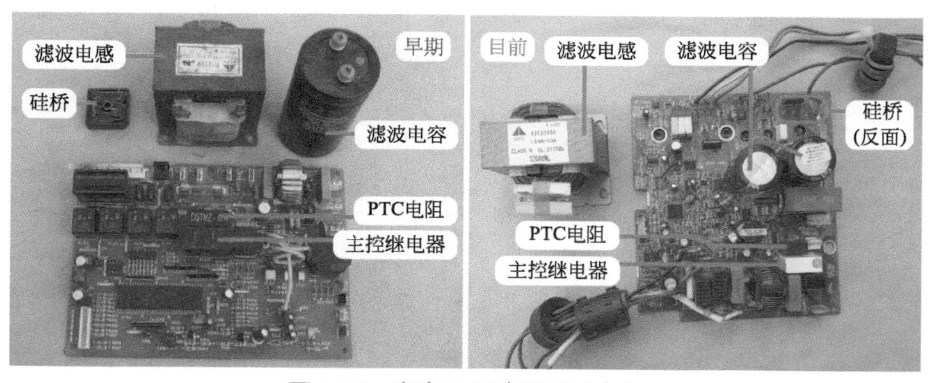

图4-20　直流300V电压形成电路

2. PFC电路

PFC含义为功率因数校正，该电路的作用是提高功率因数，减少电网干扰和污染。

早期空调器通常使用无源PFC电路，见图4-21左图，在整流电路中增加滤波电感，通过LC（滤波电感和电容）来提高功率因数。

目前空调器通常使用有源PFC电路，见图4-21右图，在无源PFC基础上主要增加了

IGBT开关管、快恢复二极管等元件，通过室外机CPU计算和处理，驱动IGBT开关管来提高功率因数。

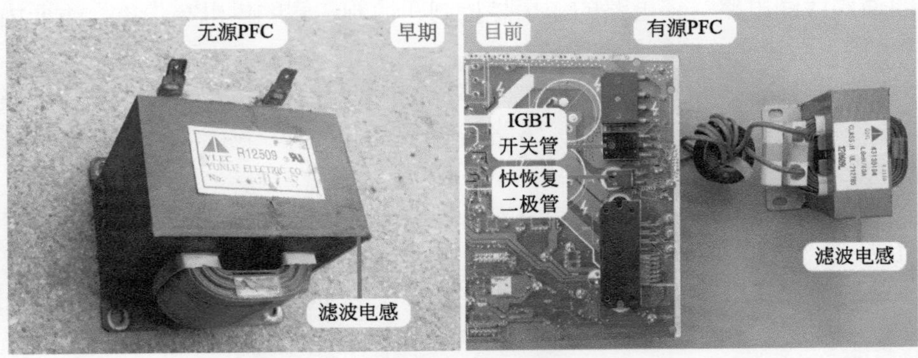

图4-21 PFC电路

3. 开关电源电路

开关电源电路对比见图4-22，变频空调器的室外机电源电路，全部使用开关电源电路，为室外机主板提供直流12V和5V电压，为模块内部控制电路提供直流15V电压。

早期主板通常由分离元件组成，以开关管和开关变压器为核心，输出的直流15V电压通常为4路。

目前主板通常使用集成电路的方式，以集成电路和开关变压器为核心，直流15V电压通常为单路输出。

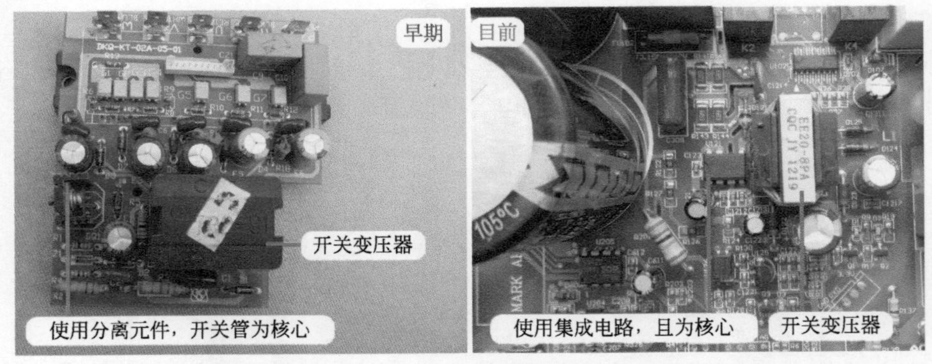

图4-22 开关电源电路

4. CPU三要素电路

CPU三要素电路是CPU正常工作的必备电路，具体内容参见室内机CPU。

早期和目前大多数空调器主板的CPU三要素电路原理均相同，见图4-23左图，供电为直流5V，设有外置晶振和复位电路。

格力变频空调器室外机主板CPU使用DSP芯片，见图4-23右图，供电为直流3.3V，无外置晶振。

5. 存储器电路

存储器电路对比见图4-24，作用是存储相关参数和数据，供CPU运行时调取使用。

存储器型号：早期主板多使用93C46，目前主板多使用24CXX系列（24C01、24C02、24C04等）。

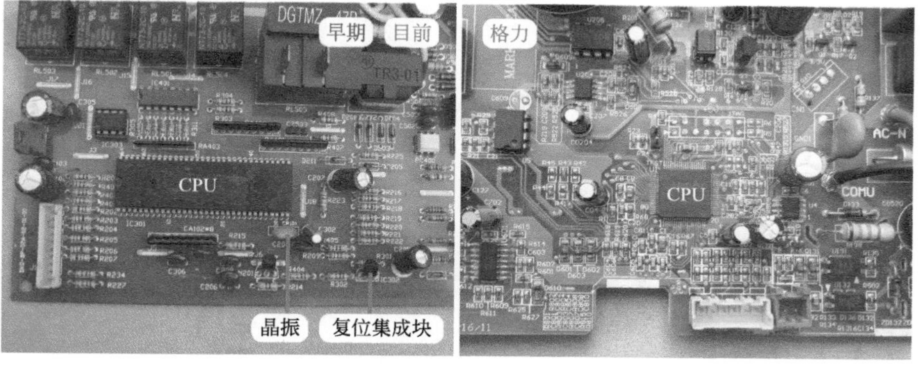

图4-23　室外机CPU三要素电路

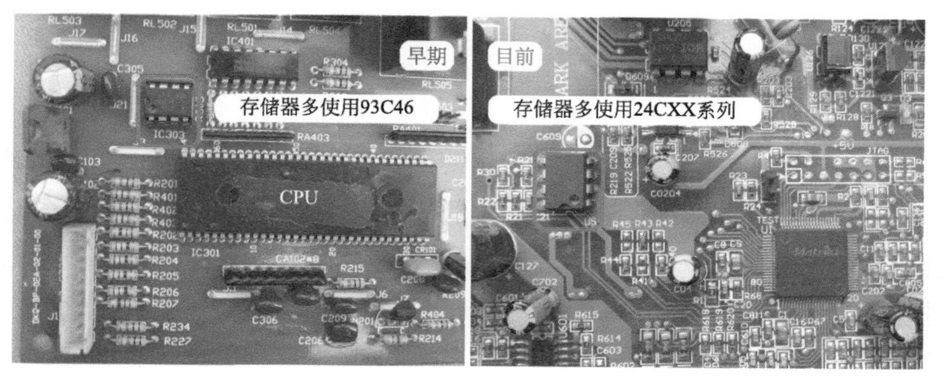

图4-24　存储器电路

6. 传感器电路、压缩机顶盖温度开关电路

传感器和压缩机顶盖温度开关电路对比见图4-25，作用是为CPU提供温度信号，室外环温传感器检测室外环境温度，室外管温传感器检测冷凝器温度，压缩机排气传感器检测压缩机排气管温度，压缩机顶盖温度开关检测压缩机顶部温度是否过高。

早期和目前的主板两者电路相同。

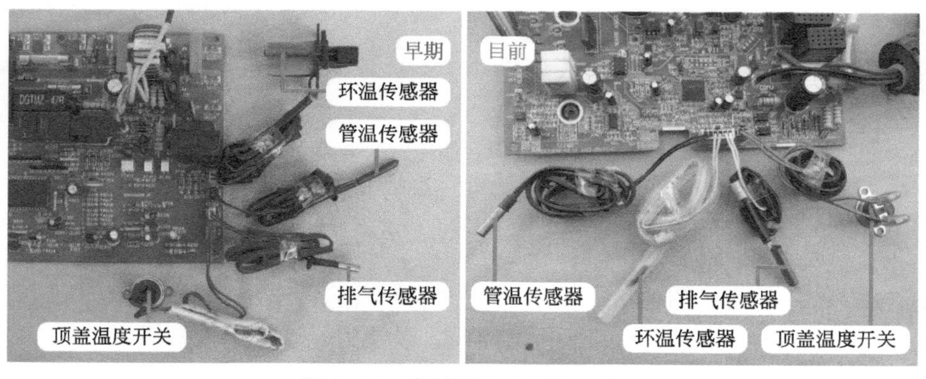

图4-25　室外机温度开关电路

7. 瞬时停电电路

瞬时停电电路对比见图4-26，作用是向CPU提供输入市电电压是否接触不良的信号。

早期主板使用光耦检测，目前主板则不再设计此电路，通常由室内机CPU检测过零信号，通过软件计算得出输入的市电电压是否正常。

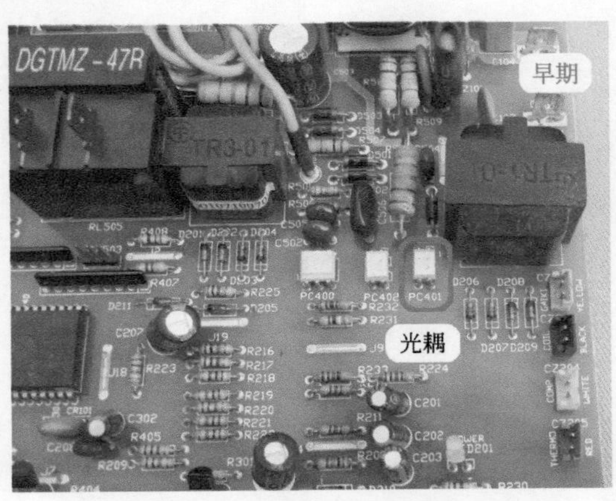

图4-26 瞬时停电电路

8. 电压检测电路

电压检测电路对比见图4-27，作用是向CPU提供输入市电电压的参考信号。

早期主板多使用电压检测变压器，向CPU提供随市电变化而变化的电压，CPU内部电路根据软件计算出相应的市电电压值。

目前主板CPU通过检测直流300V电压，由软件计算出相应的交流市电电压值，起到间接检测市电电压的目的。

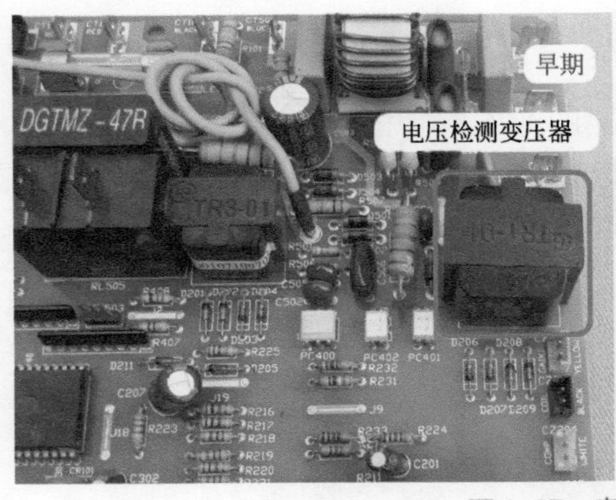

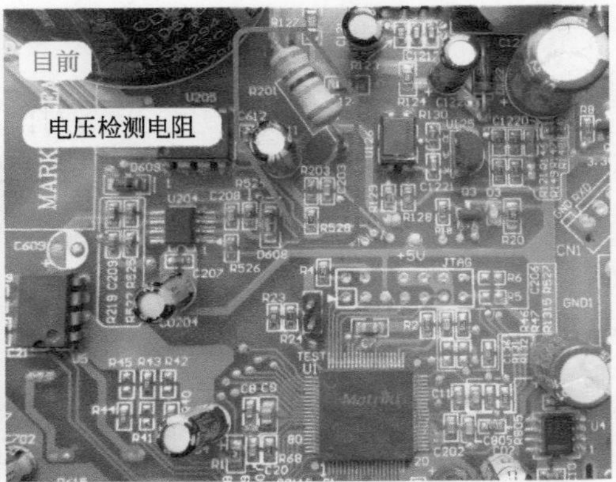

图4-27 电压检测电路

9. 电流检测电路

电流检测电路对比见图4-28，作用是提供室外机运行电流信号或压缩机运行电流信号，由CPU通过软件计算出实际的运行电流值，以便更好地控制压缩机。

早期主板通常使用电流检测变压器，向CPU提供室外机运行的电流参考信号。

目前主板由模块其中的一个引脚，或模块电流取样电阻，输出代表压缩机运行的电流参考信号，由外部电路将电流信号放大后提供给CPU，通过软件计算出压缩机实际运行电流值。

说明

早期和目前的主板还有另外一种常见类型，就是使用电流互感器。

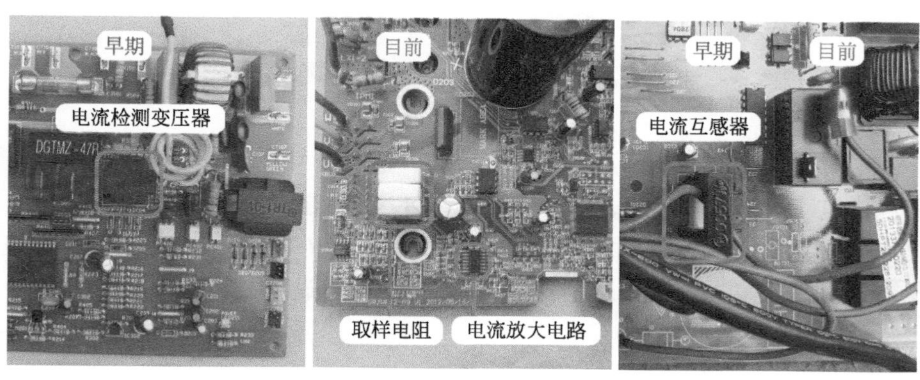

图4-28　电流检测电路

10. 模块保护电路

模块保护电路对比见图4-29，模块保护信号由模块输出，送至室外机CPU。

早期主板模块输出的信号经光耦耦合送至室外机CPU，目前主板模块输出的信号直接送至室外机CPU。

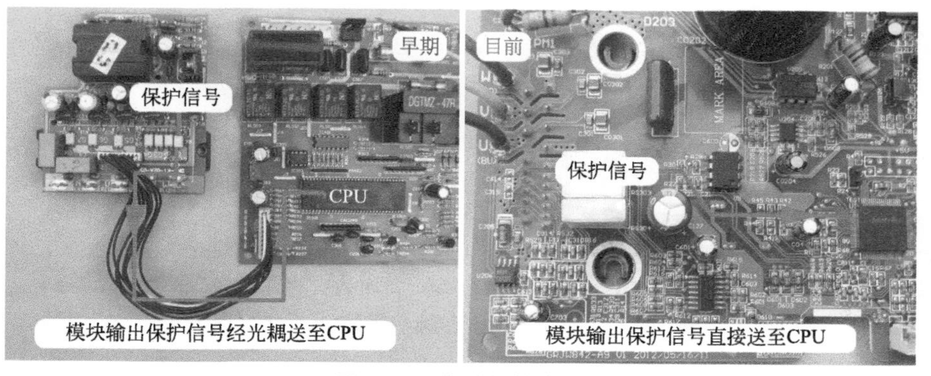

图4-29　模块保护电路

11. 主控继电器电路、四通阀线圈电路

主控继电器和四通阀线圈电路对比见图4-30，主控继电器电路控制主控继电器触点的导通与断开，四通阀线圈电路控制四通阀线圈供电与失电。

早期和目前主板两者电路相同。

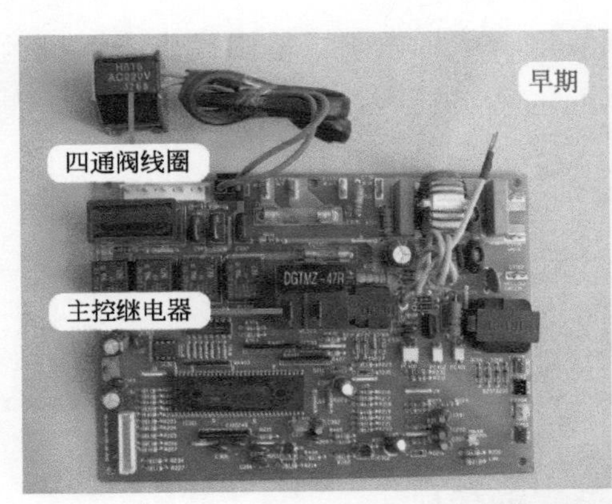

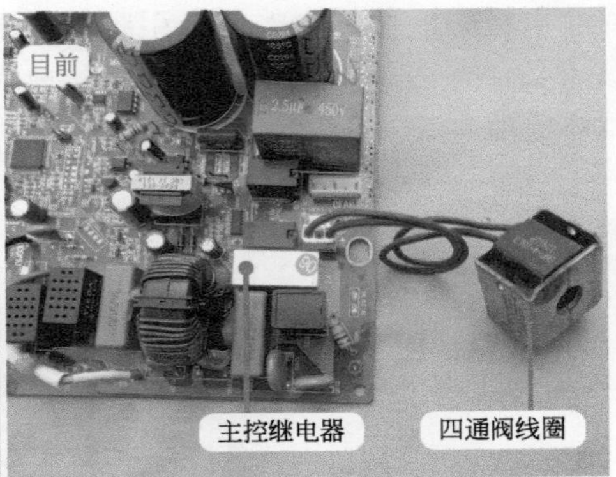

图4-30　主控继电器和四通阀线圈电路

12. 室外风机电路

室外风机电路对比见图4-31，作用是控制室外风机运行。

早期空调器室外风机一般为2挡风速或3挡风速，室外机主板有2个或3个继电器；目前空调器室外风机转速一般只有1个挡位，室外机主板只设有1个继电器。

> **说明**
>
> 目前空调器部分品牌的机型，也有使用2挡或3挡风速的室外风机；如果为全直流变频空调器，室外风机供电为直流300V，不再使用继电器。

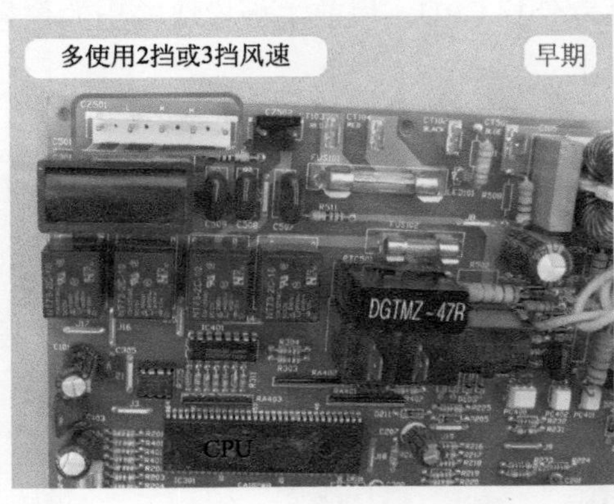

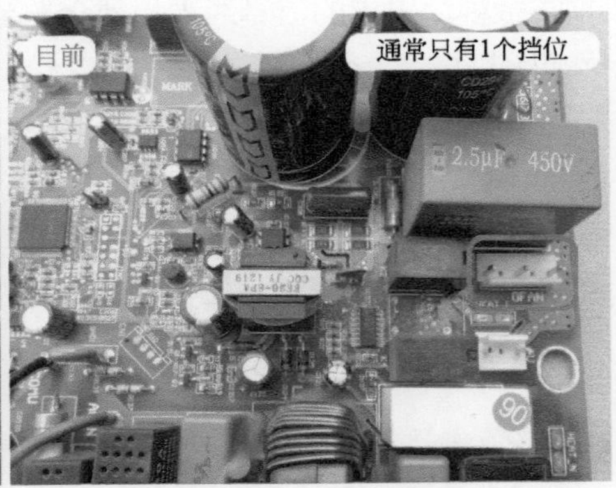

图4-31　室外风机电路

13. 6路信号电路

6路信号电路对比见图4-32，6路信号由室外机CPU输出，通过控制模块内部6个IGBT开关管的导通与截止，将直流300V电压转换为频率与电压均可调的模拟三相交流电，驱动压缩机运行。

早期主板CPU输出的6路信号不能直接驱动模块，需要使用光耦传递，因此模块与室外机CPU通常设计在两块电路板上，中间通过连接线连接。

目前主板CPU输出的6路信号可以直接驱动模块，因此通常做到一块电路板上，不再使用连接线和光耦。

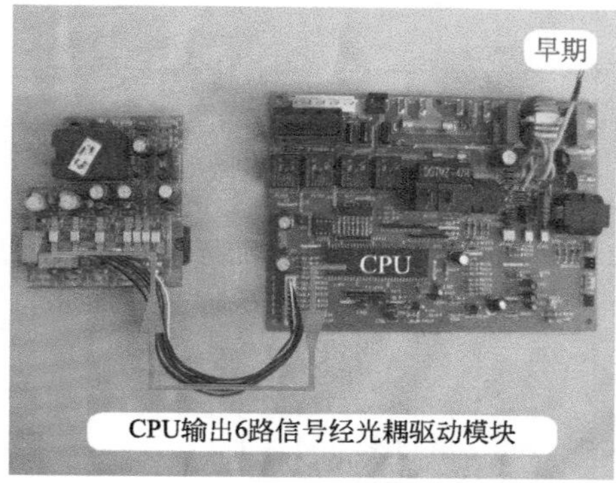

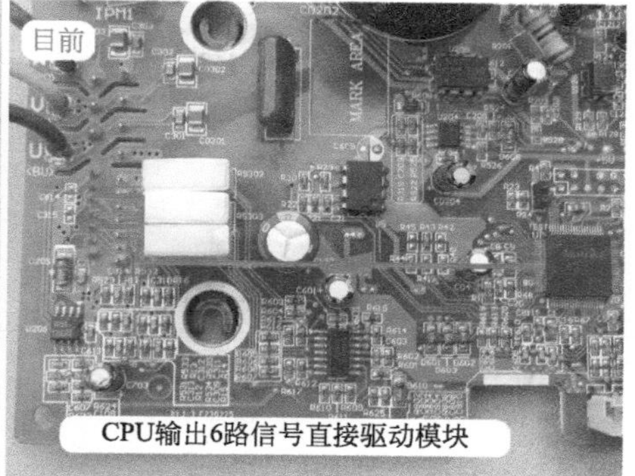

图4-32　6路信号电路

第三节　通信电路

通信电路由室内机和室外机主板2部分单元电路组成，并且在实际维修中该电路故障率比较高，因此单设一节进行详细说明。

一、电路数据和专用电源类型

1. 通信电路数据

（1）通信数据结构

室内机（副机）、室外机（主机）之间的通信数据均由16个字节组成，每个字节由一组8位二进制编码构成。室内机和室外机进行通信时，首字节先发送一个代表开始识别码的字节，然后依次发送第1～16字节数据信息，最后发送一个结束识别码字节，至此完成一次通信，每组通信数据见表4-4。

表4-4　通信数据结构

命令位置	数据内容	备注
第1字节	通信源地址（自己地址）	室内机地址——0、1、2……255 室外机地址——0、1、2……255
第2字节	通信目标地址（对方地址）	
第3字节	命令参数	高4位：要求对方接收参数的命令 低4位：向对方传输参数的命令
第4字节	参数内容1	

续表

命令位置	数据内容	备注
第5字节	参数内容2	
· · ·	· · ·	
第15字节	参数内容12	
第16字节	校验和	校验和=【∑（第1字节+第2字节+第3字节+……第13字节+第14字节+第15字节）】+1

（2）编码规则

① 命令参数

第三字节为命令参数，见图4-33，由“要求对方接收参数的命令”和“向对方传输的命令”2部分组成，在8位编码中，高4位是要求对方接收参数的命令，低4位是向对方传输参数的命令，高4位和低4位可以自由组合。

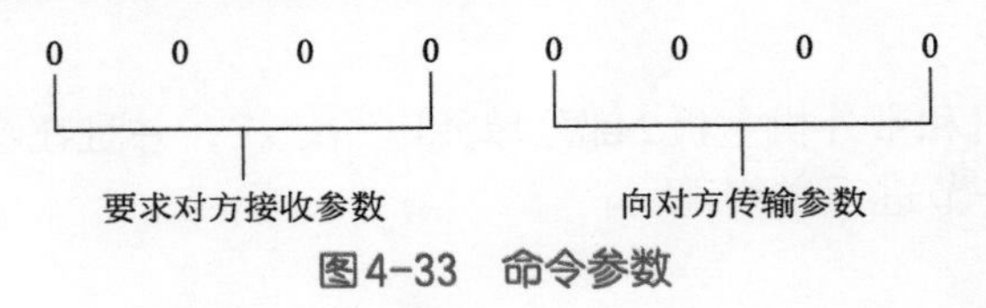

图4-33 命令参数

② 参数内容

参数内容见表4-5，第4字节至第15字节分别可表示12项参数内容，每1个字节主、副机所表示的内容略有差别。

表4-5 参数内容

命令位置	室内机向室外机发送内容	室外机向室内机发送内容
第4字节	当前室内机的机型	当前室外机的机型
第5字节	当前室内机的运行模式	当前室外机的实际运行频率
第6字节	要求压缩机运行的目标频率	当前室外机保护状态1
第7字节	强制室外机输出端口的状态	当前室外机保护状态2
第8字节	当前室内机保护状态1	当前室外机冷凝器的温度值
第9字节	当前室内机保护状态2	当前室外机环境温度值
第10字节	当前室内机的设定温度	当前压缩机的排气温度值
第11字节	当前室内风机转速	当前室外机的运行总电流值
第12字节	当前室内的环境温度值	当前室外机的电压值

续表

命令位置	室内机向室外机发送内容	室外机向室内机发送内容
第13字节	当前室内机的蒸发器温度值	当前室外机的运行模式
第14字节	当前室内机的能级系数	当前室外机的状态
第15字节	当前室内机的状态	预留

（3）通信规则

图4-34为通信电路简图，PC1为室外机发送光耦、PC2为室外机接收光耦、RC1为室内机发送光耦、RC2为室内机接收光耦。

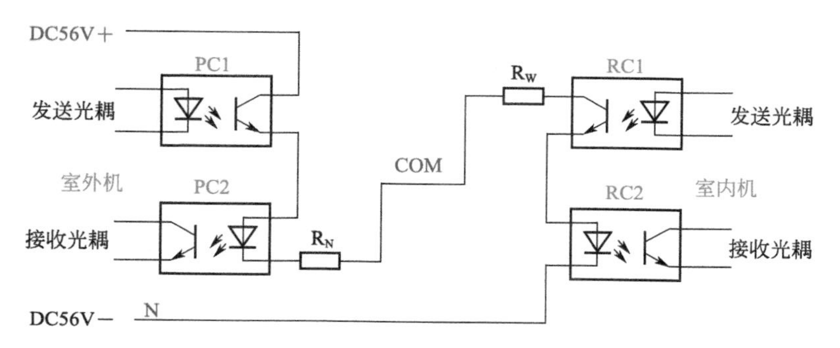

图4-34　通信电路简图

空调器通电后，室内机和室外机主板就会自动进行通信，按照既定的通信规则，用脉冲序列的形式将各自的电路状况发送给对方，收到对方正常信息后，室内机和室外机电路均处于待机状态。当进行开机操作时，室内机CPU把预置的各项工作参数及开机指令送到RC1的输入端，通过通信回路进行传输；室外机PC2输入端收到开机指令及工作参数内容后，由输出端将序列脉冲信息送给室外机CPU，整机开机，按照预定的参数运行。室外机CPU在接收到信息50ms后输出反馈信息到PC1的输入端，通过通信回路传输到室内机RC2输入端，RC2输出端将室外机传来的各项运行状况参数送至室内机CPU，根据收集到的整机运行状况参数确定下一步对整机的控制。

由于室内机和室外机之间相互传递的通信信息，产生于各自的CPU，其信号幅度＜5V。而室内机与室外机的距离比较远，如果直接用此信号进行室内机和室外机的信号传输，很难保证信号传输的可靠度。因此，在变频空调器中，通信回路一般都采用单独的电源供电，供电电压多数使用直流24V，通信回路采用光耦传送信号，通信电路与室内机和室外机的主板上电源完全分开，形成独立的回路。

2. 专用电源设计型式

通信电路的作用是室内机主板CPU和室外机主板CPU交换信息，根据常见通信电路专用电源的设计位置和电压值可以分为3种。

（1）直流24V、设在室内机主板上

目前变频空调器中通信电路最常见的设计类型是通信电路电源为直流24V，见图4-35，设计在室内机主板上，一般使用4脚光耦。

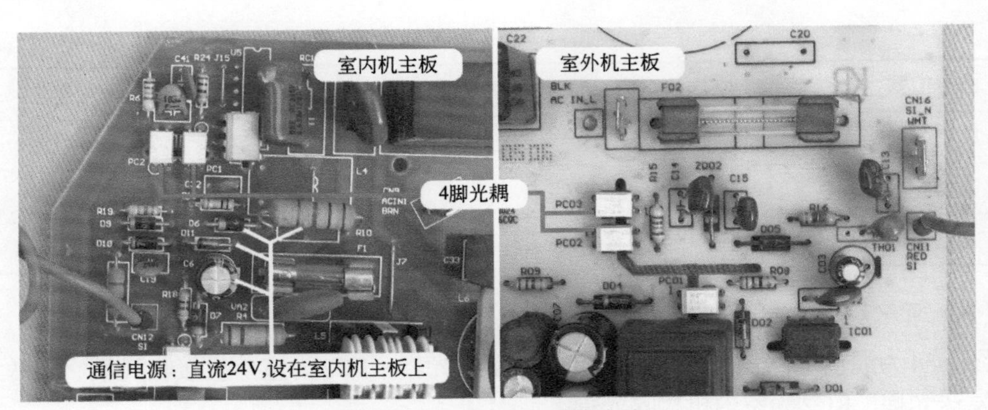

图4-35　直流24V通信电路

（2）直流56V、设在室外机主板上

通常应用在格力品牌的变频空调器，通信电路电源为直流56V，设在室外机主板上，一般使用4脚光耦。

（3）直流140V、设在室外机主板上

通常见于早期的交流变频空调器或海尔品牌的变频空调器，见图4-36，通信电路电源为直流140V，设在室外机主板上，并且较多使用6脚光耦。

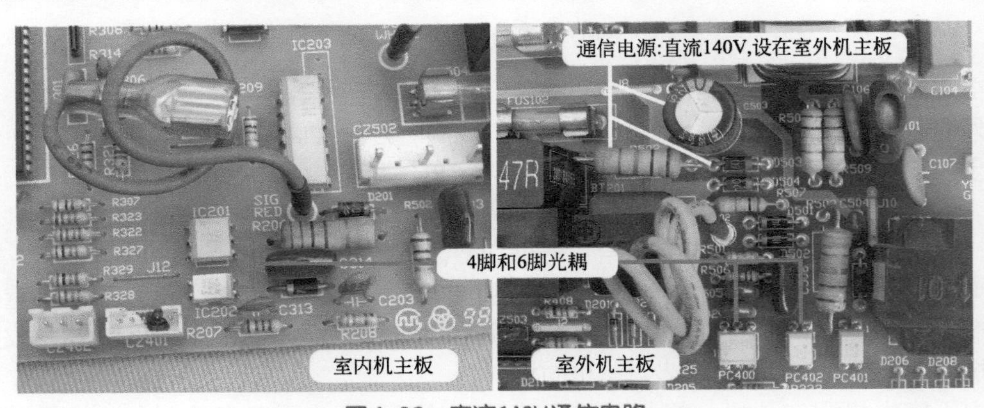

图4-36　直流140V通信电路

二、工作原理

本小节以格力KFR-32GW/（32556）FNDe-3挂式变频空调器为例，介绍目前主板通信电源使用直流56V电压的通信电路工作原理。

1. 电路组成

完整的通信电路由室内机主板CPU、室内机通信电路、室内机和室外机连接线、室外机主板CPU、室外机通信电路组成。

（1）主板

通信电路见图4-37，室内机主板CPU的作用是产生通信信号，该信号通过通信电路传送至室外机主板CPU，同时接收由室外机主板CPU反馈的通信信号并做处理；室外机主板CPU的作用与室内机主板CPU相同，也是发送和接收通信信号。

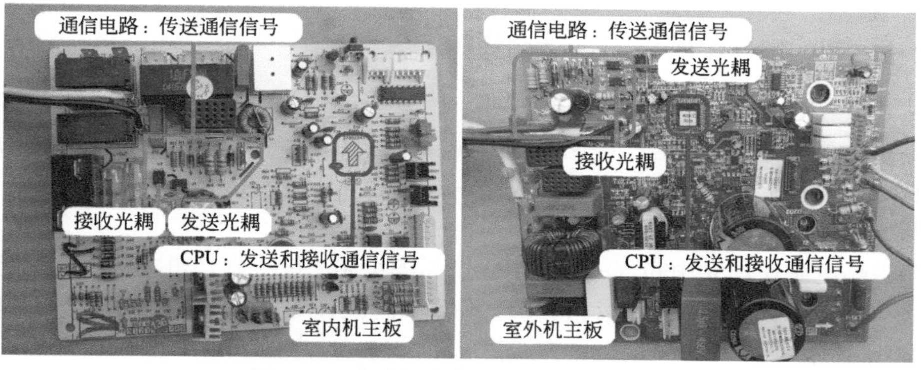

图4-37　室内机和室外机主板通信电路

（2）室内机和室外机连接线

变频空调器室内机和室外机共有4根连接线，见图4-38，1号蓝线为零线N，2号黑线为通信线COM，3号棕线为相线L，地线直接固定在外壳铁皮上。

L与N接交流220V电压，由室内机输出为室外机供电，此时N为零线；COM与N为室内机和室外机的通信电路提供回路，COM为通信线，此时N为通信电路专用电源（直流56V）的负极，因此N有双重作用。

在接线时室内机L与N和室外机接线端子应相同，不能接反，否则通信电路不能构成回路，造成通信故障。

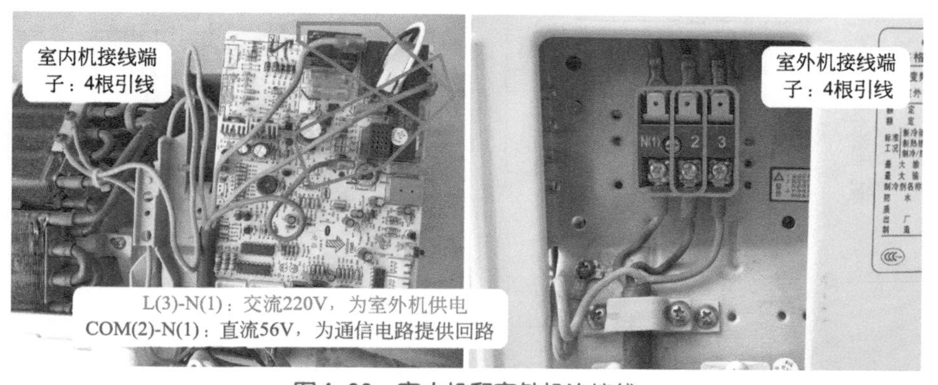

图4-38　室内机和室外机连接线

2. 通信电路工作原理

变频空调器一般采用单通道半双工异步串行通信方式，室内机和室外机之间通过以二进制编码形式组成的数据组，进行各种数据信号的传递。半双工的含义为室内机向室外机发送信号时，室外机只能接收，而不能同时也发送信号。同理，当室外机向室内机发送信号的同时，室内机也只能接收信号。

本机空调器室外机为主机，室内机为副机。室内机和室外机均通电后，由主机（室外机）向副机（室内机）发送信号或由副机向主机发送信号，均在收到对方信号处理完

50ms后进行。通信以室外机为主，正常情况室外机发送信号之后等待接收，如500ms仍未接收到反馈信号，则再次发送当前的命令，如果2min内仍未收到室内机的应答（或应答错误），则出错报警，同时发送信息命令给室内机。以室内机为副机，室内机未接收到室外机的信号时，则一直等待，不发送信号。

（1）直流56V电压形成电路

图4-39为通信电路原理图。从图中可知，室内机CPU㉛脚为发送引脚、U4为发送光耦，㉚脚为接收引脚、U3为接收光耦；室外机CPU㉞脚为发送引脚、U132为发送光耦，㊵脚为接收引脚，U131为接收光耦。

通信电路电源使用专用的直流56V电压，见图4-40，设在室外机主板。电源电压相线L由电阻R1311和R1312降压、D134整流、C0502滤波、R136分压，在稳压管ZD134（稳压值56V）两端形成直流56V电压，为通信电路供电，N为直流56V电压的负极。

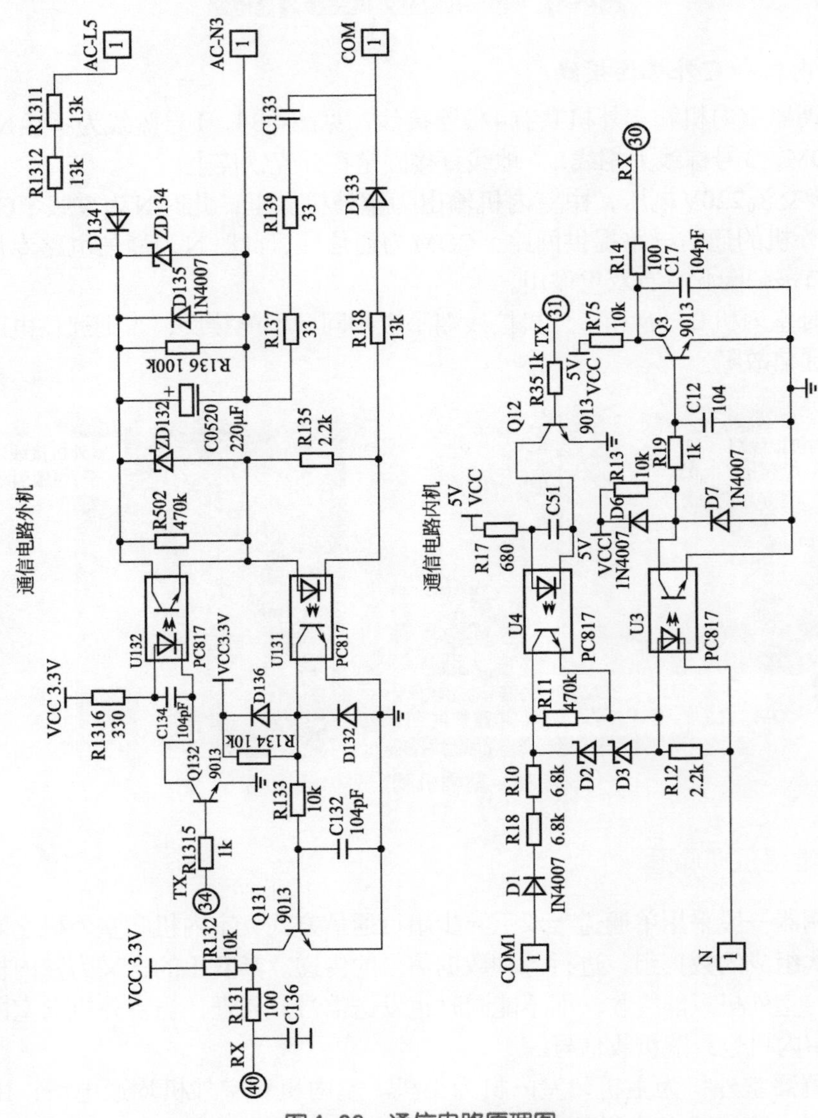

图4-39　通信电路原理图

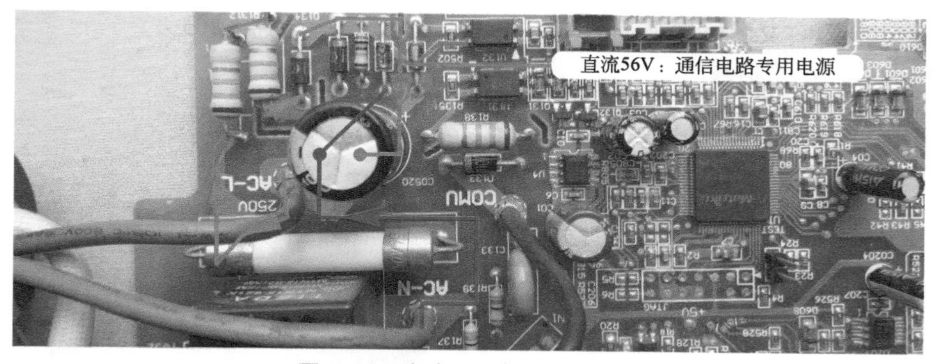

图4-40　直流56V电压形成电路

（2）信号流程

室内机和室外机的通信数据由编码组成，室内机和室外机的CPU在处理时，均会将数据转换为高电平1或低电平0的数值发给对方（例如编码为101011），再由对方的CPU根据编码翻译出室外机或室内机的参数信息（例如翻译结果为室内管温为10℃、压缩机当前运行频率为75Hz），共同对整机进行控制。

一旦室外机出现异常状况，在相应的字节中就会出现与故障内容相对应的编码内容，通过通信电路传送至室内机CPU，室内机CPU针对故障内容立即发出相应的控制指令，整机电路就会出现相应的保护动作。同样，当室内机电路检测到异常时，室内机CPU也会及时发出相对应的控制指令至室外机CPU，以采取相应的保护措施。

本机室内机CPU为5V供电，高电平为直流5V；室外机CPU为3.3V供电，高电平为3.3V，低电平均为0V。

室内机和室外机CPU传送数据时为同相设计，即室外机CPU发送高电平信号时，室内机CPU接收也同样为高电平信号，室外机CPU发送低电平信号时，室内机CPU接收也同样为低电平信号。

① 室外机发送高电平信号、室内机CPU接收

通信电路处于室外机发送、室内机接收时，见图4-41，室内机CPU发送信号㉛脚首先输出5V高电平电压经电阻R35送至三极管Q12基极B，电压为0.7V，集电极C和发射极E导通，U4初级侧②脚发光二极管负极接地，5V电压经电阻R17、U4初级发光二极管和地构成回路，初级侧两端电压为1.1V，使得次级侧光电三极管集电极④脚和发射极③脚导通，为室外机CPU发送通信信号提供先决条件。

室外机CPU㉞脚发送高电平信号时，输出电压3.3V经电阻R1315送至三极管Q132基极，电压为0.7V，集电极和发射极导通，3.3V电压经电阻R1316、U132初级发光二极管、Q132集电极、Q132发射极和地构成回路，U132初级侧两端电压为1.1V，使得次级侧集电极和发射极导通，整个通信回路闭合，流程如下：通信电源56V→U132的④脚集电极→U132的③脚发射极→U131的①脚发光二极管正极→U131的②脚发光二极管负极→电阻R138→二极管D133→室内外机连接线→室内机主板X11端子（COM-OUT）→D1→R18→R10→U4的④脚→U4的③脚→U3的①脚→U3的②脚→N端构成回路，使得U3初级侧两端的电压为1.1V，次级侧④、③脚导通，三极管Q3基极电压为0.1V，集电极和发射极截止，5V电压经电阻R75和R14，为CPU接收信号㉚脚供电，为高电平约

5V，和室外机CPU发送信号㉞脚的高电平相同，实现了室外机CPU发送高电平信号，室内机CPU接收高电平信号的过程。

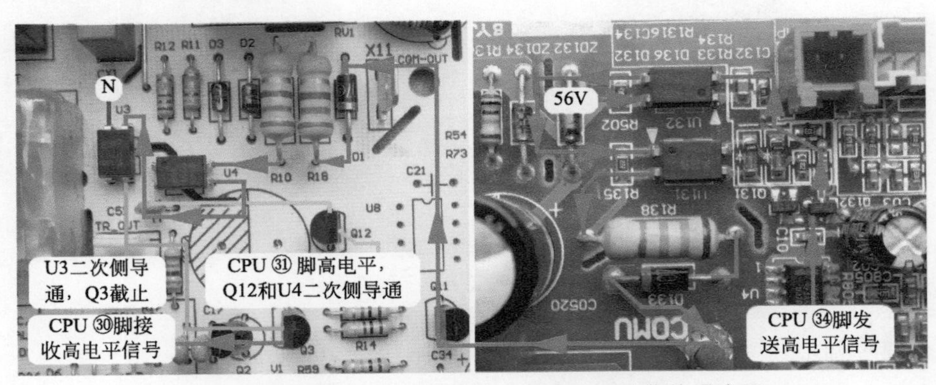

图4-41 室外机CPU发送高电平、室内机接收信号流程

② 室外机CPU发送低电平信号、室内机CPU接收信号

见图4-42，当室外机CPU㉞脚发送低电平信号，输出电压为0V，Q132基极电压也为0V，集电极和发射极截止，U132的②脚负极不能接地，因此3.3V电压经R1316不能构成回路，U132的初级侧①-②脚电压为0V，次级侧④、③脚截止，U132的③脚电压为0V，此时通信回路断开，使得室内机主板U3初级侧两端电压为0V，次级侧④、③脚截止，5V电压经R13、R19为Q3基极供电，电压为0.7V，集电极和发射极导通，CPU接收信号㉚脚经R14、Q3集电极、Q3发射极接地，为低电平0V，和室外机发送信号㉞脚的低电平相同，实现了室外机CPU发送低电平信号，室内机CPU接收低电平信号的过程。

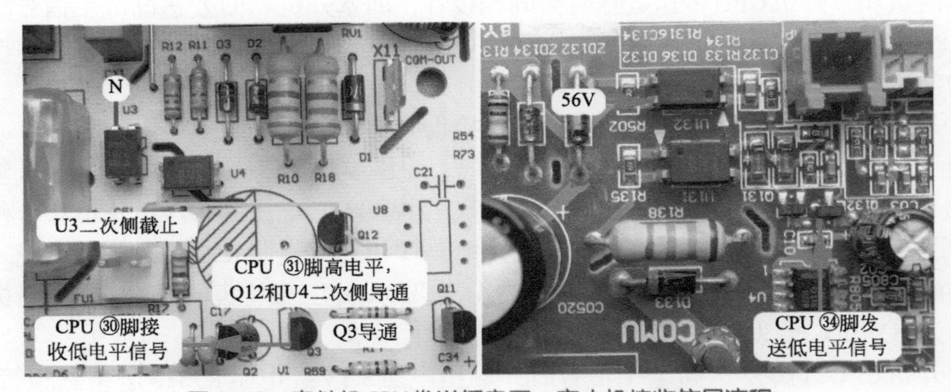

图4-42 室外机CPU发送低电平、室内机接收信号流程

③ 室内机CPU发送高电平信号、室外机CPU接收信号

通信电路处于室内机发送、室外机接收时，见图4-43，室外机CPU发送信号㉞脚首先输出3.3V高电平电压，经R1315送至Q132基极，电压为0.7V，集电极和发射极导通，U132初级侧②脚发光二极管负极接地，3.3V电压经R1316、U132初级发光二极管和地构成回路，初级侧两端电压为1.1V，使得次级侧④脚和③脚导通，为室内机CPU发送通信信号提供先决条件。

室内机CPU㉛脚发送高电平信号时，输出电压5V经R35送至Q12基极，电压为

0.7V，集电极和发射极导通，5V电压经电阻R17、U4初级发光二极管、Q12集电极、Q12发射极和地构成回路，U4初级侧两端电压为1.1V，次级侧④脚集电极和③脚发射极导通，整个通信回路闭合，使得室外机接收光耦U131初级侧两端的电压为1.1V，次级侧④、③脚导通，Q131基极电压为0V，集电极和发射极截止，3.3V电压经R132和R131为CPU接收信号㊵脚供电，为高电平约3.3V，和室内机CPU发送信号31脚的高电平相同，实现了室内机CPU发送高电平信号，室外机CPU接收高电平信号的过程。

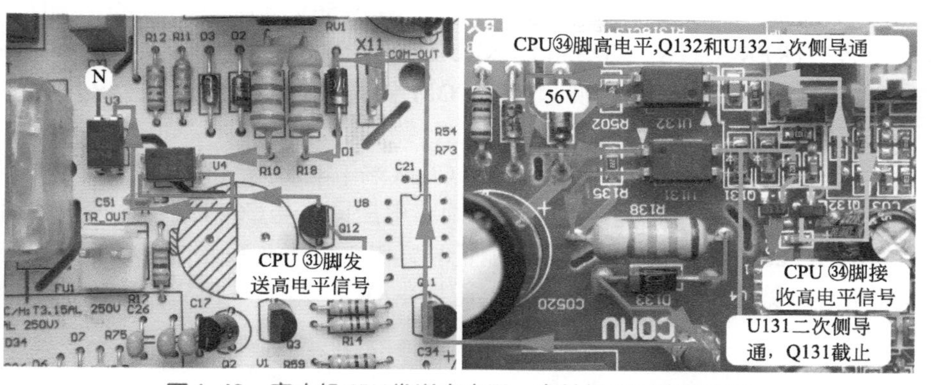

图4-43　室内机CPU发送高电平、室外机接收信号流程

④ 室内机CPU发送低电平信号、室外机CPU接收信号

见图4-44，当室内机CPU㉛脚发送低电平信号，输出电压为0V，Q12基极电压也为0V，集电极和发射极截止，U4的②脚负极不能接地，因此5V电压经R17不能构成回路，U4的初级侧①、②脚电压为0V，次级侧④、③脚截止，U4的③脚电压为0V，此时通信回路断开，使得室外机主板U131初级侧两端电压为0V，次级侧④、③脚截止，3.3V电压经R134、R133为Q131基极供电，电压为0.7V，集电极和发射极导通，CPU接收信号㊵脚经R131、Q131集电极、Q131发射极接地，为低电平0V，和室内机发送信号㉛脚的低电平相同，实现了室内机CPU发送低电平信号，室外机CPU接收低电平信号的过程。

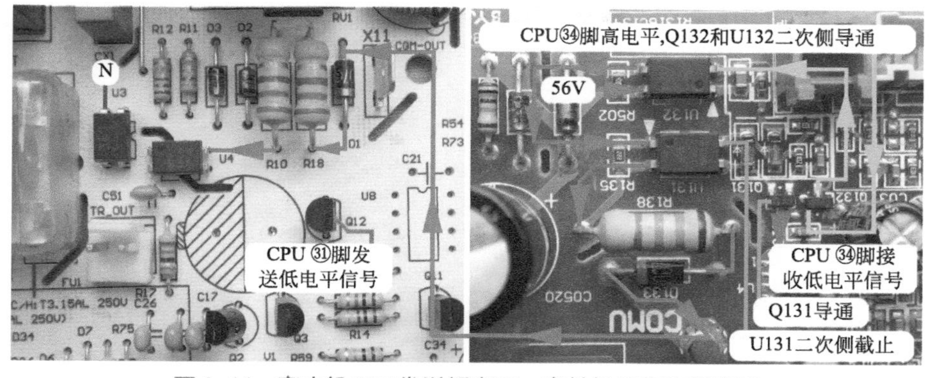

图4-44　室内机CPU发送低电平、室外机接收信号流程

3. 通信电压跳变范围

室内机和室外机CPU输出的通信信号均为脉冲电压，通常在0～5V之间变化。光耦初级发光二极管的电压也是时有时无，有电压时次级光电三极管导通，无电压时次级光电

三极管截止，通信回路由于光耦次级光电三极管的导通与截止，工作时也是时而闭合时而断开，因而通信回路工作电压为跳动变化的电压。

测量通信电路电压时，使用万用表直流电压挡，黑表笔接N（1）号端子、红表笔接2号COM端子。根据图4-34的通信电路简图，可得出以下结果。

室外机发送光耦U132次级光电三极管截止、室内机发送光耦U4次级光电三极管导通，直流56V通信电压断开，此时N与COM端子电压为0V。

U132次级导通、U4次级导通，此时相当于直流56V电压对串联的R_N和R_W电阻进行分压。在格力KFR-32GW/（32556）FNDe-3空调器的通信电路中，$R_N = R_{18} + R_{10} = 13.6kW$，$R_W = R_{138} = 13kW$，此时测量N与COM端子的电压相当于测量$R_N$两端的电压，根据分压公式$R_N$/（$R_N$+$R_W$）×56V可计算得出，约等于28V。

U132次级导通、U4次级截止，此时N与COM端子电压为直流56V。

根据以上结果得出的结论是：测量通信回路电压即N与COM端子，理论的通信电压变化范围为0V～28V～56V，但是实际测量时，由于光耦次级光电三极管导通与截止的转换频率非常快，见图4-45，万用表显示值通常在6V～27V～51V之间循环跳动变化。

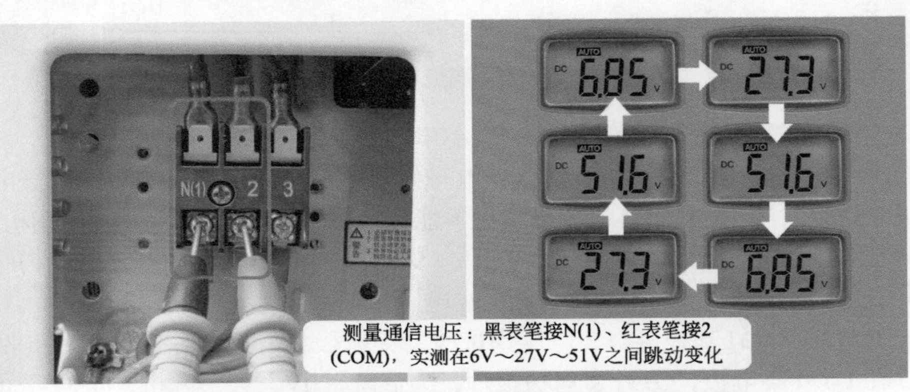

图4-45 测量通信电路N（1）和2（COM）端子电压

室内机单元电路检修分析

本章以格力KFR-32GW/（32556）FNDe-3直流变频空调器的室内机电控系统为基础，分析变频空调器室内机主板单元电路的工作原理等知识。

第一节　电源电路和CPU三要素电路

一、电源电路

1. 工作原理

图5-1为电源电路原理图，图5-2为实物图，表5-1为关键点电压。电源电路作用是将交流220V电压降压、整流、滤波、稳压后转换为直流12V和5V为主板供电。

电容CX1为高频旁路电容，用以旁路电源引入的高频干扰信号。FU1（3.15A熔丝管）、RV1（压敏电阻）组成过压保护电路，当输入电压正常时，对电路没有影响；而当电压高于一定值，RV1迅速击穿，将前端FU1熔丝管（俗称保险管）熔断，从而保护主板后级电路免受损坏。

变压器T1、D33、D34、D35、D36（整流二极管）、D37、C29（主滤波电容）、C31、C4组成降压、整流、滤波电路。变压器T1将输入电压交流220V降低至约交流16V，从二次绕组输出，至由D33～D36组成的桥式整流电路，变为脉动直流电（其中含有交流成分），经D37再次整流、C29滤波，滤除其中的交流成分，成为纯净的约直流18V电压。

V1、C32、C34组成12V电压产生电路。V1（7812）为12V稳压块，①脚输入端为直流18V，经7812内部电路稳压，③脚输出端输出稳定的直流12V电压，为12V负载供电。

V2、C5、C6组成5V电压产生电路。V2（7805）为5V稳压块，①脚输入端为直流12V，经7805内部电路稳压，③脚输出端输出稳定的直流5V电压，为5V负载供电。

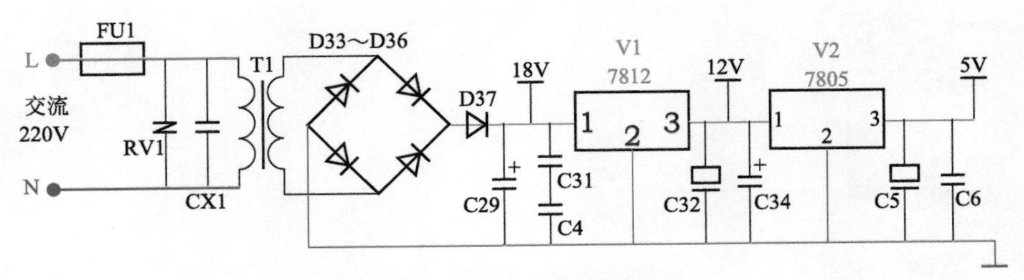

图5-1　电源电路原理图

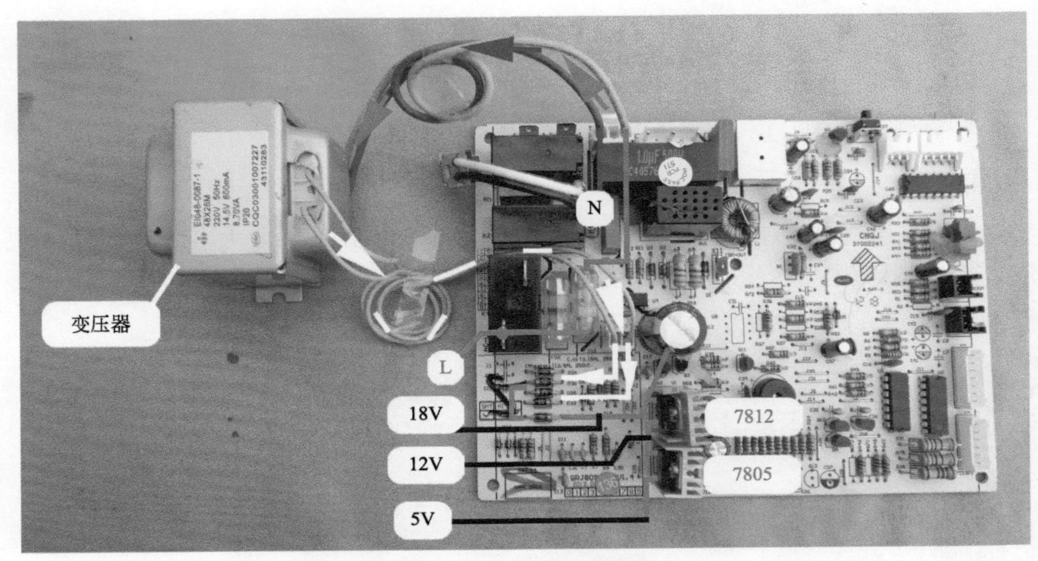

图5-2　电源电路实物图

表5-1　电源电路关键点电压

变压器插座		V1：7812			V2：7805		
一次绕组	二次绕组	①脚	②脚	③脚	①脚	②脚	③脚
约交流220V	约交流15.8V	约直流18.1V	直流0V	直流12V	直流12V	直流0V	直流5V

2. 直流12V和5V负载

图5-3为直流12V和5V负载，图中红线连接12V负载、蓝线连接5V负载。

① 直流12V负载

直流12V取自7812的③脚输出端，主要负载：7805稳压块、继电器线圈、步进电机线圈、反相驱动器、蜂鸣器、显示板组件上指示灯和数码管等。

说明

显示板组件上指示灯和数码管通常使用直流5V供电，但本机例外。

② 直流5V负载

直流5V取自7805的③脚输出端，主要负载：CPU、HC164、传感器电路、通信电路、光耦晶闸管、PG电机内部的霍尔反馈电路板、显示板组件上接收器等。

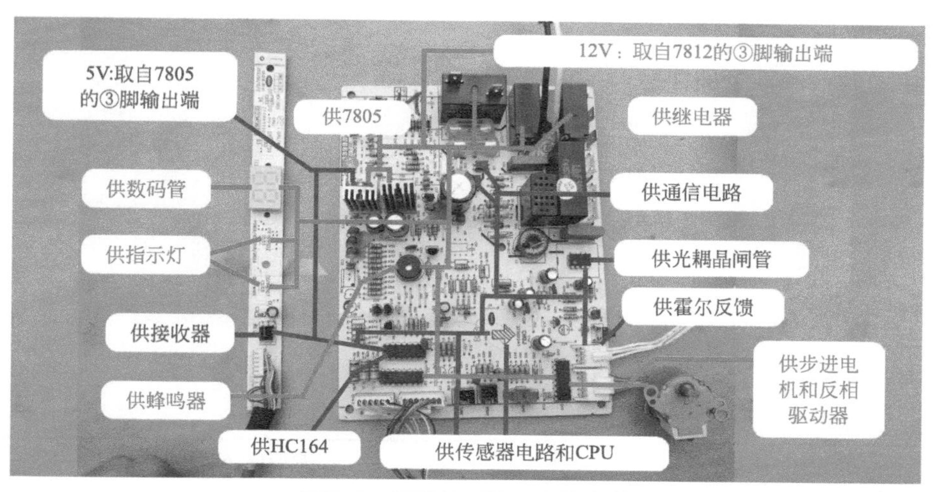

图5-3　直流12V和5V电压负载

二、CPU三要素电路

1. CPU作用和引脚功能

CPU是一个大规模的集成电路，作为室内机电控系统的控制中心，内部写入了运行程序（或工作时调取存储器中的程序）。CPU根据引脚方向分类，常见有2种，见图5-4，即两侧引脚和四面引脚。

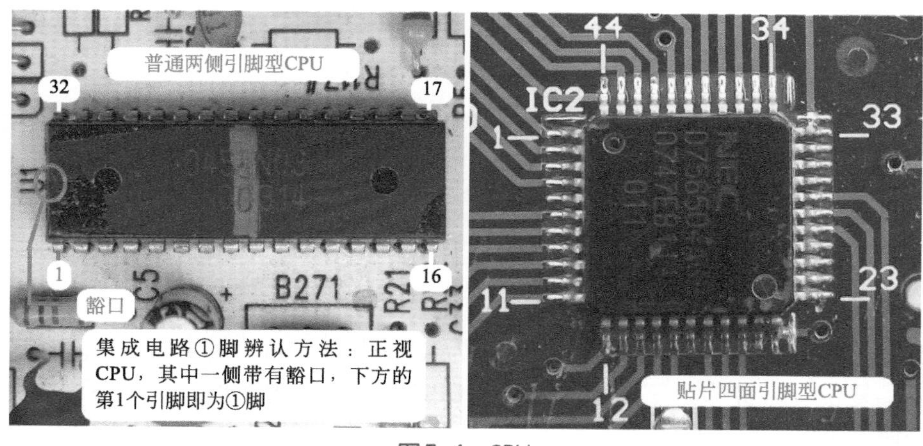

图5-4　CPU

室内机CPU的作用是接收使用者的操作指令，结合室内环温、管温传感器等输入部分电路的信号，进行运算和比较，控制室内风机和步进电机等负载运行，并将各种数据通过通信电路传送至室外机CPU，共同控制使空调器按使用者的意愿工作。

CPU是主板上引脚最多的元器件，现在主板CPU的引脚功能都是空调器厂家结合软件来确定的，也就是说同一型号的CPU，在不同空调器厂家主板上引脚功能是不一样的。

格力KFR-32GW/（32556）FNDe-3空调器室内机CPU为贴片封装，安装在主板反面，掩膜型号为D79F8513A，见图5-5，共有44个引脚在四面伸出，表5-2为主要引脚功能。

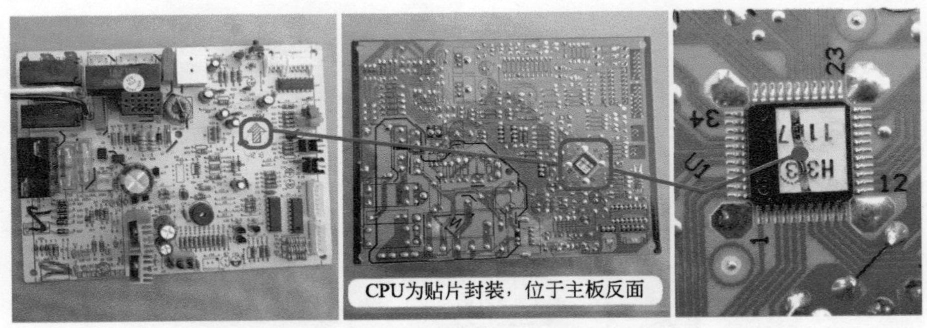

图5-5　室内机CPU

表5-2　D79F8513A主要引脚功能

输入部分电路			输出部分电路		
引脚	英文代号	功能	引脚	英文代号	功能
⑮	KEY	按键开关	㊵、㊴、①、㊷、㊸	LED、LCD	驱动指示灯和数码管
㊹	REC	遥控信号	㉙、㉘、㉗、㉖	SWING-UD	步进电机
㉞	ROOM	环温	⑯	BUZ	蜂鸣器
㉟	TUBE	管温	㉒	PG	室内风机
㉓	ZERO	过零检测	㉕	HEAT	辅助电加热
㉑	PGF	霍尔反馈	㉔		主控继电器
㉚	RX	通信-接收	㉛	TX	通信-发送
⑪	VDD	供电	CPU三要素电路		
⑩	VSS	地			
⑦	X2	晶振			
⑧	X1	晶振			
③	RST	复位			

2. 工作原理

图5-6为CPU三要素电路原理图，图5-7为实物图，表5-3为关键点电压。

电源、复位、时钟称为三要素电路，是CPU正常工作的前提，缺一不可，否则会死机引起空调器上电无反应故障。

① CPU⑪脚是电源供电引脚，由7805的③脚输出端直接供给。

② 复位电路将内部程序处于初始状态。CPU③脚为复位引脚，和外围元器件电解电容C57、瓷片电容C52、电阻R92、二极管D5组成低电平复位电路。初始上电时，5V电压首先经R92为C57充电，C57正极电压由0V逐渐上升至5V，因此CPU③脚电压相对于电源⑪脚要延时一段时间（一般为几十毫秒），将CPU内部程序清零，对各个端口进

行初始化。

③ 时钟电路提供时钟频率。CPU⑦脚、⑧脚为时钟引脚，内部电路与外围元件B1(晶振)、电阻R32组成时钟电路，提供4MHz稳定的时钟频率，使CPU能够连续执行指令。

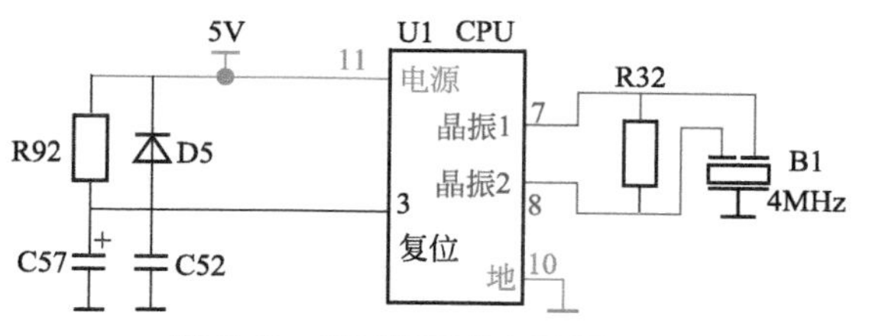

图5-6 CPU三要素电路原理图

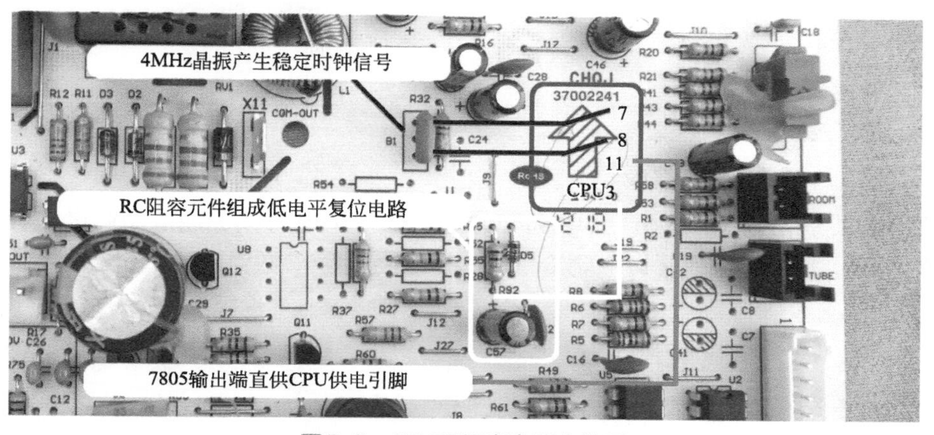

图5-7 CPU三要素电路实物图

表5-3 CPU三要素电路关键点电压

⑪脚-供电	⑩脚-地	③脚-复位	⑦脚-晶振	⑧脚-晶振
5V	0V	5V	2.6V	2.4V

第二节 输入部分单元电路

一、跳线帽电路

说明

跳线帽电路常见于格力空调器主板，其他品牌空调器的室内机主板通常未设此电路。

1. 跳线帽安装位置和工作原理

跳线帽插座JUMP位于主板弱电区域，见图5-8，跳线帽安装在插座上面。跳线帽上面数字表示对应机型，如3表示此跳线帽所安装的主板，安装在制冷量为3200W的挂式直流变频空调器，CPU按制冷量3200W的室内风机转速、同步电机角度、蒸发器保护温度等参数进行控制。

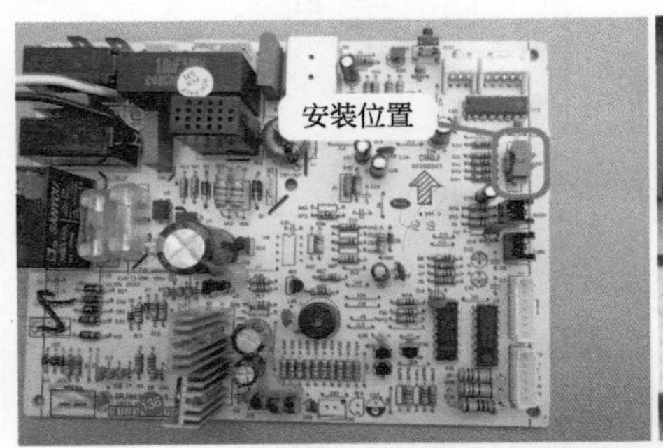

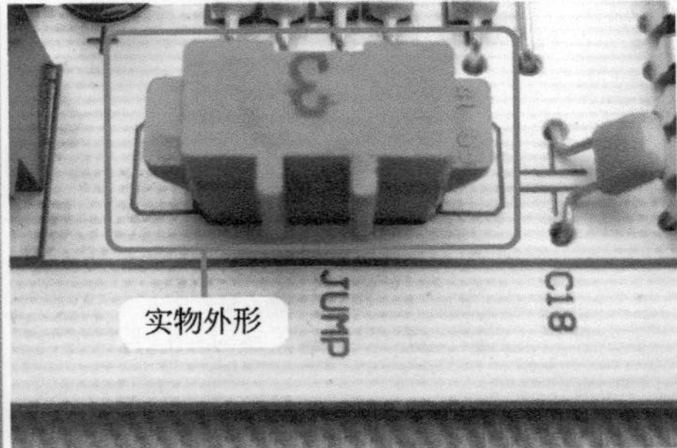

图5-8　跳线帽安装位置和实物外形

标注3的跳线帽，见图5-9，其中4、5导通，CPU上电时按导通的引脚以区分跳线帽所代表的机型，检测完成后，调取制冷量为3200W的相应参数对空调器进行控制。

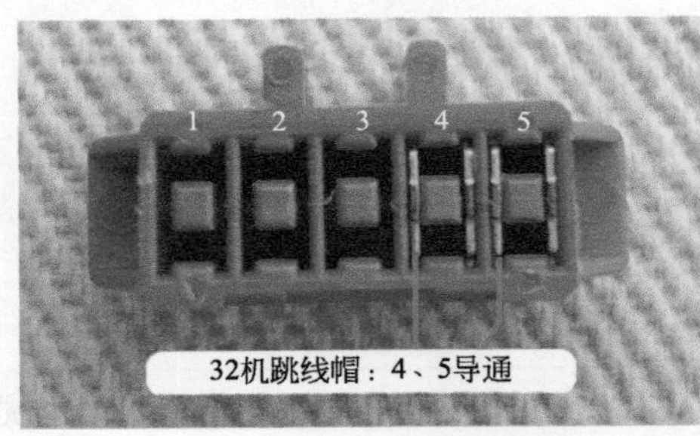

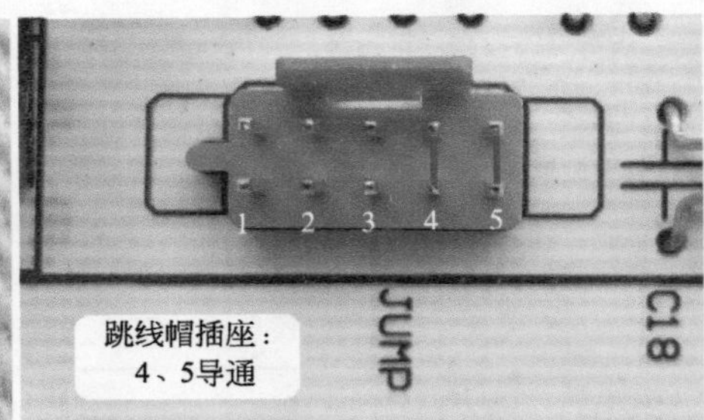

图5-9　跳线帽插头和插座

2. 常见故障

掀开室内机进风格栅，见图5-10左图，就会看到通常贴在右下角的提示：更换控制器（本书称为室内机主板）时，请务必将本机控制器上的跳线帽插到新的控制器上，否则，指示灯会闪烁（或显示C5），并不能正常开机。

见图5-10右图，如检查主板损坏，在更换主板时，新主板并未配带跳线帽，需要从旧主板上拆下跳线帽，并安装到新主板上跳线帽插座，新主板才能正常运行。

说明

CPU仅在上电时对跳线帽进行检测，上电后即使取下跳线帽，空调器也能正常运行。如上电后CPU未检测到跳线帽，显示C5代码，此时再安装跳线帽，空调器也不会恢复正常，只有断电，再次上电CPU复位后才能恢复正常。

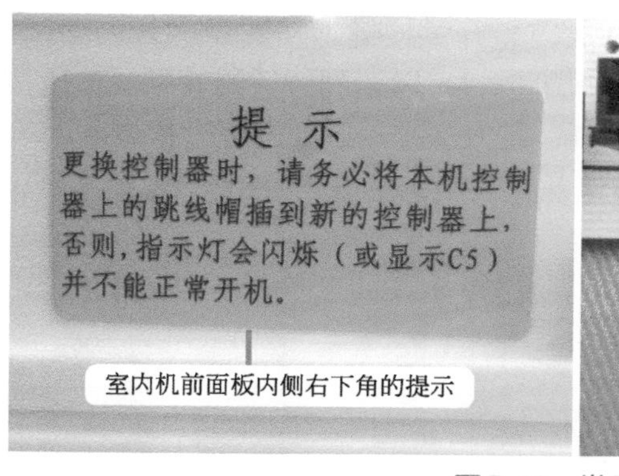

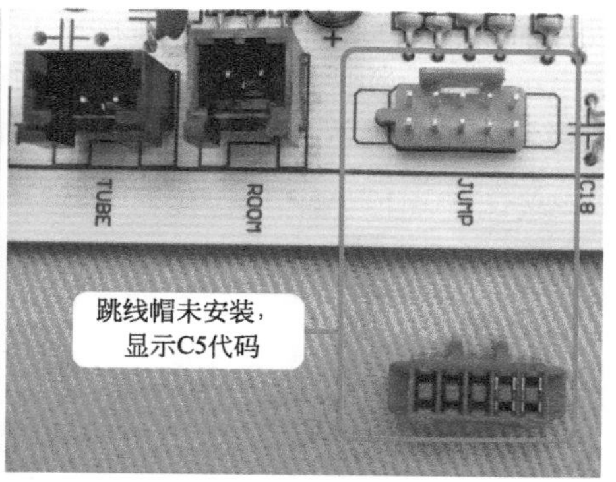

图5-10　常见故障

二、应急开关电路

1. 按键设计位置

应急开关电路的作用是在遥控器丢失或损坏的情况下，使用应急开关按键，空调器可应急使用，工作在自动模式，不能改变设定温度和风速。

根据空调器设计不同，应急开关按键设计位置也不相同。见图5-11左图，部分品牌的空调器将按键设计在显示板组件位置，使用时可以直接按压；见图5-11右图，格力或其他部分品牌的空调器将按键设在室内机主板，使用时需要掀开进风格栅，且使用尖状物体才能按压。

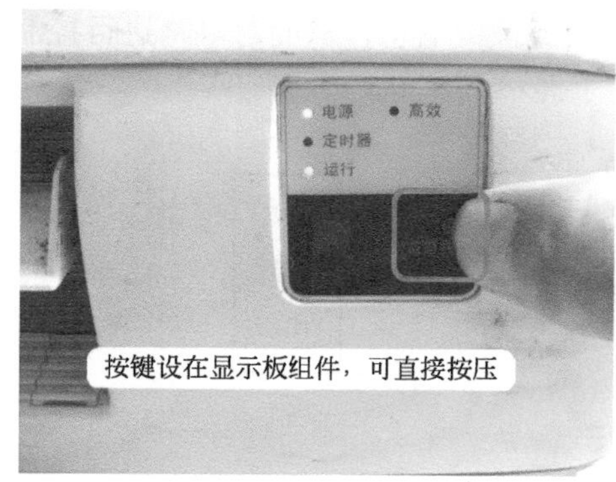

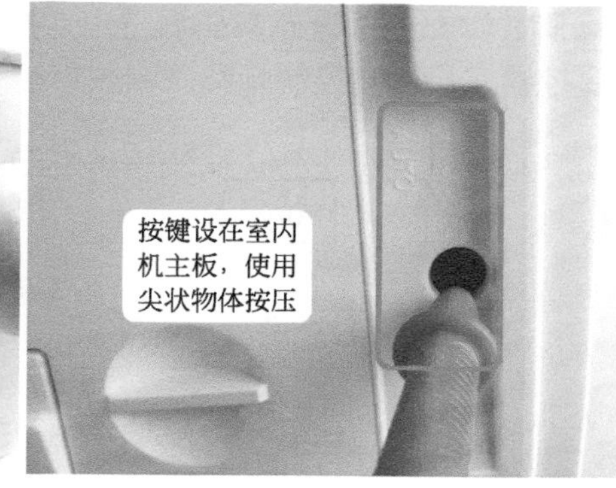

图5-11　按键设计位置

2. 工作原理

图5-12为应急开关电路原理图，图5-13为实物图。

CPU⑮脚为应急开关按键检测引脚，正常时为高电平直流5V，应急开关按下时为低电平0.1V，CPU根据目前状态时低电平的次数，进入相应的控制程序。

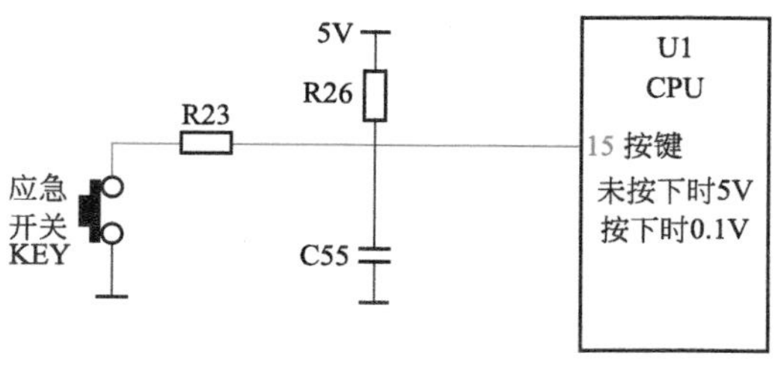

图5-12　应急开关按键电路原理图

第一章 第二章 第三章 第四章 第五章 第六章 第七章

开机方法：在处于待机状态时，按压1次应急开关按键，空调器进入自动运行状态，CPU根据室内温度自动选择制冷、制热、送风等模式，以达到舒适的效果。按压按键使空调器运行时，在任何状态下都可用遥控器控制，转入遥控器设定的运行状态。

关机方法：在运行状态下，按压1次应急开关按键，空调器停止工作。

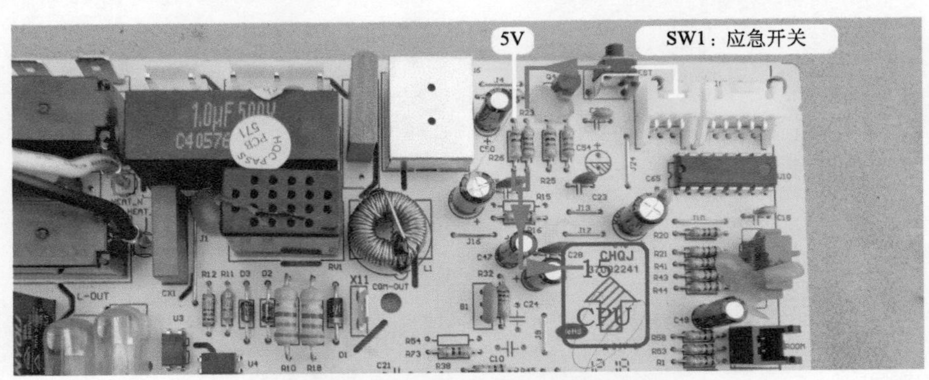

图5-13　应急开关按键电路实物图

三、接收器电路

图5-14为接收器电路原理图，图5-15为实物图，该电路的作用是接收遥控器发送的红外线信号、处理后送至CPU引脚。

遥控器发射含有经过编码的调制信号以38KHz为载波频率，发送至位于显示板组件上的接收器REC1，REC1将光信号转换为电信号，并进行放大、滤波、整形，经R48、R47送至CPU㊹脚，CPU内部电路解码后得出遥控器的按键信息，从而对电路进行控制；CPU每接收到遥控器信号后会控制蜂鸣器响一声给予提示。

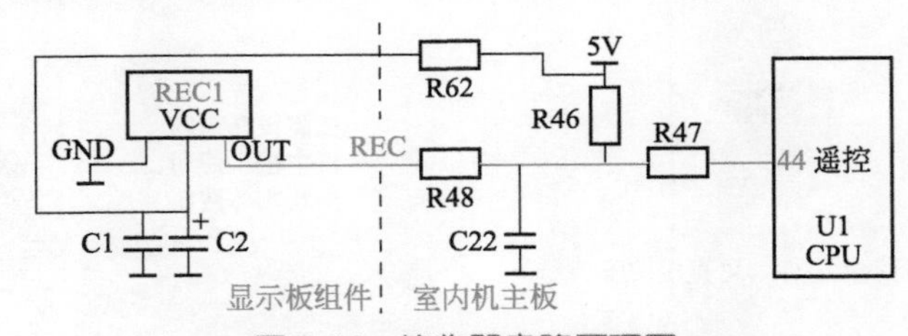

图5-14　接收器电路原理图

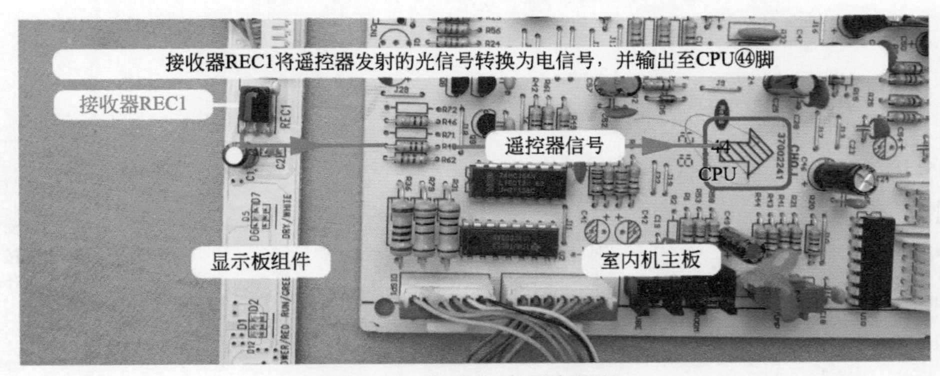

图5-15　接收器电路实物图

四、传感器电路

1. 安装位置和作用

（1）室内环温传感器

图5-16为室内环温传感器安装位置。

① 室内环温传感器固定在室内机的进风口位置，作用是检测室内房间温度。

② 和遥控器的设定温度相比较，决定压缩机的频率或者室外机的运行与停止。

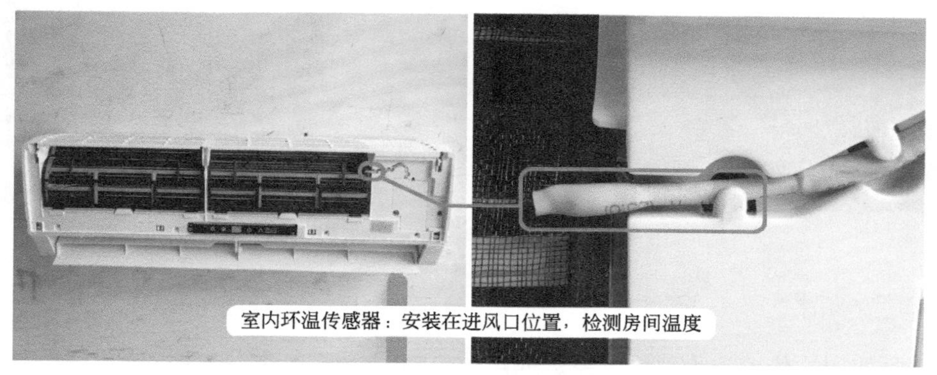

图5-16　室内环温传感器安装位置

（2）室内管温传感器

图5-17为室内管温传感器安装位置。

① 室内管温传感器检测孔焊在蒸发器的管壁上，作用是检测蒸发器温度。

② 制冷或除湿模式下，室内管温传感器≤－1℃时，压缩机降频运行，当连续3分钟检测到室内管温传感器≤－1℃时，压缩机停止运行。

③ 制热模式下，室内管温传感器≥55℃时，禁止压缩机频率上升；室内管温传感器≥58℃时，压缩机降频运行；室内管温传感器≥62℃时，压缩机停止运行。

图5-17　室内管温传感器安装位置

（3）实物外形

见图5-18，室内环温和室内管温传感器均只有2根引线。不同的是，室内环温传感器使用塑封探头，室内管温传感器使用铜头探头。

格力空调器室内环温传感器护套标有（GL/15K），表示传感器型号为25℃/15kΩ；室内管温传感器护套标有（GL/20K），表示传感器型号为25℃/20kΩ。

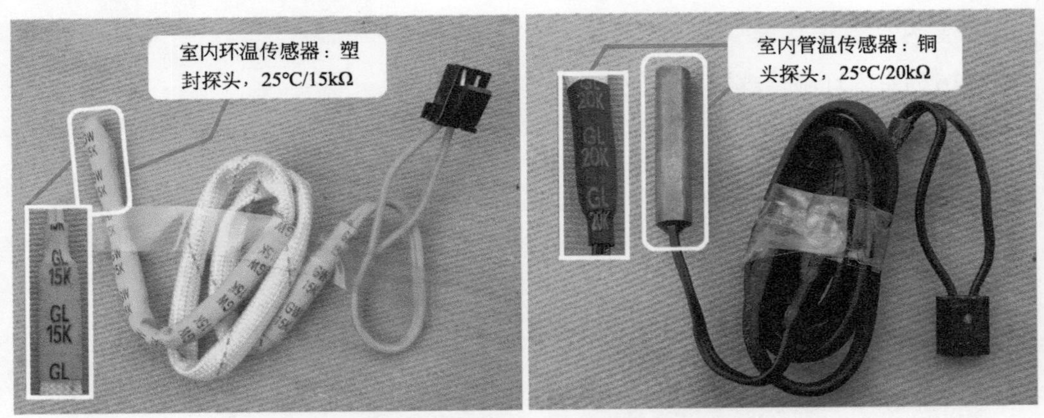

图5-18 室内环温和管温传感器实物外形

2. 传感器特性

空调器使用的传感器为负温度系数的热敏电阻，负温度系数是指温度上升时其阻值下降，温度下降时其阻值上升。

以型号25℃/20kΩ的管温传感器为例，测量在降温（15℃）、常温（25℃）、加热（35℃）的3个温度下，传感器的阻值变化情况。

① 图5-19左图为降温（15℃）时测量传感器阻值，实测为31.4kΩ。

② 图5-19中图为常温（25℃）时测量传感器阻值，实测为20kΩ。

③ 图5-19右图为加热（35℃）时测量传感器阻值，实测为13.1kΩ。

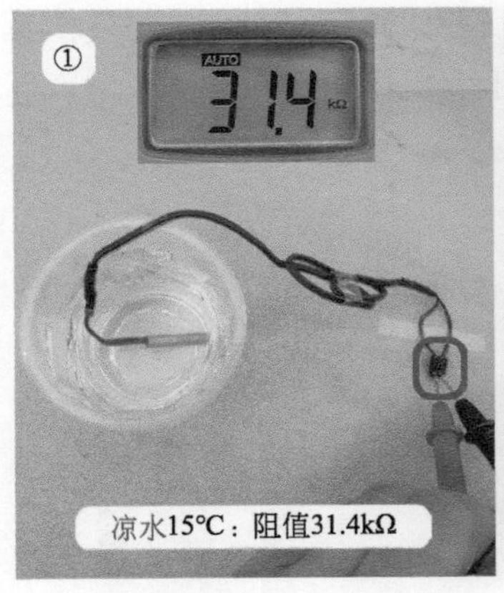

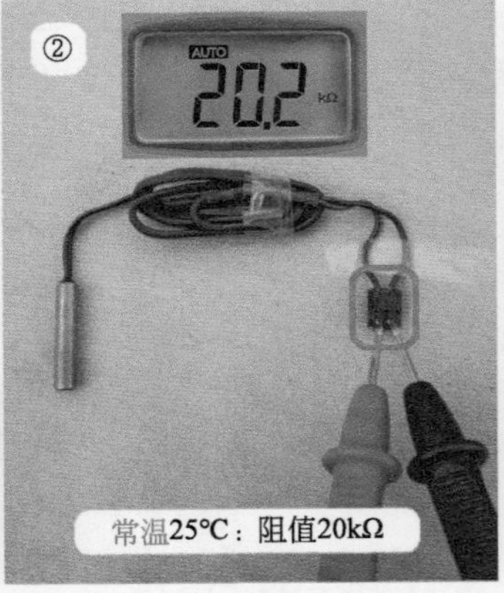

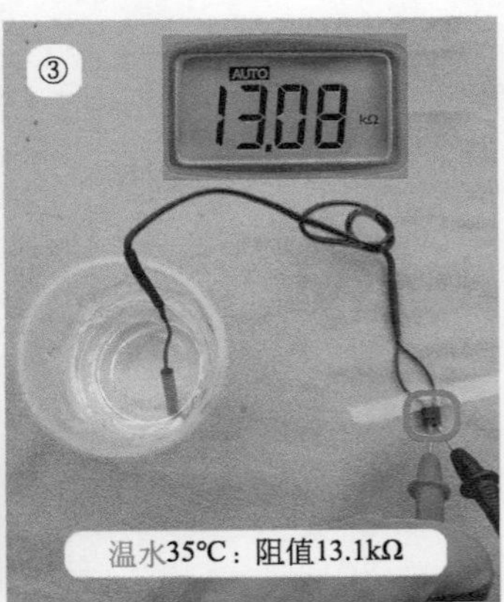

图5-19 测量传感器阻值

3. 工作原理

图5-20为传感器电路原理图，图5-21为管温传感器电路实物图，表5-4为管温传感器（25℃/20kΩ）温度阻值与CPU引脚电压（分压电阻20kΩ）对应关系。

室内环温和管温传感器电路工作原理相同，以管温传感器为例。管温传感器TUBE（负温度系数热敏电阻）和电阻R5组成分压电路，R5两端即CPU㉟脚电压的计算公式为：5×R5/（管温传感器阻值+R5）；管温传感器阻值随蒸发器温度的变化而变化，CPU㉟脚电压也相应变化。管温传感器在不同的温度有相应的阻值，CPU㉟脚为相对应的电压值，因此蒸发器温度与CPU㉟脚电压为成比例的对应关系，CPU根据不同的电压值计算出蒸发器实际温度，对整机进行控制。假如制热模式下CPU检测蒸发器温度超过62℃，则控制压缩机停机，并报出相应的故障代码。

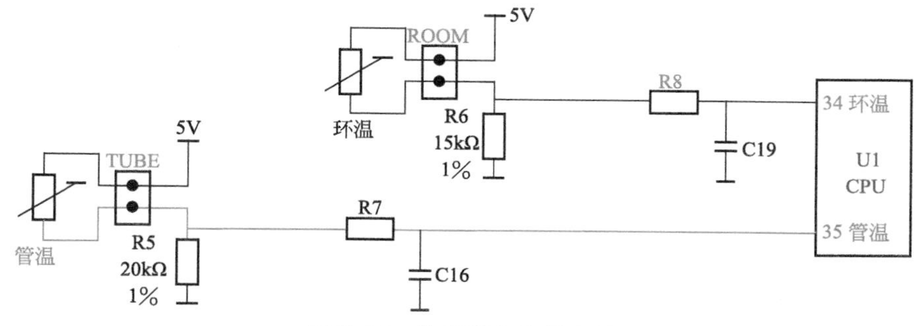

图5-20　传感器电路原理图

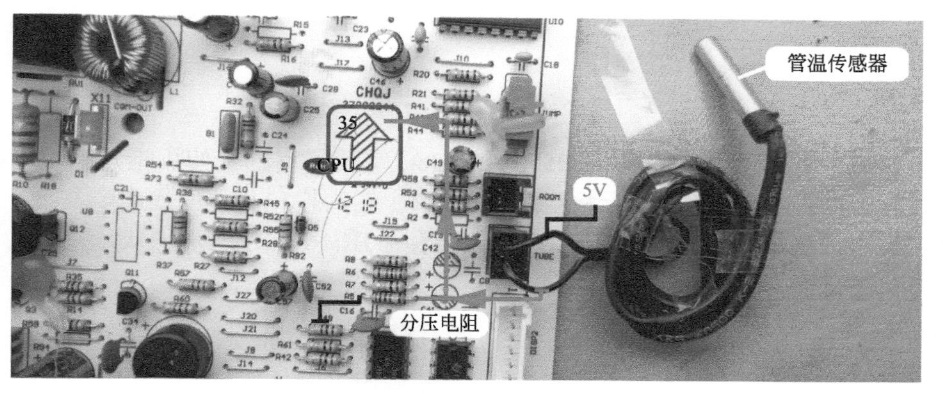

图5-21　管温传感器电路实物图

表5-4　管温传感器温度阻值与CPU引脚电压对应关系

温度/℃	−10	−5	0	6	25	30	50	60	70
阻值/kΩ	110.3	84.6	65.3	48.4	20	16.1	7.17	4.94	3.48
CPU电压/V	0.76	0.95	1.17	1.46	2.5	2.77	3.68	4	4.25

4. 常温下测量分压点电压

由于环温和管温传感器25℃时阻值和各自的分压电阻阻值相同，因此在同一温度下分压点电压即CPU引脚电压应相同或接近。

在房间温度约25℃时，见图5-22，使用万用表直流电压挡，测量传感器插座电压，实测公共端为5V，环温传感器分压点电压为2.5V，管温传感器分压点电压为2.5V。

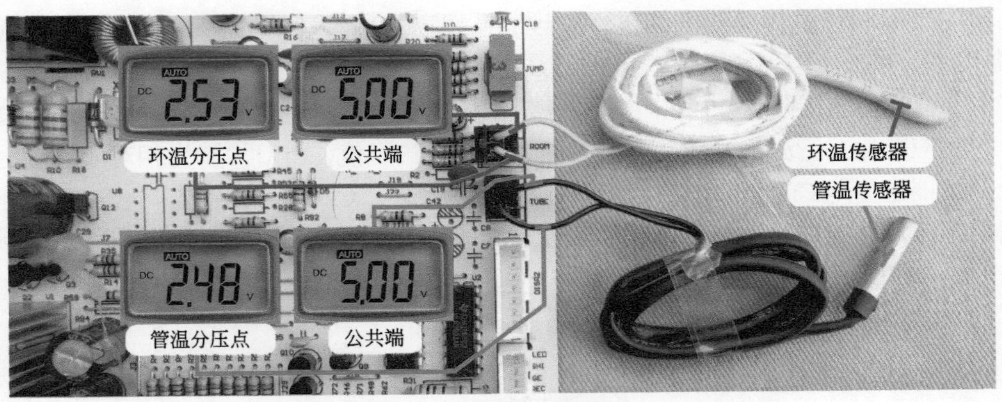

图5-22 测量分压点电压

第三节 输出部分单元电路

一、显示电路

1. 显示方式和室内机主板电路

见图5-23，格力KFR-32GW/（32556）FNDe-3空调器室内机使用指示灯＋数码管的方式进行显示，室内机主板和显示板组件由一束2个插头共13根的引线连接。

室内机主板显示电路主要由U5串行移位寄存器HC164、U2反相驱动器2003、6个三极管和电阻等组成。

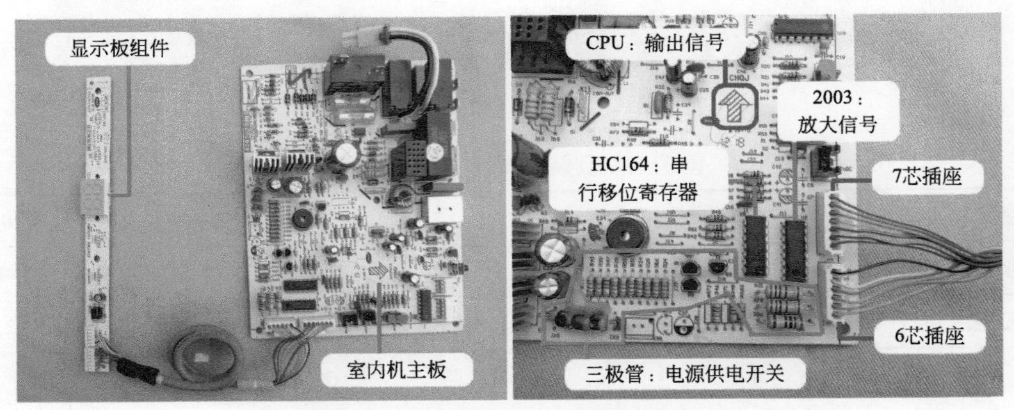

图5-23 显示方式和室内机主板电路

2. 显示板组件

见图5-24，显示板组件共设有5个指示灯：化霜、制热、制冷、电源/运行、除湿；使用1个2位数码管，可显示设定温度、房间温度、故障代码等。

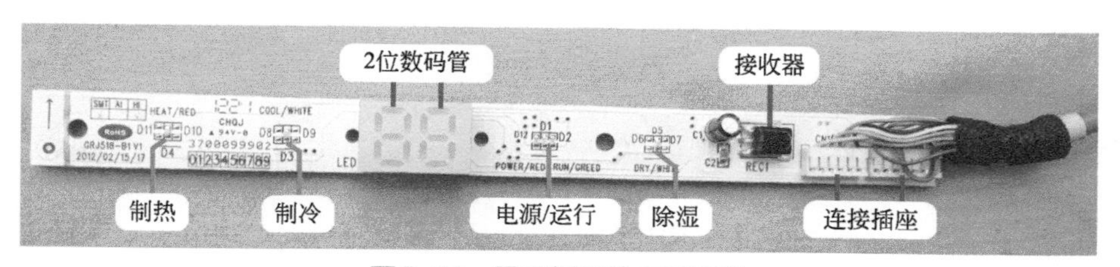

图5-24 显示板组件主要元件

3. 74HC164引脚功能

U5为74HC164集成电路，功能是8位串行移位寄存器，双列14个引脚，其中⑭脚为5V供电、⑦脚为地；①脚和②脚为数据输入（DATA），2个引脚连在一起接CPU㊵脚；⑧脚为时钟输入（CLK），接CPU㊴脚；⑨脚为复位，实接直流5V。

HC164的③、④、⑤、⑥、⑩、⑪、⑫共7个引脚为输出，接反相驱动器（2003）U2的输入侧⑦、⑥、⑤、④、③、②、①共7个脚，U2输出侧⑩、⑪、⑫、⑬、⑭、⑮、⑯共7个引脚经插座DISP2连接显示板组件上2位数码管和56个指示灯。

4. 工作原理

见图5-25，CPU㊴脚向U5（HC164）发送时钟信号，CPU㊵脚向HC164发送显示数据的信息，HC164处理后经反相驱动器U2（2003）反相放大后驱动显示板组件上指示灯和数码管；CPU㊸、㊷、①脚输出信号驱动6个三极管，分3路控制2位数码管和指示灯供电12V的接通和断开。

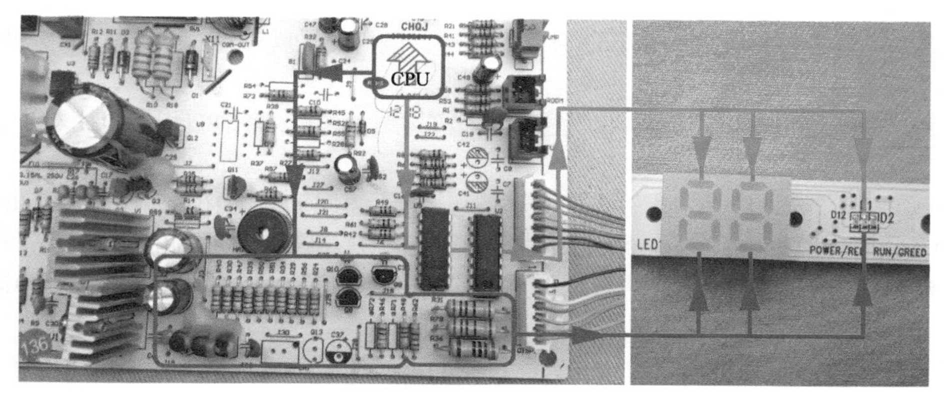

图5-25 工作原理

二、蜂鸣器电路

图5-26为蜂鸣器电路原理图，图5-27为实物图，该电路的作用是CPU接收遥控器信号且处理，驱动蜂鸣器发出“滴”的声响一次予以提示。

CPU⑯脚是蜂鸣器控制引脚，正常时为低电平；当接收到遥控器信号时引脚变为高电平，三极管Q11基极（B）也为高电平，三极管深度导通，其集电极（C）相当于接地，蜂鸣器得到供电，发出预先录制的“滴”声或音乐。由于CPU输出高电平时间很短，万用表不容易测出电压。

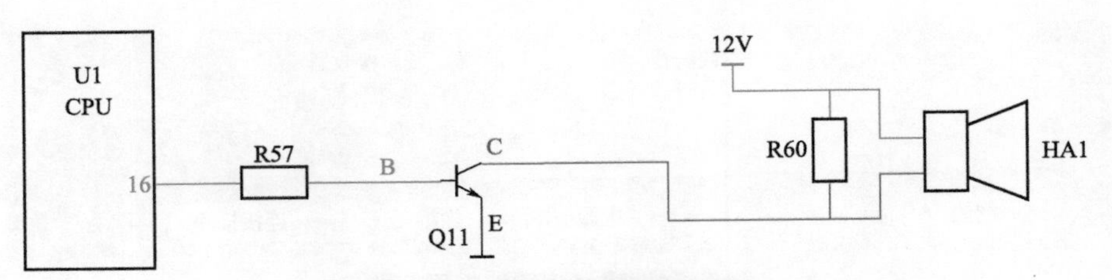

图5-26　蜂鸣器电路原理图

图5-27　蜂鸣器电路实物图

三、步进电机电路

步进电机线圈驱动方式为4相8拍，共有4组线圈，电机每转一圈需要移动8次。线圈以脉冲方式工作，每接收到一个脉冲或几个脉冲，电机转子就移动一个位置，移动距离可以很小。

图5-28为步进电机电路原理图，图5-29为实物图，表5-5为CPU引脚电压与步进电机状态的对应关系。

CPU㉙、㉘、㉗、㉖脚输出步进电机驱动信号，至反相驱动器U10的输入端⑦、⑥、⑤、④脚，U10将信号放大后在⑩、⑪、⑫、⑬脚反相输出，驱动步进电机线圈，步进电机按CPU控制的角度开始转动，带动导风板上下摆动，使房间内送风均匀，到达用户需要的地方。

室内机主板CPU经反相驱动器放大后将驱动脉冲加至步进电机线圈，如供电顺序为：A-AB-B-BC-C-CD-D-DA-A…，电机转子按顺时针方向转动，经齿轮减速后传递到输出轴，从而带动导风板摆动；如供电顺序转换为：A-AD-D-DC-C-CB-B-BA-A…，电机转子按逆时针转动，带动导风板朝另外一个方向摆动。

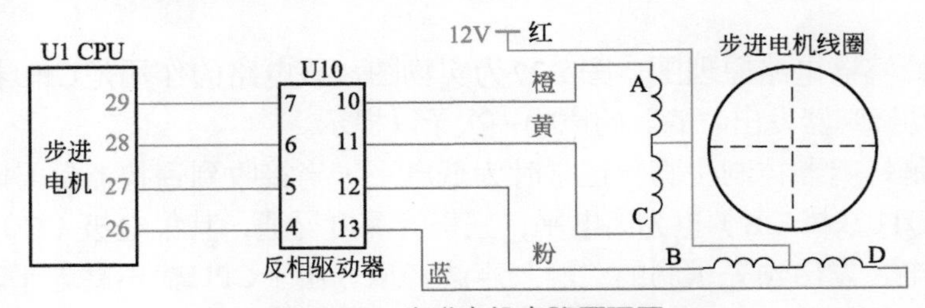

图5-28　步进电机电路原理图

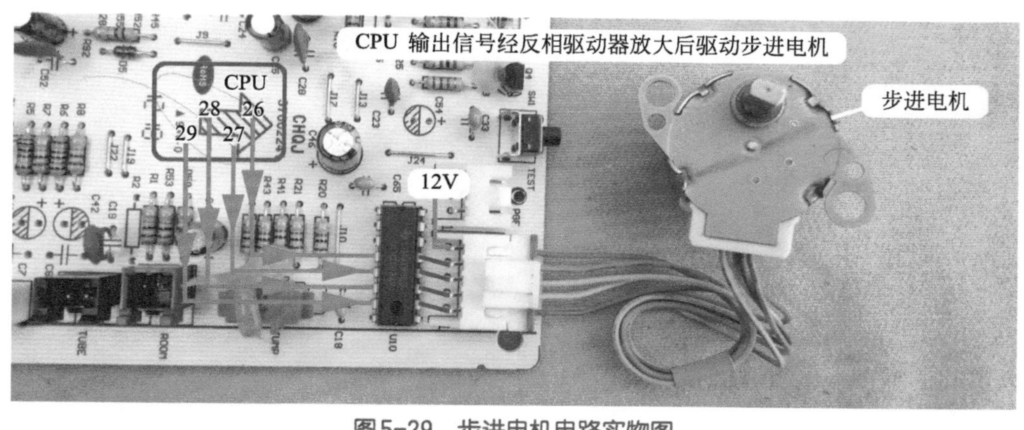

图5-29　步进电机电路实物图

表5-5　CPU引脚电压与步进电机状态的对应关系

CPU：㉙-㉘-㉗-㉖	U10：⑦-⑥-⑤-④	U10：⑩-⑪-⑫-⑬	步进电机状态
1.8V	1.8V	8.6V	运行
0V	0V	12V	停止

四、主控继电器电路

主控继电器电路的作用是接通或断开室外机的供电，图5-30为主控继电器电路原理图，图5-31为继电器触点闭合过程，图5-32为继电器触点断开过程，表5-6为CPU引脚电压与室外机状态的对应关系。

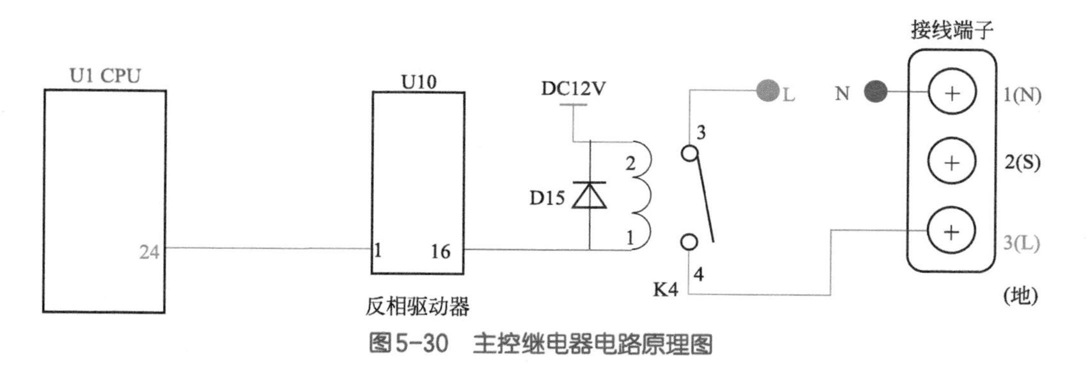

图5-30　主控继电器电路原理图

1. 继电器触点闭合过程

图5-31为继电器触点闭合过程。

当CPU接收到遥控器或应急开关的指令，需要为室外机供电时，㉔脚输出高电平5V，直接送至U10反相驱动器的①脚输入端，电压为5V，U10内部电路翻转，对应⑯脚输出端为低电平约0.8V，继电器K4线圈得到约直流11.2V供电，产生电磁力使触点3、4闭合，接线端子上3号为相线L，与1号N端组合成为交流220V电压，为室外机供电。

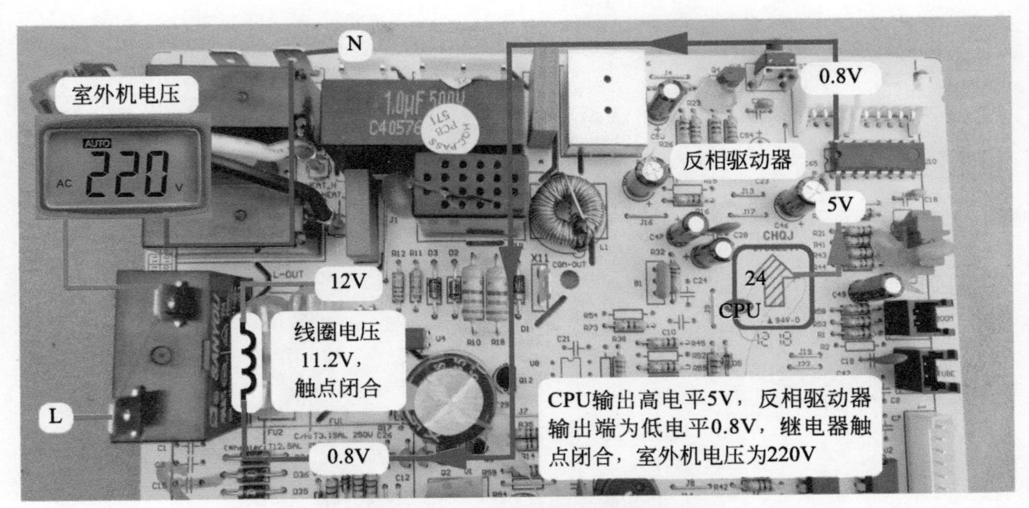

图5-31　继电器触点闭合过程

表5-6　CPU引脚电压与室外机状态的对应关系

CPU㉔脚	U10①脚	U10⑯脚	K4线圈电压	K4触点状态	室外机供电电压	室外机状态
直流5V	直流5V	直流0.8V	直流11.2V	导通	交流220V	运行
直流0V	直流0V	直流12V	直流0V	断开	交流0V	停止

2. 继电器触点断开过程

图5-32为继电器触点断开过程。

当CPU接收到遥控器或其他指令，需要断开室外机供电时，㉔脚由高电平改为输出低电平0V，U10的①脚也为低电平0V，内部电路不能翻转，其对应⑯脚输出端不能接地，K4线圈两端电压为直流0V，触点3、4断开，接线端子上3号L端断开，与1号N端不能构成回路，交流220V电压断开，室外机因而无电源而停止工作。

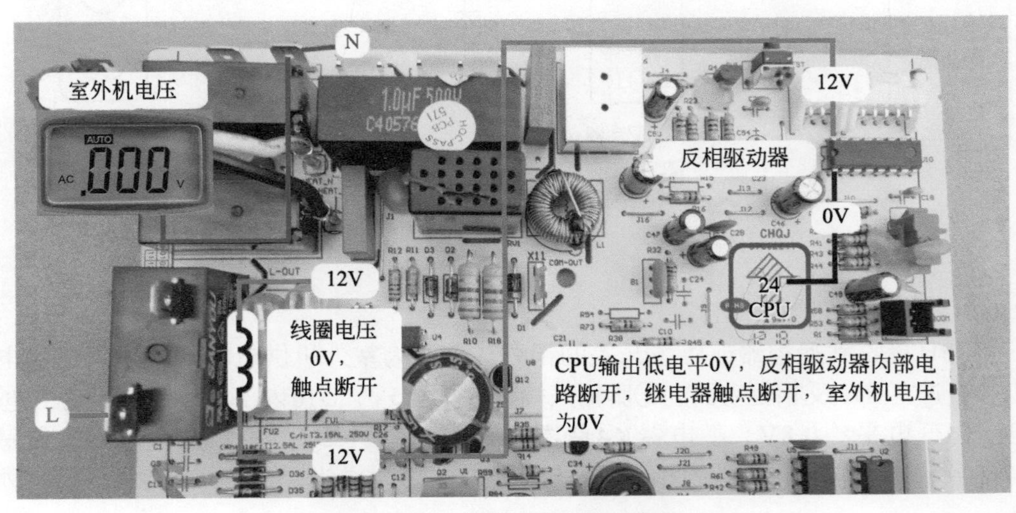

图5-32　继电器触点断开过程

五、辅助电加热继电器电路

1. 作用

空调器使用热泵式制热系统，即吸收室外的热量转移到室内，以提高室内温度，如果室外温度低于0℃以下时，空调器的制热效果将明显下降，辅助电加热就是为提高制热效果而设计的。

2. 工作原理

图5-33为辅助电加热电路原理图，图5-34为实物图，表5-7为CPU引脚电压与辅助电加热状态的对应关系。

本机主板辅助电加热电路使用2个继电器，分别接通电源L端和N端，CPU只有1个辅助电加热控制引脚，控制方式为2个继电器线圈并联。

当空调器处于制热模式，接收到遥控器或其他指令，CPU需要开启辅助电加热时，㉕脚输出高电平5V，同时送至U10反相驱动器的③脚和②脚（2个引脚相通），电压为5V，U10内部电路翻转，对应⑭脚和⑮脚输出端为低电平约0.8V，继电器K2和K5线圈同时得到约直流11.2V供电，产生电磁力使触点闭合，同时接通L端和N端电源，辅助电加热发热开始工作，和蒸发器的热量叠加吹向房间内，迅速提高房间温度。

当处于除霜过程或接收到其他指令，CPU需要关闭辅助电加热时，㉕脚输出低电平0V，U10的③脚和②脚电压也为0V，内部电路不能翻转，其对应输出端⑭脚和⑮脚不能接地，继电器线圈不能构成回路，K2和K5线圈电压为直流0V，触点断开，L端和N端电源同时断开，辅助电加热停止工作。

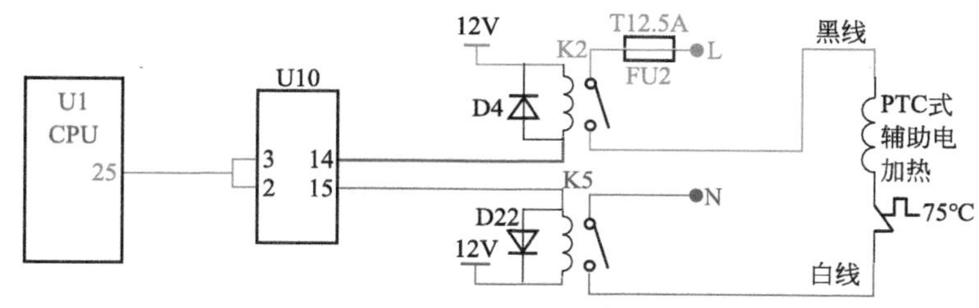

图5-33　辅助电加热电路原理图

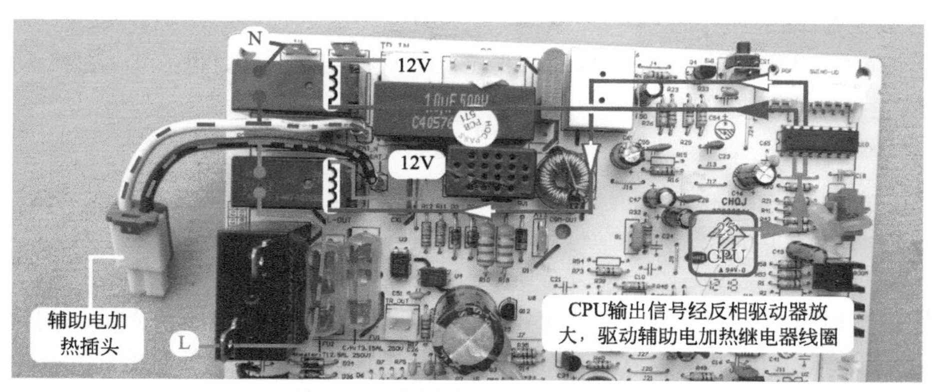

图5-34　辅助电加热电路实物图

表5-7　CPU引脚电压和辅助电加热状态对应关系

CPU ㉕脚	U10③ ②脚	U10⑭ ⑮脚	K2和K5 线圈电压	K2和K5 触点状态	辅助电加热电压	辅助电加热状态
直流5V	直流5V	直流0.8V	直流11.2V	导通	交流220V	发热
直流0V	直流0V	直流12V	直流0V	断开	交流0V	停止发热

第四节　室内风机电路

见图5-35，室内风机（PG电机）安装在室内机右侧，作用是驱动室内贯流风扇。制冷模式下，室内风机驱动贯流风扇运行，强制吸入房间内空气至室内机、经蒸发器降低温度后以一定的风速和流量吹出，来降低房间温度。

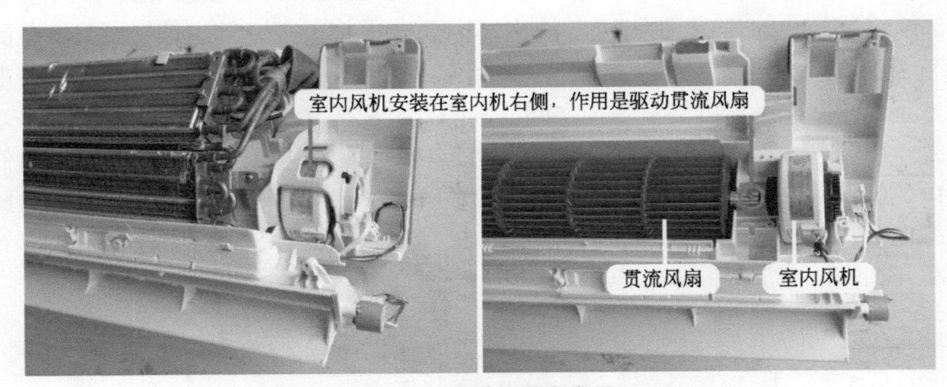

图5-35　安装位置和作用

室内风机电路由2个输入部分的单元电路（过零检测电路和霍尔反馈电路）和1个输出部分的单元电路（PG电机电路）组成。

室内机主板上电后，首先通过过零检测电路检查输入交流电源的零点位置，检查正常后，再通过PG电机电路驱动电机运行；PG电机运行后，内部输出代表转速的霍尔信号，送至室内机主板的霍尔反馈电路，供CPU检测实时转速，并与内部数据相比较，如有误差（即转速高于或低于正常值），通过改变光耦晶闸管的导通角，改变PG电机工作电压，PG电机转速也随之改变。

一、过零检测电路

1. 作用

过零检测电路可以理解成向CPU提供一个标准，起点是零电压，光耦晶闸管导通角的大小就是依据这个标准。也就是PG电机高速、中速、低速、超低速均对应一个光耦晶闸管导通角，而每个导通角的导通时间是从零电压开始计算，导通时间不一样，导通角度的大小就不一样，因此电机的转速就不一样。

2. 工作原理

图5-36为过零检测电路原理图，图5-37为实物图，表5-8为关键点电压。

变压器二次绕组输出约交流16V电压，经D33～D36桥式整流输出脉动直流电，其中1路经R63/R3、R4分压，送至三极管Q2基极。

当正半周时基极电压高于0.7V，Q2集电极（C）和发射极（E）导通，CPU㉓脚为低电平约0.1V；当负半周时基极电压低于0.7V，Q2集电极（C）极和发射极（E）极截止，CPU㉓脚为高电平约5V。通过三极管Q2的反复导通、截止，在CPU㉓脚形成100Hz脉冲波形，CPU通过计算，检测出输入交流电源电压的零点位置。

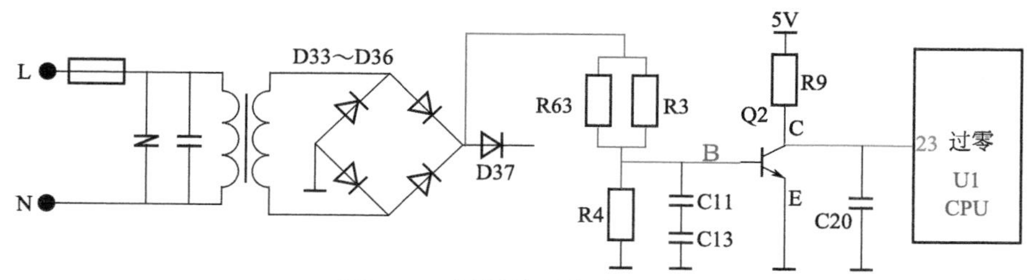

图5-36　过零检测电路原理图

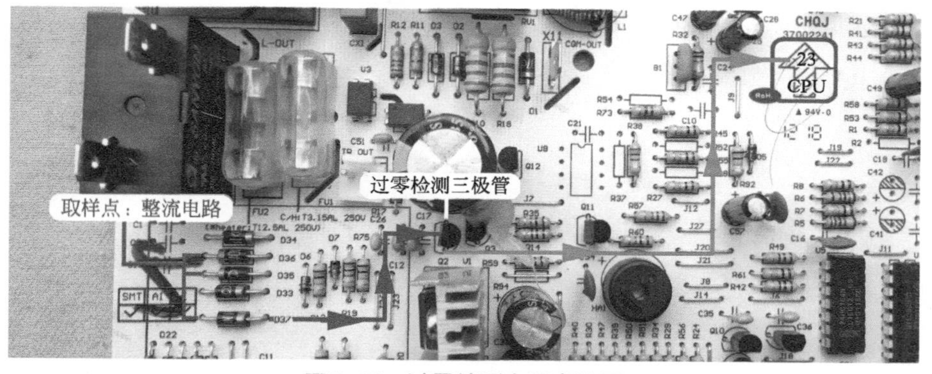

图5-37　过零检测电路实物图

表5-8　过零检测电路关键点电压

整流电路输出（D37正极）	Q2：B	Q2：C	CPU㉓脚
约直流13.8V	直流0.7V	直流0.4V	直流0.4V

二、PG电机电路

1. 晶闸管调速原理

晶闸管调速是用改变晶闸管导通角的方法来改变电机端电压的波形，从而改变电机端电压的有效值，达到调速的目的。

当晶闸管导通角 $\alpha_1 = 180°$ 时，电机端电压波形为正弦波，即全导通状态；当晶闸

管导通角 α_1<180° 时，即非全导通状态，电压有效值减小；α_1越小，导通越少，则电压有效值越小，所产生的磁场越小，则电机的转速越低。由以上的分析可知，采用晶闸管调速其电机转速可连续调节。

2. 工作原理

图5-38为PG电机电路原理图，图5-39为实物图。

CPU㉒脚为室内风机控制引脚，输出的驱动信号经电阻R25送至三极管Q4基极（B），Q4放大后送至光耦晶闸管U6初级侧发光二极管的负极，U6次级侧晶闸管导通，交流电源L端经扼流圈L1→U6次级送至PG电机线圈的公共端，和交流电源N端构成回路，在风机电容的作用下，PG电机转动，带动室内贯流风扇运行，室内机开始吹风。

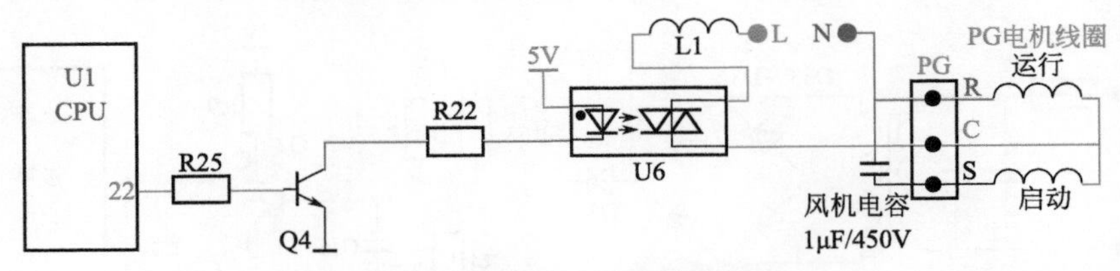

图5-38　PG电机电路原理图

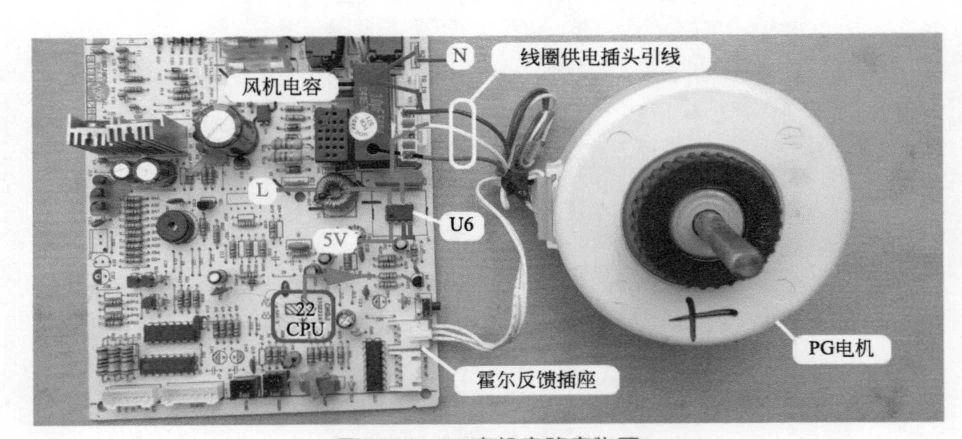

图5-39　PG电机电路实物图

三、霍尔反馈电路

1. 转速检测原理

PG电机内部的转子上装有磁环，见图5-40，霍尔电路板上的霍尔与磁环在空间位置上相对应。

PG电机转子旋转时带动磁环转动，霍尔将磁环的感应信号转化为高电平或低电平的脉冲电压，由输出脚输出至主板CPU；转子旋转一圈，霍尔会输出一个脉冲信号电压或几个脉冲信号电压（厂家不同，脉冲信号数量不同），CPU根据脉冲电压（即霍尔信号）计算出电机的实际转速，与目标转速相比较，如有误差则改变光耦晶闸管的导通角，从而改变PG电机的转速，使实际转速与目标转速相对应。

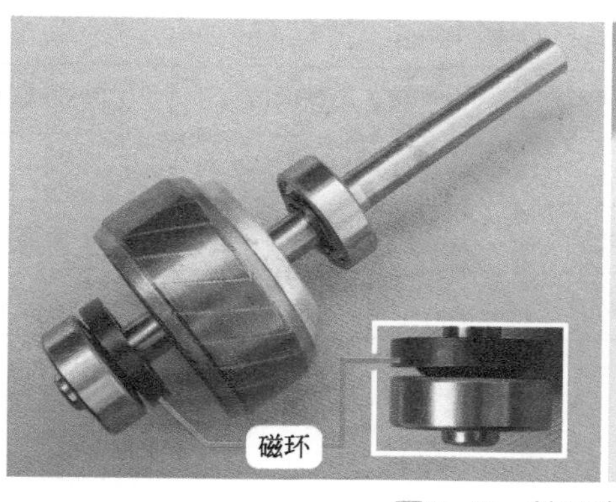

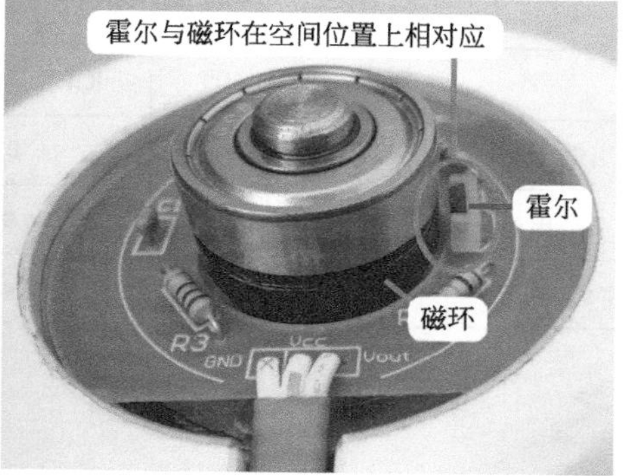

图5-40　转子磁环和工作原理

2. 工作原理

图5-41为霍尔反馈电路原理图，图5-42为实物图，表5-9为霍尔输出引脚电压与CPU引脚电压的对应关系。

霍尔反馈电路作用是向CPU提供PG电机实际转速的参考信号。PG电机内部霍尔电路板通过标号PGF的插座和室内机主板连接，共有3根引线，即供电直流5V、霍尔反馈输出、地。

PG电机开始转动时，内部电路板霍尔IC1的③脚输出代表转速的信号（霍尔信号），经电阻R2、R33送至CPU的㉑脚，CPU通过霍尔的数量计算出PG电机的实际转速，并与内部数据相比较，如转速高于或低于正常值即有误差，CPU㉒脚（PG电机驱动）输出信号通过改变光耦晶闸管的导通角，改变PG电机线圈插座的交流电压有效值，从而改变PG电机的转速，使实际转速与目标转速相同。

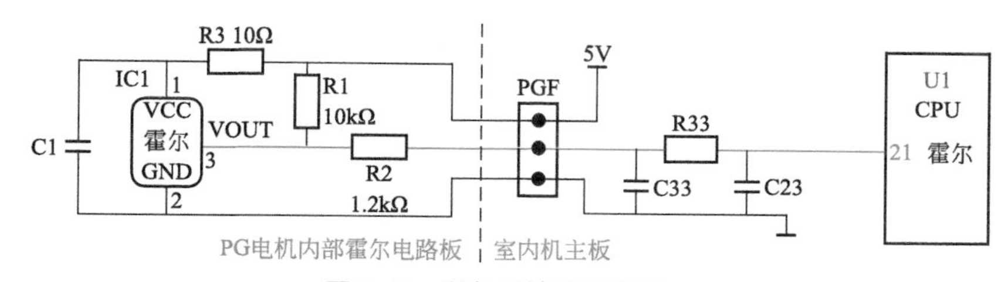

图5-41　霍尔反馈电路原理图

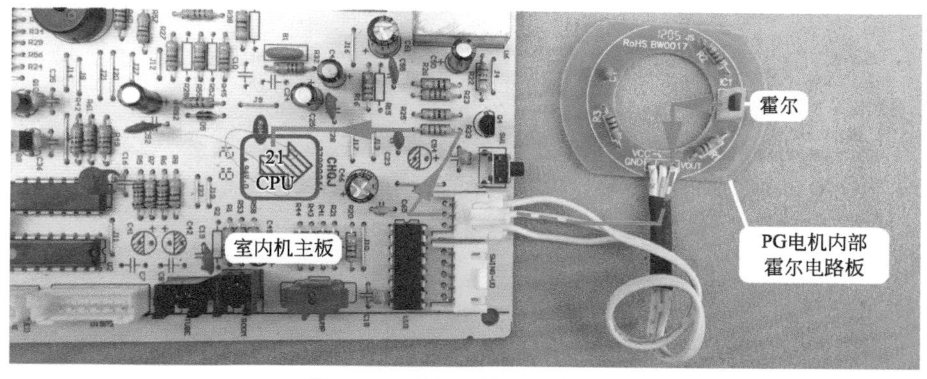

图5-42　霍尔反馈电路实物图

表5-9 霍尔输出引脚电压与CPU引脚电压的对应关系

	IC1：①脚供电	IC1：③脚输出	PGF反馈引线	CPU㉑脚霍尔
IC1输出低电平	5V	0V	0V	0V
IC1输出高电平	5V	4.98V	4.98V	4.98V
正常运行	5V	2.45V	2.45V	2.45V

3. 测量转速反馈电压

遥控器关机但不拔下空调器电源插头，室内风机停止运行，即空调器处于待机状态，见图5-43，将手从出风口伸入，并慢慢拨动贯流风扇，相当于慢慢旋转PG电机轴。

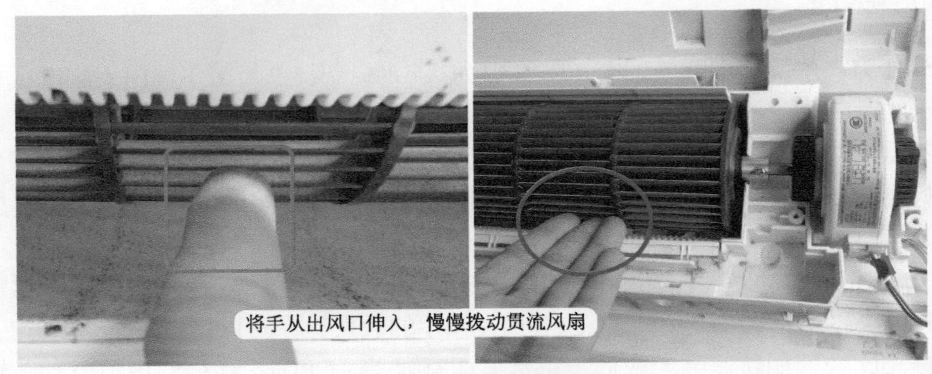

图5-43 拨动贯流风扇

使用万用表直流电压挡，见图5-44，黑表笔接霍尔反馈插座地端子、红表笔接反馈端子测量电压，正常时为0V（低电平）～5V（高电平）～0V～5V的跳变电压，说明室内风机已输出霍尔反馈信号，室内风机正常运行时反馈端电压为稳定的直流2.5V。

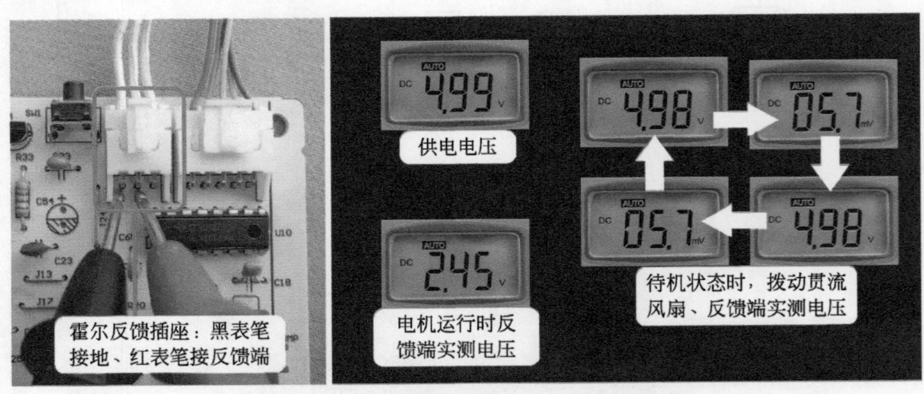

图5-44 测量霍尔反馈插座的反馈端电压

室外机单元电路检修分析

本章以格力KFR-32GW/（32556）FNDe-3直流变频空调器的室外机电控系统为基础，分析变频空调器室外机主板单元电路的工作原理等知识。

第一节　直流300V电路和电源电路

一、直流300V电路

图6-1为直流300V电压形成电路原理图，图6-2为主板的正面实物流程，图6-3为反面流程。

1. 交流输入电路

压敏电阻RV3为过压保护元件，当输入的电网电压过高时击穿，使前端15A保险管FU101熔断进行保护；RV2、TVS2组成防雷击保护电路，TVS2为放电管；C100、L1（交流滤波电感）、C106、C107、C104、C103组成交流滤波电路，具有双向作用，既能吸收电网中的谐波，防止对电控系统的干扰，又能防止电控系统的谐波进入电网。

2. 直流300V电压形成电路

直流300V电压为开关电源电路和模块供电，而模块的输出电压为压缩机供电，因而直流300V电压间接为压缩机供电，所以直流300V电压形成电路工作在大电流状态。主要元器件为硅桥和滤波电容，硅桥将交流220V电压整流后变为脉动直流300V电压，而滤波电容将脉动直流300V电压经滤波后变为平滑的直流300V电压为模块供电。

交流输入220V电压中棕线L相线经FU101保险管、交流滤波电感L1、由PTC电阻RT1和主控继电器K1触点组成防大电流充电电路，送至硅桥的交流输入端，蓝线N零线经滤波电感L1直接送至硅桥的另1个交流输入端，硅桥将交流220V整流成为脉动直流电，正极输出经外接的滤波电感、快恢复二极管D203送至滤波电容C0202和C0203正极，硅桥负极经电阻RS226连接电容负极，滤波电容形成直流300V电压，正极送至模块P端，负极经电阻RS302、RS303、RS304送至模块的3个N端下桥（N_U、N_V、N_W），为模块提供电源。

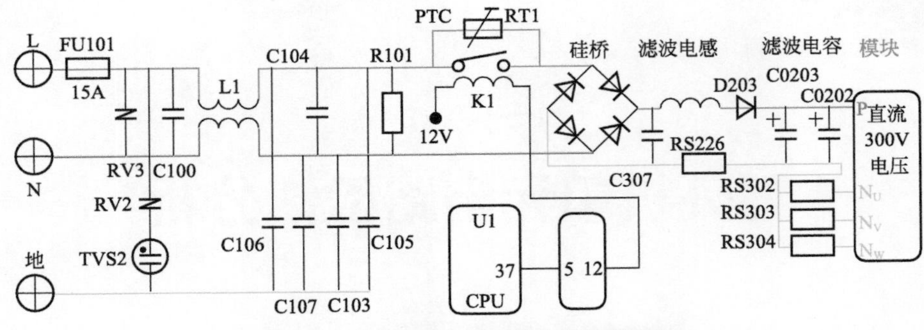

图6-1　直流300V电压形成电路原理图

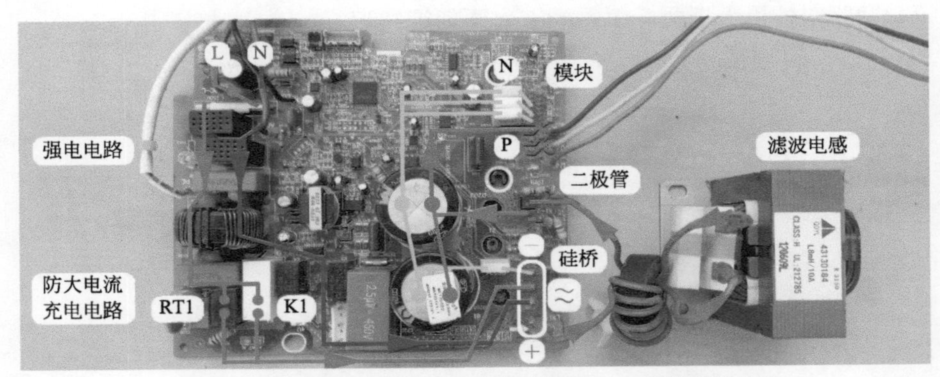

图6-2　直流300V电压形成电路实物图（主板正面流程）

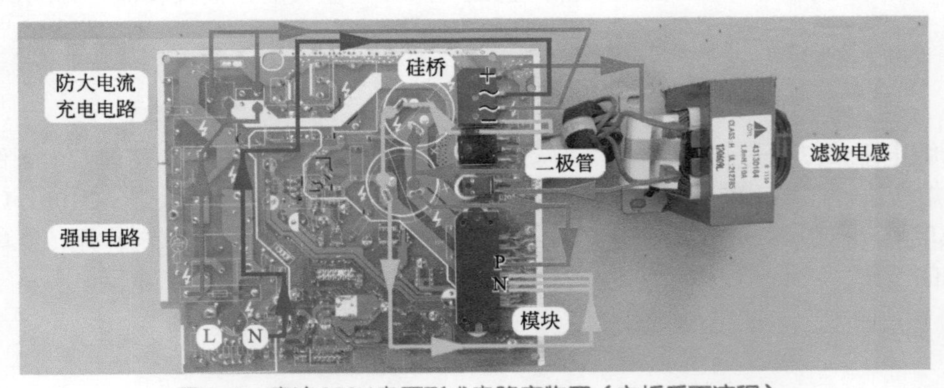

图6-3　直流300V电压形成电路实物图（主板反面流程）

3. 防大电流充电电路

由于为模块提供直流300V滤波电容的容量通常很大，如本机使用2个680μF电容并联，总容量为1360μF，上电时如果直接为其充电，初始充电电流会很大，容易造成空调器插头与插座间打火或者断路器（俗称空气开关）跳闸，甚至引起整流硅桥或15A供电保险管损坏，因此变频空调器室外机电控系统设有延时防瞬间大电流充电电路，本机由PTC电阻RT1、主控继电器K1组成。

直流300V电压形成电路工作时分为2个步骤，第一步为初始充电，第二步为正常工作。

① 初始充电

图6-4为初始充电时工作流程。

室内机主板主控继电器触点吸合为室外机供电时，交流220V电压中N端直接送至硅桥交流输入端，L端经保险管FU101、交流滤波电感L1、延时防瞬间大电流充电电路后、送至硅桥的交流输入端。

此时主控继电器K1触点为断开状态，L端电压经PTC电阻RT1送至硅桥的交流输入端，PTC电阻为正温度系数的热敏电阻，阻值随温度上升而上升，刚上电时充电电流使PTC电阻温度迅速升高，阻值也随之增加，限制了滤波电容的充电电流，使其两端电压逐步上升至直流300V，防止了由于充电电流过大而损坏整流硅桥等故障。

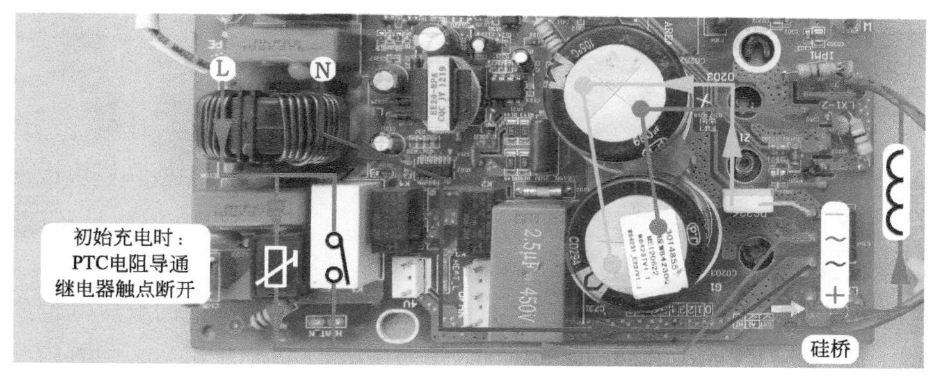

图6-4 初始充电

② 正常运行

图6-5为正常运行时工作流程。

滤波电容两端的直流300V电压一路送到模块的P、N端子，另一路送到开关电源电路，开关电源电路开始工作，输出支路中的其中一路输出直流5V电压，经3.3V稳压集成电路后变为稳定的直流3.3V，为室外机CPU供电，CPU开始工作，其㊲脚输出高电平3.3V电压，经反相驱动器放大后驱动主控继电器K1线圈，线圈得电使得触点闭合，L端相线电压经触点直接送至硅桥的交流输入端，PTC电阻退出充电电路，空调器开始正常工作。

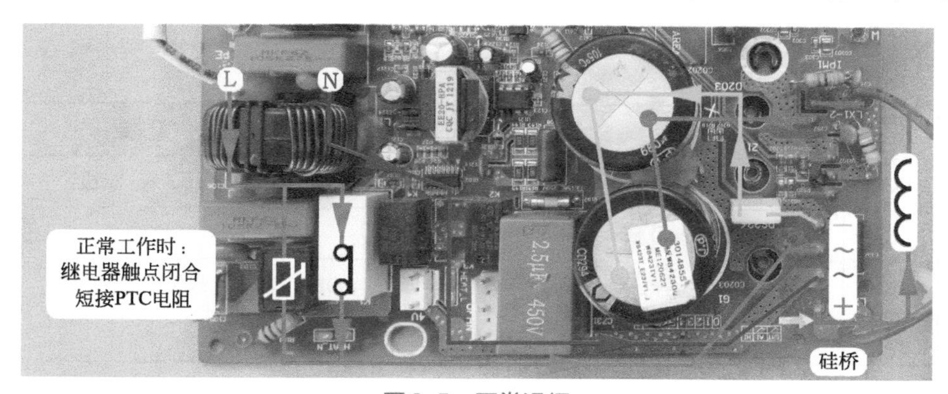

图6-5 正常运行

二、开关电源电路

1. 作用

本机使用集成电路类型的开关电源电路，开关电源电路也可称为电压转换电路，就是将输入的直流300V电压转换为直流12V、5V、3.3V为主板CPU等负载供电，以及转换为直流15V电压为模块内部控制电路供电。图6-6为室外机开关电源电路简图。

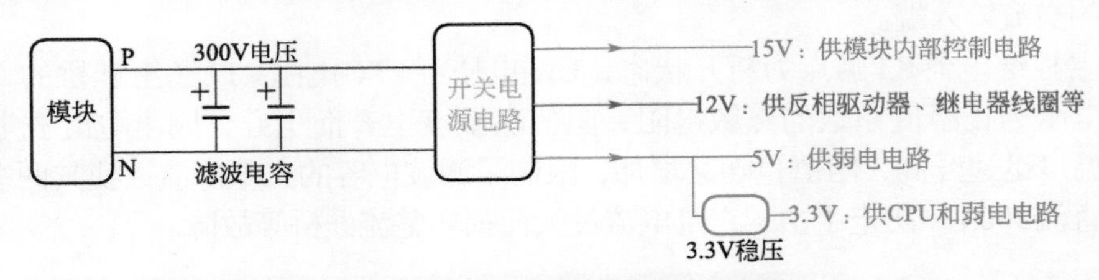

图6-6　室外机开关电源电路简图

2. 工作原理

图6-7为开关电源电路原理图，开关电源电路作用是为室外机主板和模块板提供直流15V、12V、5V电压。

（1）直流300V供电

交流滤波电感、PTC电阻、主控继电器触点、硅桥、滤波电感和滤波电容组成直流300V电压形成电路，输出的直流300V电压主要为模块P、N端子供电，同时为开关电源电路提供电压。

模块输出供电，使压缩机工作，处于低频运行时模块P、N端电压约直流300V；压缩机如升频运行，P、N端子电压会逐步下降，压缩机在最高频率运行时P、N端子电压实测约240V，因此室外机开关电源电路供电在直流240～300V之间。

（2）P1027P65引脚功能

开关电源电路以开关振荡集成电路P1027P65（主板代号U121）为核心，引脚功能见表6-1，其内置振荡电路和场效应开关管，振荡开关频率固定，通过改变脉冲宽度来调整占空比。其采用反激式开关方式，电网的干扰就不能经开关变压器直接耦合至二次绕组，具有较好的抗干扰能力。

表6-1　P1027P65引脚功能

引脚	符号	功能	电压	引脚	符号	功能	电压
①	VCC	电源	8.63V	⑤	D	开关管-漏极	300V
②	RC	斜坡补偿，接①脚	8.63V	⑥	空脚		
③	BO	电压检测	2.18V	⑦	OPP	过载保护，接⑧脚	0V
④	FB	输出电压反馈	0.57V	⑧	GND	地	0V

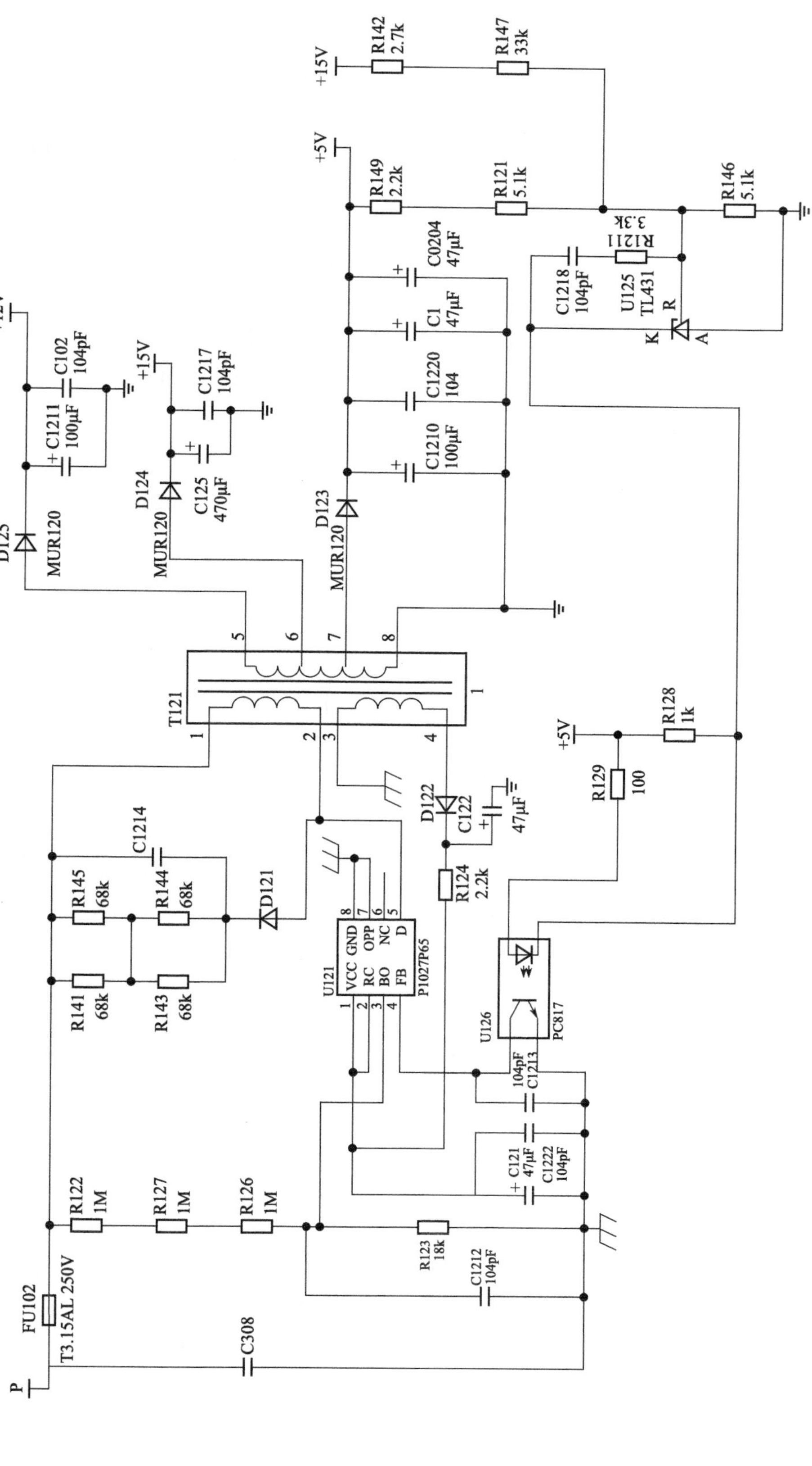

第一章
第二章
第三章
第四章
第五章
第六章
第七章

图6-7　开关电源电路原理图

（3）开关振荡电路

见图6-7，直流300V电压正极经3.15A保险管FU102、开关变压器T121的一次供电绕组（1-2）送至集成电路U121的⑤脚，接内部开关管漏极D；负极接U121的⑧脚即内部开关管源极S和控制电路公共端的地。实物图见图6-8左图。

U121内部振荡器开始工作，驱动开关管的导通与截止，由于开关变压器T121一次供电绕组与二次绕组极性相反，U121内部开关管导通时一次绕组存储能量，二次绕组因整流二极管D125、D124、D123承受反向电压而截止，相当于开路；U121内部开关管截止时，T121一次绕组极性变换，二次绕组极性同样变换，D125、D124、D123正向偏置导通，一次绕组向二次绕组释放能量。

R141、R145、R143、R144、C1214、D121组成钳位保护电路，吸收开关管截止时加在漏极D上的尖峰电压，并将其降至一定的范围之内，防止过压损坏开关管。

（4）集成电路电源供电

见图6-7，开关变压器一次反馈（3-4）绕组的感应电压经二极管D122整流、电容C122和C121滤波、电阻R124限流，得到约直流8.6V电压，为U121的①脚内部电路供电。实物图见图6-8左图。

（5）电压检测电路

U121的③脚为电压检引脚，见图6-7，当引脚电压高于4V时或等于0V时，均会控制开关电源电路停止工作。实物图见6-8右图。

电压检测电路的原理是对直流300V进行分压，上分压电阻是R122、R127、R126，下分压电阻是R123，R123两端即为U121的③脚电压，U121根据③脚电压判断直流300V电压是否过高或过低，从而对开关电源电路进行控制。

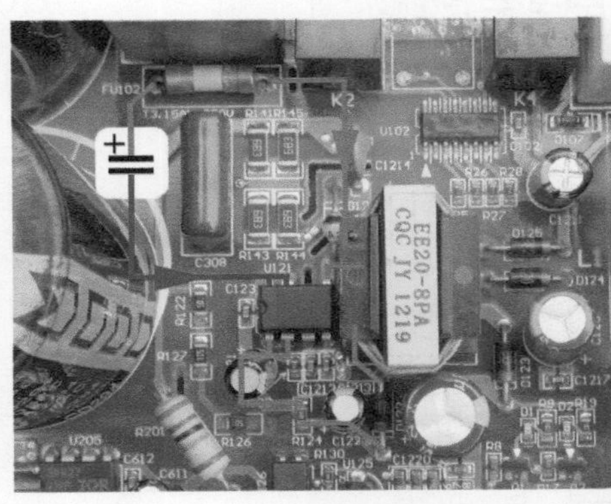

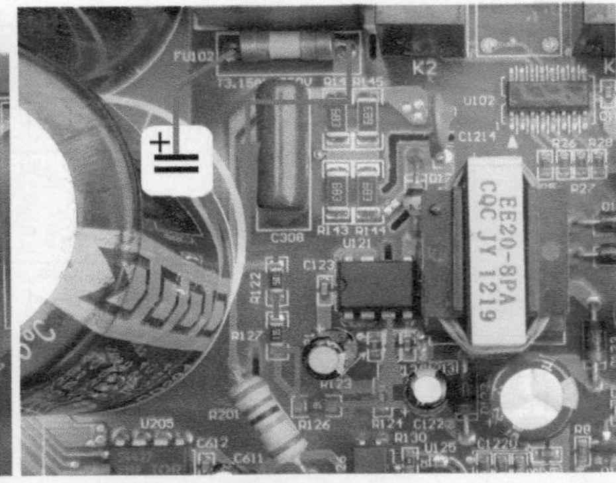

图6-8　300V供电电源和电压检测电路

（6）输出负载

U121内部开关管交替导通与截止，开关变压器二次绕组得到高频脉冲电压，在6-8、5-8、7-8端输出，其中⑧脚为公共端地，实物图见图6-9左图。

6-8绕组经D124整流、C125和C1217滤波，成为纯净的直流15V电压，为模块的内部控制电路和驱动电路供电。

5-8绕组经D125整流、C1211和C102滤波，成为纯净的直流12V电压，为反相驱动器和继电器线圈等电路供电。

7-8绕组经D123整流、C1210、C1220、C1、C0204滤波，成为纯净的直流5V电压，为指示灯等弱电电路和3.3V稳压集成电路供电。

（7）稳压控制

稳压电路采用脉宽调制方式，由分压电阻、三端误差放大器U125（TL431）、光耦U126和U121的④脚组成。取样点为直流5V和直流15V电压，R146为下分压电阻，5V电压的上分压电阻为R149和R121，15V的上分压电阻为R148和R147，两路取样原理相同，以5V电压为例说明，实物见图6-9右图。

如因输入电压升高或负载发生变化引起直流5V电压升高，上分压电阻（R149和R121）与下分压电阻（R146）的分压点电压升高，U126（TL431）的①脚参考极（R）电压也相应升高，内部三极管导通能力加强，TL431的③脚阴极（K）电压降低，光耦U126初级两端电压上升，使得次级光电三极管导通能力加强，U121的④脚电压上升，U121内部电路通过减少开关管的占空比，开关管导通时间缩短而截止时间延长，开关变压器储存的能量变小，输出电压也随之下降。

如直流5V输出电压降低，TL431的①脚参考极电压降低，内部三极管导通能力变弱，TL431的③脚阴极电压升高，光耦U126初级发光二极管两端电压降低，次级光电三极管导通能力下降，U121的④脚电压下降，U121通过增加开关管的占空比，开关变压器储存能量增加，输出电压也随之升高。

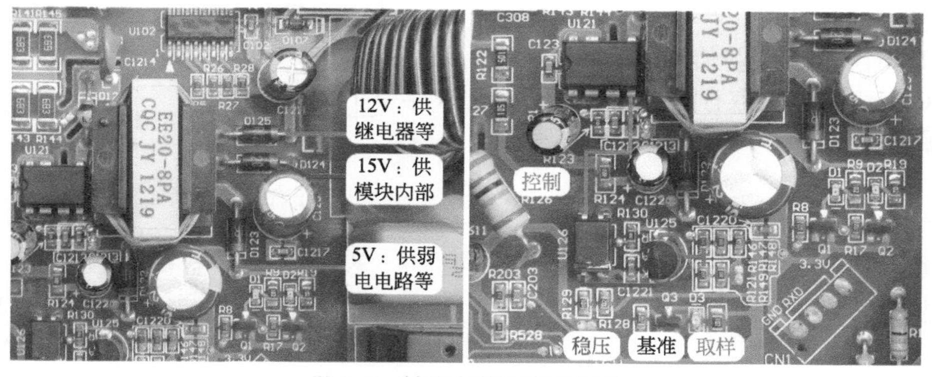

图6-9　输出负载和稳压电路

3. 3.3V电压产生电路

本机室外机CPU使用3.3V供电，而不是常见的5V供电，因此需要将5V电压转换为3.3V，才能为CPU供电，实际电路使用76633芯片用来转换，其共用8个引脚，其中①、②、③、④相通接公共端GND地，⑤、⑥相通为输入端，接5V电压，⑦、⑧相通为输出端，输出3.3V电压。

电路原理图见图6-10左图，实物图见图6-10右图，板号U4为电压转换集成电路76633。开关变压器T121二次输出7-8绕组经D123整流、C1210滤波，产生直流5V电压，经C01和C6再次滤波，送至U4的输入端⑤、⑥脚，76633内部电路稳压后，在⑦、⑧脚输出稳定的3.3V电压，为CPU和弱电信号电路供电。

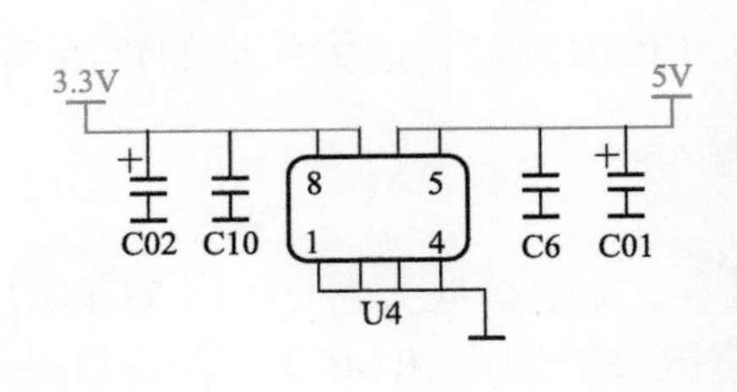

图6-10　3.3V电压产生电路原理图和实物图

第二节　输入部分单元电路

一、存储器电路

1. 作用

存储器电路的作用是向CPU提供工作时所需要参数和数据。存储器内部存储有压缩机*U*/*f*值、电流保护值和电压保护值等数据，CPU工作时调取存储器的数据对室外机电路进行控制。

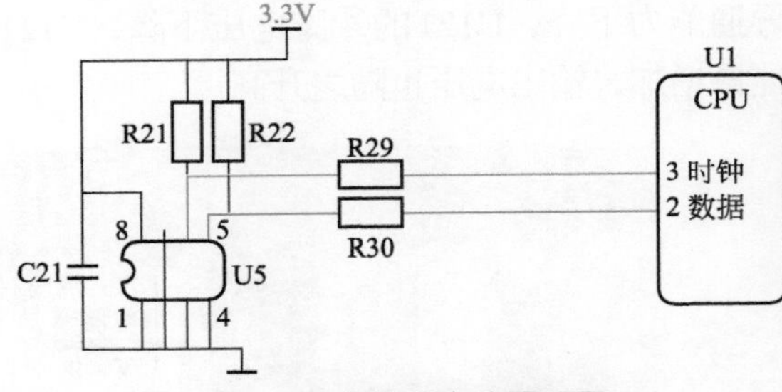

图6-11　存储器电路原理图

2. 工作原理

图6-11为存储器电路原理图，图6-12为实物图，表6-2为存储器关键点电压。

本机存储器型号为24C08，主板代码U5，通信过程采用I^2C总线方式，即IC与IC之间的双向传输总线，它有2条线：⑥脚为串行时钟线（SCL），⑤脚为串行数据线（SDA）。

时钟线传递的时钟信号由CPU输出，存储器只能接收；数据线传送的数据是双向的，CPU可以向存储器发送信号，存储器也可以向CPU发送信号。

图6-12　存储器电路实物图

表6-2　存储器关键点电压

存储器24C08引脚				CPU引脚	
①、②、③、④、⑦脚	⑧脚	⑤脚	⑥脚	②脚	③脚
0V	3.3V	3.3V	3.3V	3.3V	3.3V

3. 电路相关知识

① 存储器在主板上的英文符号为“IC”（代表为集成电路），常用的型号有93C*xx*系列和24C*xx*系列；其外观为黑色，位于CPU附近，通常为8个引脚双列设置。

② 存储器硬件一般不会损坏，常见故障为内部数据失效或CPU无法读取数据，出现如能开机但不制冷、风机转速不能调节等故障，CPU会报出“存储器损坏”的故障代码。在实际检修中，单独使用万用表检修存储器电路比较困难，一般使用代换法。

二、传感器电路

1. 安装位置和作用

（1）室外环温传感器

图6-13为室外环温传感器安装位置。

① 室外环温传感器的支架固定在冷凝器的进风面，作用是检测室外环境温度。

② 在制冷和制热模式，决定室外风机转速。

③ 在制热模式，与室外管温传感器温度组成进入除霜的条件。

图6-13　室外环温传感器安装位置

（2）室外管温传感器

图6-14为室外管温传感器安装位置。

① 室外管温传感器检测孔焊在冷凝器管壁，作用是检测室外机冷凝器温度。

② 在制冷模式下，判定冷凝器过载。室外管温≥70℃，压缩机停机；当室外管温≤50℃时，3min后自动开机。

③ 在制热模式下，与室外环温传感器温度组成进入除霜的条件。空调器运行一段时

间（约40min），室外环温 > 3℃时，室外管温 ≤ −3℃，且持续5min；或室外环温 < 3℃时，室外环温 − 室外管温 ≥ 7℃，且持续5min。

④ 在制热模式下，判断退出除霜的条件。当室外管温 > 12℃时或压缩机运行时间超过8min。

图6-14　室外管温传感器安装位置

（3）压缩机排气传感器

图6-15为压缩机排气传感器安装位置。

① 压缩机排气传感器检测孔固定在排气管上面，作用是检测压缩机排气管温度。

② 在制冷和制热模式，压缩机排气温度 ≤ 93℃，压缩机正常运行；93℃ < 压缩机排气温度 < 115℃，压缩机运行频率被强制设定在规定的范围内或者降频运行；压缩机排气温度 > 115℃，压缩机停机，只有当压缩机排气温度下降到 ≤ 90℃时，才能再次开机运行。

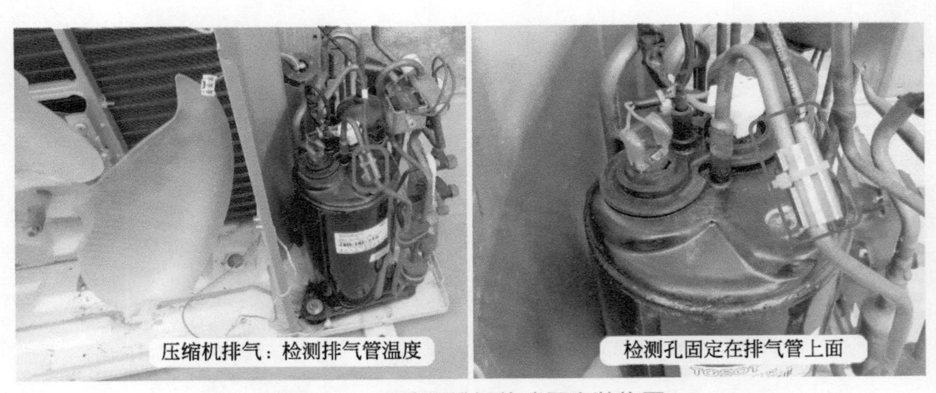

图6-15　压缩机排气传感器安装位置

（4）实物外形

3种传感器实物外形见图6-16。

室外环温传感器使用塑封探头，型号为25℃ /15kΩ，安装在冷凝器的进风面，为防止冷凝器温度干扰，设在固定支架，并且传感器穿有塑料护套。

室外管温传感器使用铜头探头，型号为25℃ /20kΩ，其引线最长，安装在冷凝器的管壁上面。

压缩机排气传感器使用铜头探头，型号为25℃/50kΩ，由于检测孔固定在压缩机排气管上面，因此其引线耐高温。

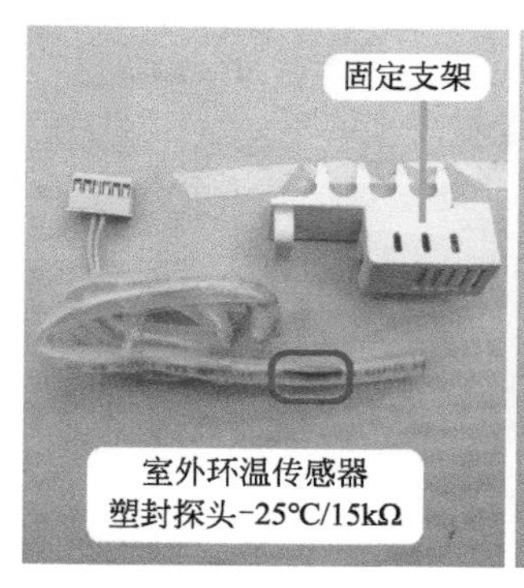

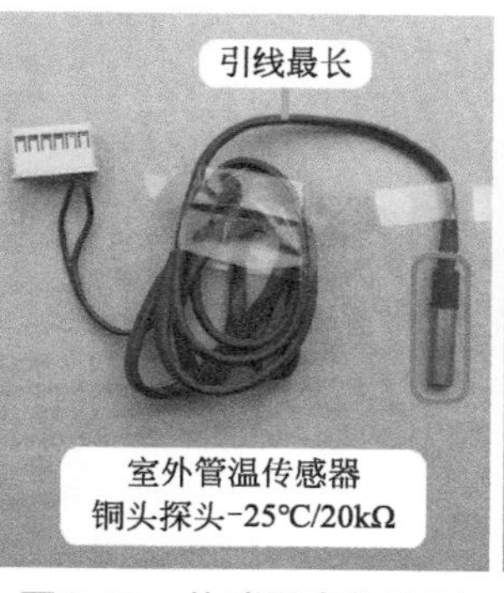

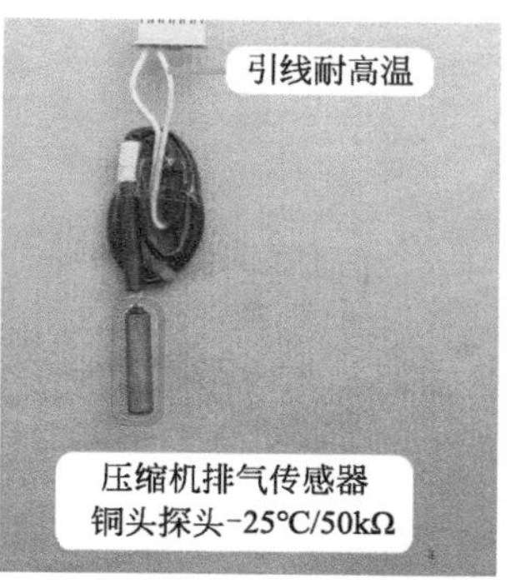

图6-16 传感器实物外形

2. 工作原理

图6-17为室外机传感器电路原理图，图6-18为压缩机排气传感器电路实物图。

CPU⑯脚检测室外环温传感器温度、⑱脚检测室外管温传感器温度、⑮脚检测压缩机排气传感器温度。室外机3路传感器的工作原理相同，与室内机传感器电路工作原理也相同，均为传感器与偏置电阻组成分压电路，传感器为负温度系数（NTC）的热敏电阻。

以压缩机排气传感器电路为例，如压缩机排气管温度由于某种原因升高，压缩机排气传感器温度也相应升高，其阻值变小，根据分压电路原理，分压电阻R801分得的电压也相应升高，输送到CPU⑯脚的电压升高，CPU根据电压值计算得出压缩机排气管温度升高，与内置的程序相比较，对室外机电路进行控制，假如计算得出的温度≥98℃，则控制压缩机的频率禁止上升，温度≥103℃时对压缩机降频运行，温度≥110℃时控制压缩机停机，并将故障代码通过通信电路传送到室内机主板CPU。

说明

室外温度约25℃时，CPU的室外环温和室外管温引脚电压约1.65V，压缩机排气引脚电压约0.76V，当拔下传感器插头时CPU引脚电压为0V。

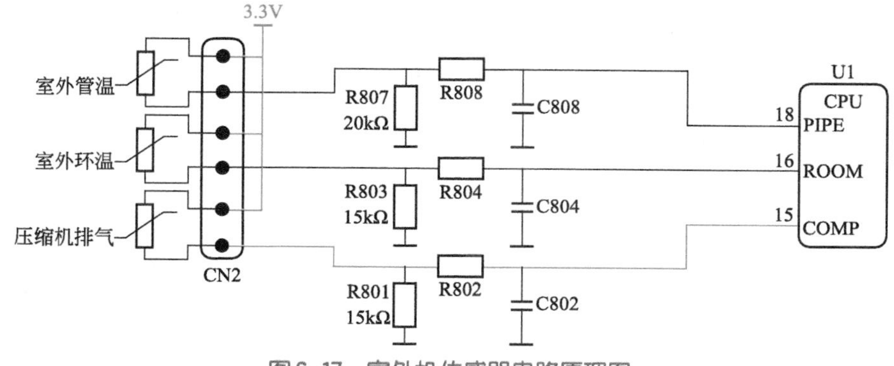

图6-17 室外机传感器电路原理图

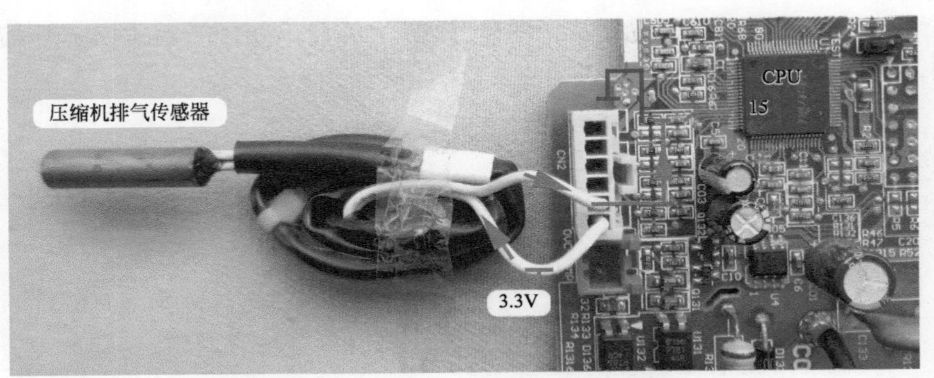

图6-18　压缩机排气传感器电路实物图

3. 传感器分压点电压

（1）室外环温传感器

格力空调器室外环温传感器通常为25℃ /15kΩ，分压电阻阻值为15kΩ，本机传感器电路供电电压为3.3V，而不是常见的直流5V，制冷和制热模式常见温度与电压的对应关系见表6-3。

室外环温传感器测量温度范围，制冷模式在20 ～ 40℃之间，制热模式在−10 ～ 10℃之间。

表6-3　室外环温传感器温度与电压对应关系

温度/℃	−10	−5	0	5	20	25	35	50	70
阻值/kΩ	82.7	65.5	49	38.2	18.75	15	9.8	5.4	2.6
CPU电压/V	0.51	0.61	0.77	0.93	1.47	1.65	2	2.43	2.8

（2）室外管温传感器

格力空调器室外管温传感器通常为25℃ /20kΩ，分压电阻阻值为20kΩ，制冷和制热模式常见温度与电压的对应关系见表6-4。

室外管温传感器测量温度范围，制冷模式在20 ～ 70℃之间（包括未开机时），制热模式在−15 ～ 10℃之间（包括未开机时）。

表6-4　室外管温传感器温度与电压对应关系

温度/℃	−10	−5	0	5	20	25	35	50	70
阻值/kΩ	110	84.6	65.4	50.9	25	20	13	7.2	3.5
CPU电压/V	0.5	0.63	0.78	0.93	1.47	1.65	2	2.43	2.8

（3）压缩机排气传感器

格力空调器压缩机排气传感器型号通常为25℃ /50kΩ，分压电阻阻值为15kΩ，制冷和制热模式常见温度与电压的对应关系见表6-5。

压缩机排气传感器测量温度范围，制冷模式未开机时在20 ～ 40℃之间，制热模式未开机时在−10～10℃之间，正常运行时在80～90℃之间，制冷系统出现故障时有可能在90～110℃之间。

表6-5　压缩机排气传感器温度与电压关系

温度/℃	−5	5	25	35	80	90	95	100	110
阻值/kΩ	209	126	50	32.1	6.1	4.5	3.8	3.3	2.5
CPU电压/V	0.22	0.35	0.76	1.05	2.35	2.54	2.63	2.7	2.83

三、温度开关电路

1. 安装位置和作用

压缩机运行时壳体温度如果过高，内部机械部件会加剧磨损，压缩机线圈绝缘层容易因过热击穿发生短路故障。室外机CPU检测压缩机排气传感器温度，如果高于90℃则会控制压缩机降频运行，使温度降到正常范围以内。

为防止压缩机过热，室外机电控系统还设有压缩机顶盖温度开关作为第二道保护，安装位置见图6-19，作用是即使压缩机排气传感器损坏，压缩机运行时如果温度过高，室外机CPU也能通过顶盖温度开关检测。

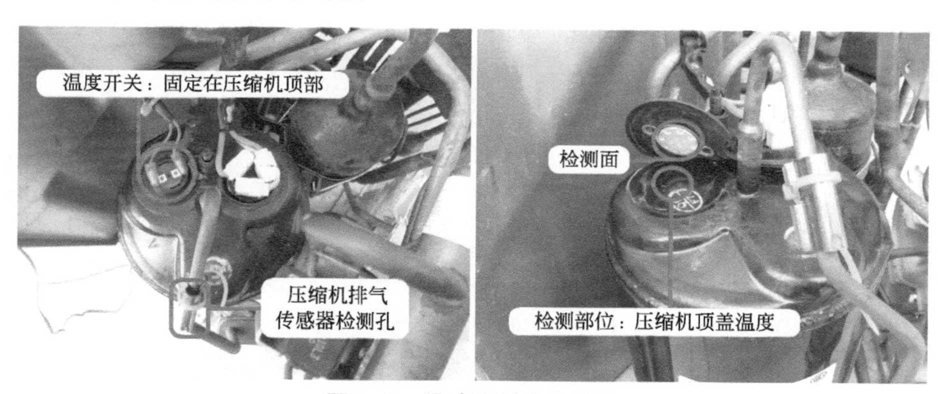

图6-19　温度开关安装位置

顶盖温度开关实物外形见图6-20，作用是检测压缩机顶部温度，正常情况温度开关触点闭合，对室外机运行没有影响；当压缩机顶部温度超过115℃时，温度开关触点断开，室外机CPU检测后控制压缩机停止运行，并通过通信电路将信息传送至室内机主板CPU，报出“压缩机过热”的故障代码。

压缩机停机后，顶部温度逐渐下降，当下降到95℃时，温度开关触点恢复闭合。

2. 工作原理

图6-21为压缩机顶盖温度开关电路原理图，图6-22为实物图，表6-6为温度开关与CPU引脚电压的对应关系，该电路的作用是检测压缩机顶盖温度开关状态。

电路在两种情况下运行，即温度开关为闭合状态或断开状态，插座设计在室外机主板上，CPU根据引脚电压为高电平或低电平，检测温度开关的状态。

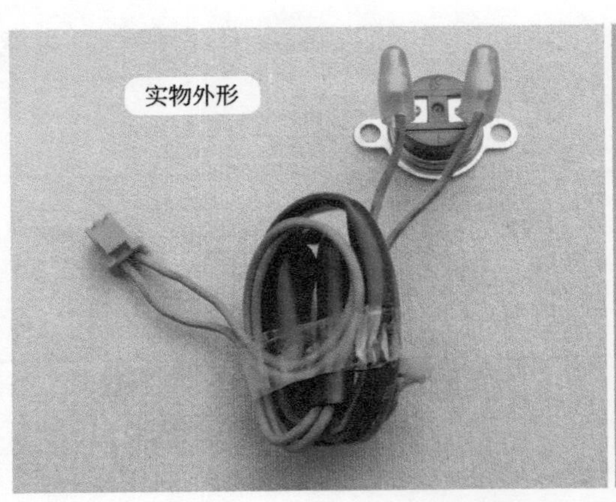

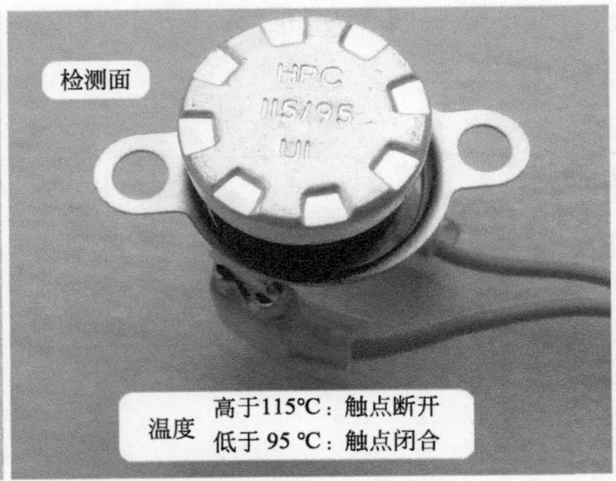

图6-20　温度开关实物外形

制冷系统正常运行时压缩机顶部温度约85℃，温度开关触点为闭合状态，CPU⑥脚为高电平3.3V，此对电路没有影响。

如果运行时压缩机排气传感器失去作用或其他原因，使得压缩机顶部温度大于115℃，温度开关触点断开，CPU⑥脚经电阻R810、R815接地，电压由3.3V高电平变为0.6V的低电平，CPU检测后立即控制压缩机停机。

从上述原理可以看出，CPU根据⑥脚电压即能判断温度开关的状态。电压为高电平3.3V时判断温度开关触点闭合，对控制电路没有影响；电压为低电平0.6V时判断温度开关触点断开，压缩机壳体温度过高，控制压缩机立即停止运行，并通过通信电路将信息传送至室内机主板CPU，显示“压缩机过热”的故障代码，供维修人员查看。

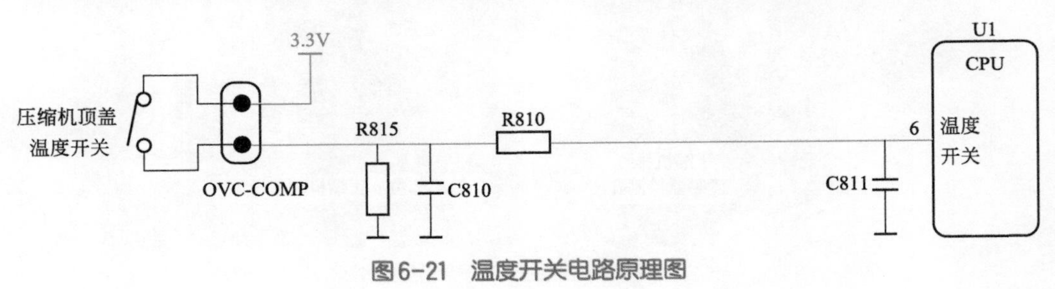

图6-21　温度开关电路原理图

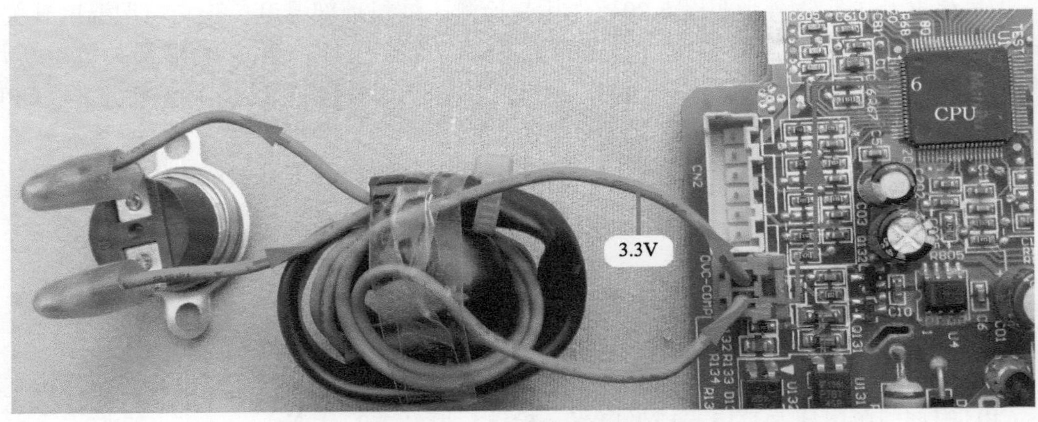

图6-22　温度开关电路实物图

表6-6 温度开关与CPU引脚电压对应关系

温度开关触点状态	OVC-COMP插座下端电压	CPU⑥脚电压
闭合	3.3V	3.3V
断开	0.6V	0.6V

3. 常见故障

电路的常见故障是温度开关在静态（即压缩机未启动）时为断开状态，引起室外机不能运行的故障。检测时使用万用表电阻挡测量引线插头，见图6-23，正常阻值为0Ω；如果测量结果为无穷大，则为温度开关损坏，应急时可将引线剥开，直接短路使用，等有配件时再更换。

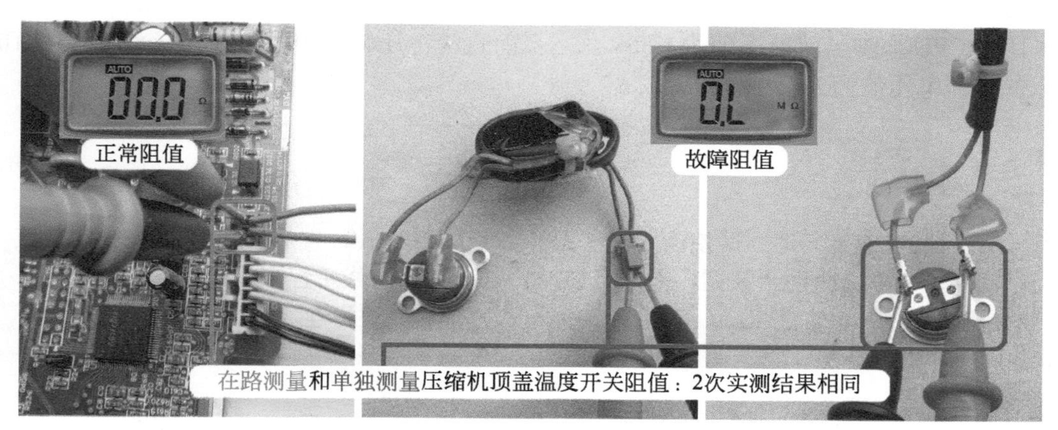

图6-23 测量温度开关阻值

四、电压检测电路

1. 作用

空调器在运行过程中，如输入电压过高，相应直流300V电压也会升高，容易引起模块和室外机主板过热、过流或过压损坏；如输入电压过低，制冷量下降达不到设计的要求，并且容易损坏电控系统和压缩机。因此室外机主板设置电压检测电路，CPU检测输入的交流电源电压，在过高（超过交流260V）或过低（低于交流160V）时停机进行保护。

目前的电控系统中通常使用通过检测直流300V母线电压，室外机CPU通过软件计算得出输入的交流电压。

说明

早期的电控系统通常使用电压检测变压器来检测输入的交流220V电压。

2. 工作原理

图6-24为电压检测电路原理图，图6-25为实物图，表6-7为交流输入电压与CPU引脚电压对应关系。该电路的作用是检测输入的交流电源电压，当电压高于交流260V或低于160V时停机，以保护压缩机和模块等部件。

本机电路未使用电压检测变压器等元器件检测输入的交流电压，而是通过电阻检测直流300V母线电压，通过软件计算出实际的交流电压值，参照的原理是交流电压经整流和滤波后，乘以固定的比例（近似1.36）即为输出直流电压，即交流电压乘以1.36等于直流电压数值。CPU的㉙脚为电压检测引脚，根据引脚电压值计算出输入的交流电压值。

电压检测电路由电阻R201、R203和电容C203、C202组成，从图6-24可以看出，基本工作原理就是分压电路，取样点就是P接线端子上的直流300V母线电压，R201（820kΩ）为上偏置电阻，R203（5.1kΩ）为下偏置电阻，R203的阻值在分压电路所占的比例约为1/162[R_{203}/（R_{201}+R_{203}），即5.1/（820+5.1）]，R203两端电压送至CPU㉙脚，相当于CPU㉙脚电压值乘以162等于直流电压值，再除以1.36就是输入的交流电压值。

比如CPU㉙脚当前电压值为1.85V，则当前直流电压值为300V（1.85V×162），当前输入的交流电压值为220V（300V/1.36）。

说明

压缩机高频运行时，即使输入电压为标准的交流220V，直流300V电压也会下降至直流240V左右；为防止误判，室外机CPU内部数据设有修正程序。同时室外机电控系统使用热地设计，直流300V“地”和直流3.3V“地”直接相连。

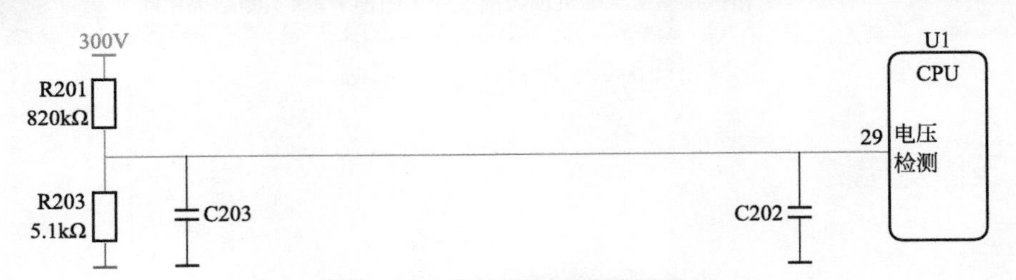

图6-24 电压检测电路原理图

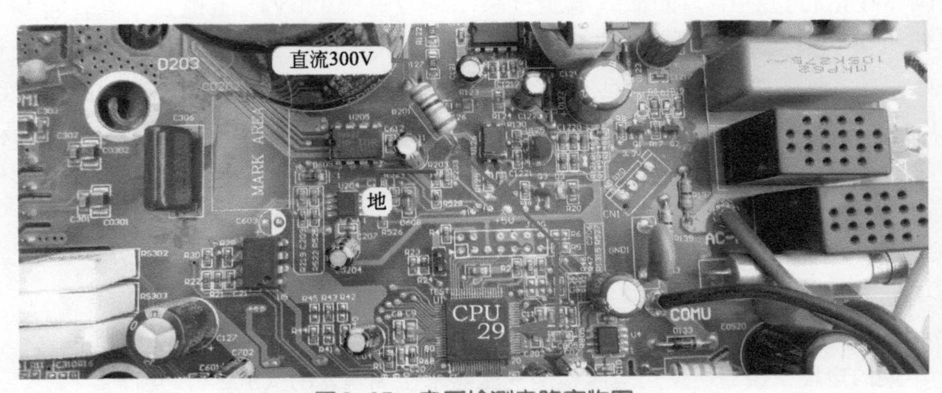

图6-25 电压检测电路实物图

表6-7　CPU引脚电压与交流输入电压对应关系

CPU（29）脚直流电压（V）	对应P接线端子上直流电压（V）	对应输入的交流电压（V）	CPU（29）脚直流电压（V）	对应P接线端子上直流电压（V）	对应输入的交流电压（V）
1.26	204	150	1.34	218	160
1.43	231	170	1.51	245	180
1.59	258	190	1.68	272	200
1.77	286	210	1.85	299	220
1.92	312	230	2.01	326	240
2.11	340	250	2.18	353	260

五、位置检测和相电流电路

1. 作用

该电路的作用是实测检测压缩机转子的位置，同时作为压缩机的相电流电路，输送至室外机CPU和模块的电流保护引脚。

CPU在驱动模块控制压缩机时，需要实时检测转子位置以便更好地控制，本机压缩机电机使用永磁同步电机（PMSM），或称正弦波永磁同步电机，具有线圈绕组利用高、控制精度高等优点，同时使用无位置传感器算法来检测转子位置。检测原理是通过串联在三相下桥IGBT发射极的取样电阻将电流的变化转化为电压的变化，经放大后输送至CPU，由CPU通过计算和处理，计算出压缩机转子的位置。

2. OPA4374引脚功能

电路使用OPA4374集成电路作为放大电路，内含4路相同的电压运算放大器，引脚功能见表6-8，其为双列14个引脚，④脚为5V供电、⑪脚接地。

表6-8　OPA4374引脚功能

①	②	③	④	⑤	⑥	⑦
输出1	反相输入1	同相输入1	电源VCC	同相输入2	反相输入2	输出2
放大器1			5V	放大器2		
⑧	⑨	⑩	⑪	⑫	⑬	⑭
输出3	反相输入3	同相输入3	地VSS	同相输入4	反相输入4	输出4
放大器3			0V	放大器4		

3. 工作原理

图6-26为相电流电路原理图，图6-27为V相电流实物图，表6-9为待机状态下U601和CPU引脚电压。

模块三相下桥的IGBT经无感电阻连接至滤波电容负极，在压缩机运行时，三相IGBT有电流通过，电阻两端产生压降，经运行放大器U601放大后分为2路，一路送到CPU，由CPU经过运算和处理，分析出压缩机转子位置和三相的相电流；另一路将3路相电流汇总后，送至模块电流保护引脚，以防止压缩机相电流过大时损坏模块或压缩机。

模块U相下桥IGBT（NU或Q4）发射极经RS302、V相下桥IGBT（NV或Q5）发射极经RS303、W相下桥IGBT（NW或Q6）发射极经RS304，均连接至滤波电容负极，RS302、RS303、RS304均为0.015Ω无感电阻，作用为相电流的取样电阻。

U601（OPA4374）为4通道运算放大器，其中放大器4（⑫脚、⑬脚、⑭脚）放大U相电流、放大器1（①脚、②脚、③脚）放大V相电流、放大器2（⑤脚、⑥脚、⑦脚）放大W相电流。

三相相电流放大电路原理相同，以V相电流为例。由于取相电阻RS303阻值过小，当有电流通过时经U601放大后，电压依旧很低，CPU不容易判断，因此使用U601的放大器3（⑧脚、⑨脚、⑩脚）提供基准电压。3.3V电压经R601（10kΩ）、R602（10kΩ）进行分压，⑩脚同相输入端电压为1.6V，放大器3进行1∶1放大，在⑧脚输出1.64V电压，经R610送至③脚同相输入端（0.3V）作为基准电压。

RS303取样电压经R606送至U601同相输入③脚，和基准电压相叠加，U601放大器1将RS303的V相取样电流和基准电压放大约5.54倍，在U601的①脚输出，分为2路，一路经R619送至CPU⑭脚，供CPU检测V相电流，并依据⑫脚U相电流、⑬脚W相电流综合分析，得出压缩机转子位置；另一路经D603送至模块电流检测电路（同时还有U相电流经D601、W相电流经D602），当U相或V相或W相任意一相电流过大时，模块保护电路动作，室外机停止运行。

放大倍数计算方法：（R613+R605）÷R605 =（10 + 2.2）÷2.2 ≈ 5.54。

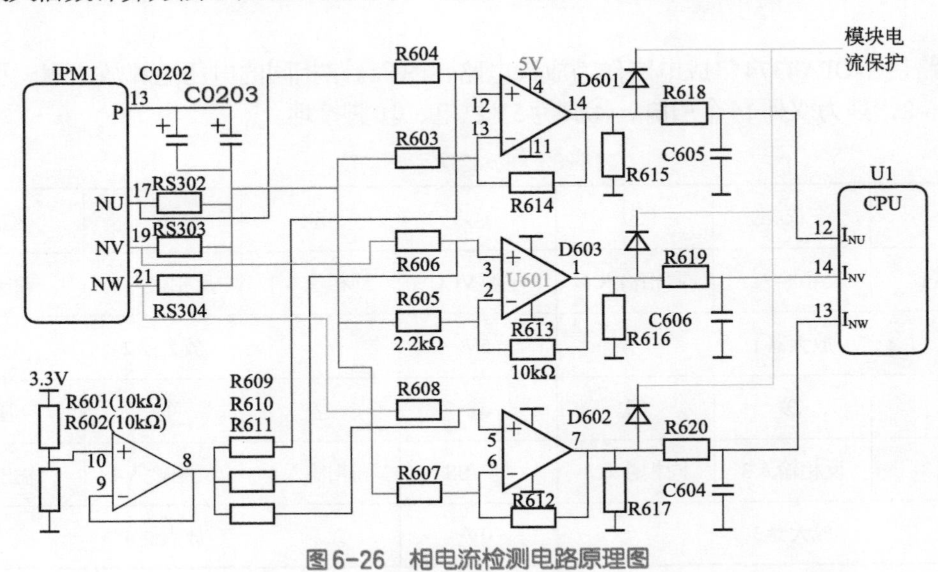

图6-26　相电流检测电路原理图

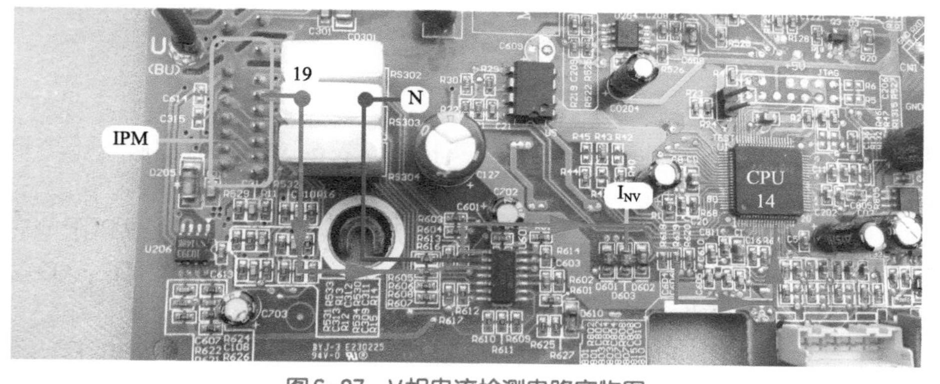

图6-27　V相电流检测电路实物图

表6-9　待机状态下U601和CPU引脚电压

U601					U601			CPU
④	⑪	⑩	⑨	⑧	⑫	⑬	⑭	⑫
5V	0V	1.6V	1.6V	1.6V	0.3V	0.3V	1.6V	1.6V

U601			CPU	U601			CPU
③	②	①	⑭	⑤	⑥	⑦	⑬
0.3V	0.3V	1.6V	1.6V	0.3V	0.3V	1.6V	1.6V

第三节　输出部分电路

一、指示灯电路

1. 作用

该电路的作用是指示室外机的运行状态、故障显示、压缩机限频因素，以及显示通信电路的工作状况。设有3个指示灯，D1红灯、D2绿灯、D3黄灯，3个指示灯在显示时不是以亮、灭、闪的组合显示室外机状态，而是相对独立，互不干扰，在查看时需要注意。

D2绿灯为通信状态指示灯，通信电路正常工作时其持续闪烁，熄灭时则表明通信电路出现故障。

D1红灯和D3黄灯则是以闪烁的次数表示当前的故障或状态。D1红灯最多闪烁8次，可指示8个含义，例如闪烁7次时为压缩机排气传感器故障；D3黄灯最多闪烁16次，可指示16个含义，例如闪烁9次是功率模块保护。

在室外机运行时通常为3个指示灯均在闪烁，但含义不同。D2绿灯闪烁表示通信电路正常，D1红灯闪烁8次含义为达到开机温度，D3黄灯闪烁1次表示CPU已输出信号驱动压缩机运行。

2. 工作原理

图6-28为指示灯电路原理图，图6-29为实物图，表6-10为CPU引脚电压与指示灯状态的对应关系。3路指示灯工作原理相同，以D3黄灯为例说明。

当CPU需要控制D3点亮时，其㊺脚输出约3.3V的高电平电压，经R18限流后，送至Q3基极，电压约0.7V，Q3集电极和发射极导通，5V电压正极经R20、D3、Q3集电极和发射极到地形成回路，发光二极管D3两端电压约1.9V而点亮。

当CPU需要控制D3熄灭时，其㊺脚输出0V的低电平电压，Q3基极电压为0V，集电极和发射极截止，D3两端电压为0V而熄灭。

如果CPU持续的输出高电平-低电平-高电平-低电平，则指示灯显示为闪烁状态，CPU可根据当前的状态，在1个循环周期内控制指示灯点亮的次数，从而显示相对应的故障代码或运行状态。

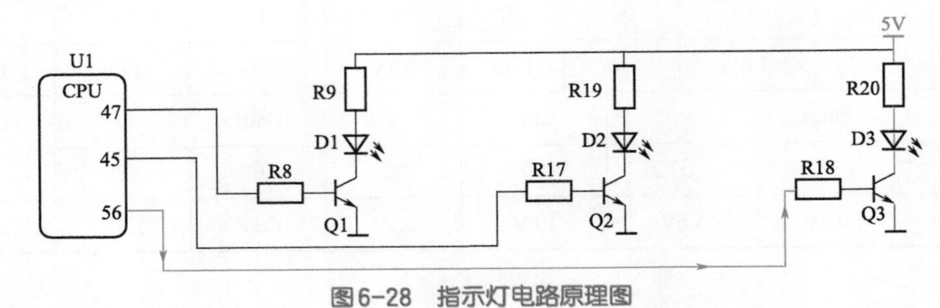

图6-28 指示灯电路原理图

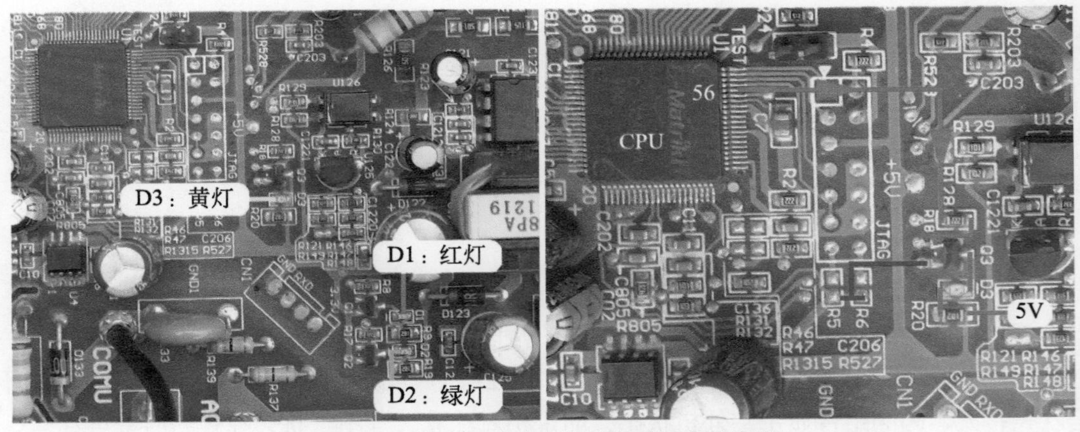

图6-29 指示灯电路实物图和黄灯信号流程

表6-10 CPU引脚电压与指示灯状态对应关系

CPU㊺脚	Q3基极	Q3集电极	D3两端	D3状态
3.3V	0.7V	0.01V	1.9V	点亮
0V	0V	4.5V	－3V	熄灭

二、主控继电器电路

1. 作用

主控继电器为室外机供电，并与PTC电阻组成延时防瞬间大电流充电电路，对直流300V滤波电容充电。上电初期，交流电源经PTC电阻、硅桥为滤波电容充电，两端的直流300V电压其中一路为开关电源电路供电，开关电源电路工作后输出电压，另一路直流5V经集成电路转换为3.3V电压为室外机CPU供电，CPU工作后控制主控继电器触点闭合，由主控继电器触点为室外机供电。

2. 工作原理

图6-30为主控继电器电路原理图，图6-31为实物图，表6-11为CPU引脚电压与室外机状态的对应关系。

CPU需要控制K1触点闭合时，㊲脚输出高电平3.3V电压，送到U102的⑤脚，使反相驱动器内部电路翻转，⑫脚电压变为低电平（约0.8V），主控继电器K1线圈两端电压为直流11.2V，产生电磁吸力，使触点3-4闭合。

CPU需要控制K1触点断开时，27脚为低电平0V，U102的⑤脚电压也为0V，内部电路不能翻转，⑫脚为高电平12V，K1线圈两端电压为直流0V，由于不能产生电磁吸力，触点3-4断开。

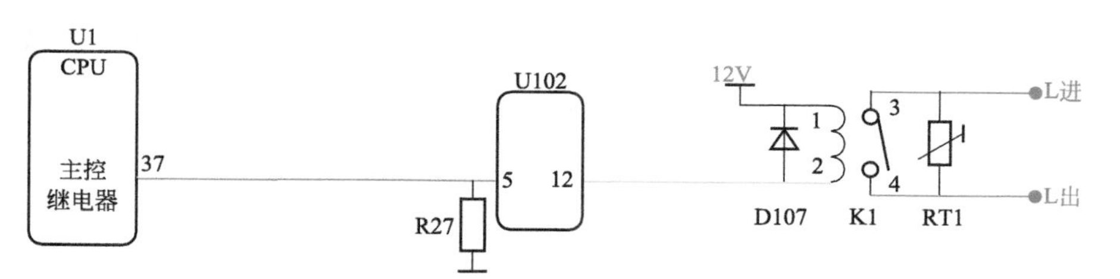

图6-30　主控继电器电路原理图

图6-31　主控继电器电路实物图

表6-11　CPU引脚电压与室外机状态对应关系

CPU㊲脚	U102⑤脚	U102⑫脚	K1线圈1-2电压	K1触点3-4状态	室外机状态
直流0V	直流0V	直流12V	直流0V	断开	初始上电
直流3.3V	直流3.3V	直流0.8V	直流11.2V	闭合	正常运行

三、室外风机电路

1. 作用

室外机CPU根据室外环温传感器和室外管温传感器的温度信号，处理后控制室外风机运行，为冷凝器散热。

2. 工作原理

图6-32为室外风机继电器电路原理图，图6-33为实物图，表6-12为CPU引脚电压与室外风机状态的对应关系。

该电路的工作原理和主控继电器驱动电路基本相同，需要控制室外风机运行时，CPU㊶脚输出高电平3.3V电压，送至U102的③脚，反相驱动器内部电路翻转，⑭脚电压变为低电平约0.8V，继电器K2线圈两端电压为直流11.2V，产生电磁吸力使触点3-4闭合，室外风机线圈得到供电，在电容的作用下旋转运行，为冷凝器散热。

室外机CPU需要控制室外风机停止运行时，㊶脚变为低电平0V，U102的③脚也为低电平0V，内部电路不能翻转，⑭脚为高电平12V，K2线圈两端电压为直流0V，由于不能产生电磁吸力，触点3-4断开，室外风机因失去供电而停止运行。

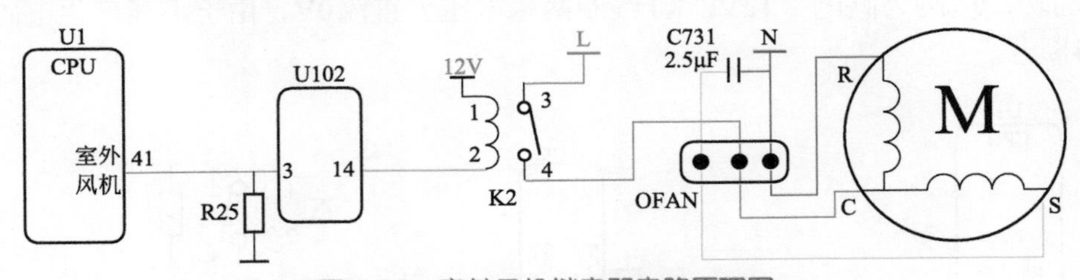

图6-32 室外风机继电器电路原理图

图6-33 室外风机电路实物图

表6-12 CPU引脚电压与室外风机状态对应关系

CPU㊶脚	U102③脚	U102⑭脚	K2线圈1-2电压	K2触点3-4状态	室外风机状态
直流3.3V	直流3.3V	直流0.8V	直流11.2V	闭合	运行
直流0V	直流0V	直流12V	直流0V	断开	停止

四、四通阀线圈电路

1. 作用

该电路的作用是控制四通阀线圈的供电和断电，从而控制空调器工作在制冷或制热模式。

2. 工作原理

图6-34为四通阀线圈电路原理图，图6-35为实物图，表6-13为CPU引脚电压与四通阀线圈状态的对应关系。

室内机CPU对遥控器输入信号或应急模式下的室内环温信号处理后，空调器需要工作在制热模式时，将控制信息通过通信电路传送至室外机CPU，其㉝脚输出高电平3.3V电压，送至U102的⑦脚，反相驱动器内部电路翻转，⑩脚电压变为低电平（约0.8V），继电器K4线圈两端电压为直流11.2V，产生电磁吸力使触点3-4闭合，四通阀线圈得到交流220V电源，吸引四通阀内部磁铁移动，在压力的作用下转换制冷剂流动的方向，使空调器工作在制热模式。

当空调器需要工作在制冷模式时，室外机CPU㉝脚为低电平0V，U102的⑦脚电压也为0V，内部电路不能翻转，⑩脚为高电平12V，K4线圈两端电压为直流0V，由于不能产生电磁吸力，触点3-4断开，四通阀线圈两端电压为交流0V，对制冷系统中制冷剂流动方向的改变不起作用，空调器工作在制冷模式。

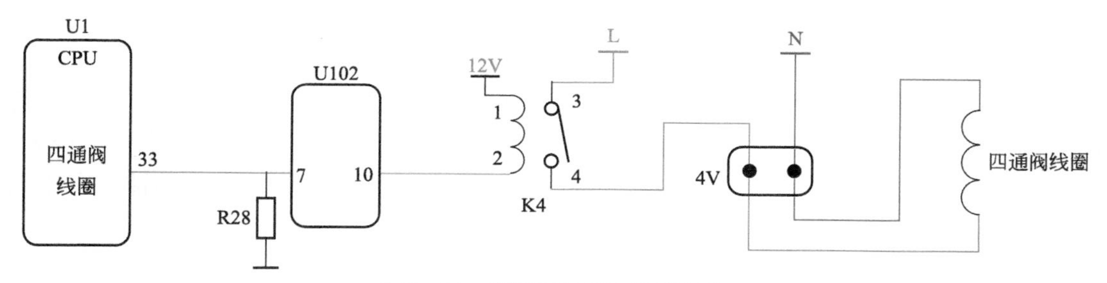

图6-34　四通阀线圈电路原理图

图6-35　四通阀线圈电路实物图

表6-13 CPU引脚电压与四通阀线圈状态对应关系

CPU㉝脚	U102⑦脚	U102 ⑩脚	K4线圈 1-2电压	K4触点 3-4状态	四通 阀线圈电压	空调器 工作模式
直流3.3V	直流3.3V	直流0.8V	直流11.2V	闭合	交流220V	制热
直流0V	直流0V	直流12V	直流0V	断开	交流0V	制冷

五、PFC驱动电路

1. 作用

变频空调器中，由模块内部6个IGBT开关管组成的驱动电路，输出频率和电压均可调的模拟三相电驱动压缩机运行。由于IGBT开关管处于高速频繁开和关的状态，使得电路中的电流相对于电压的相位发生畸变，造成电路中的谐波电流成分变大，功率因数降低，PFC电路的作用就是降低谐波成分，使电路的谐波指标满足国家CCC认证要求。

工作时PFC控制电路检测电压的零点和电流的大小，然后通过系列运算，对畸变严重零点附近的电流波形进行补偿，使电流的波形尽量跟上电压的波形，达到消除谐波的目的。

2. PFC电路升压原理

空调器通常使用升压式的PFC电路，不仅能提高功率因数，还可以提升输出电压，使压缩机在高频运行时滤波电容两端的电压不会下降很多，PFC升压电路主要由滤波电感、IGBT开关管Z1、升压二极管（快恢复二极管）D203、滤波电容等组成。

当IGBT开关管Z1导通时，滤波电感储存能量，在Z1截止时，滤波电感产生左负右正的电压，经D203为C0202和C0203充电。当压缩机高频运行时，消耗功率比较大，CPU控制Z1导致时间长、截止时间短，使滤波电感储存能量增加，和硅桥整流的电压相叠加，从而提高滤波电容的输出电压。

3. S4427引脚功能

S4427是由IR公司生产的双通道驱动器，是用于驱动MOS管或IGBT开关管的专用集成电路，引脚功能见表6-14，其为双列8个引脚，⑥脚为直流15V供电、③脚接地，使用时2路驱动器并联。

表6-14 S4427引脚功能

引脚	①	②	③	④	⑤	⑥	⑦	⑧
功能	空	输入1	GND	输入2	输出2	供电	输出1	空

4. 工作原理

图6-36为PFC驱动电路原理图，图6-37为实物图。

CPU64脚输出IGBT驱动信号，同时送到U205的②脚和④脚输入端，经U205放大信号后，在⑤脚和⑦脚输出，驱动IGBT开关管Z1的导通和截止。

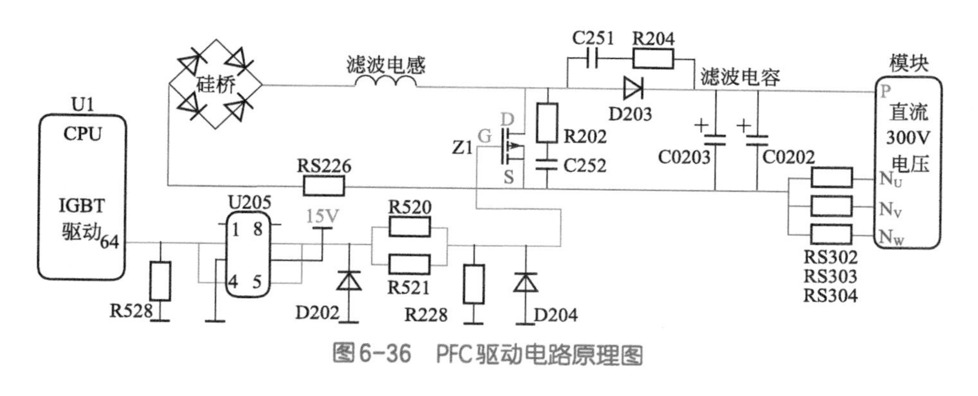

图6-36　PFC驱动电路原理图

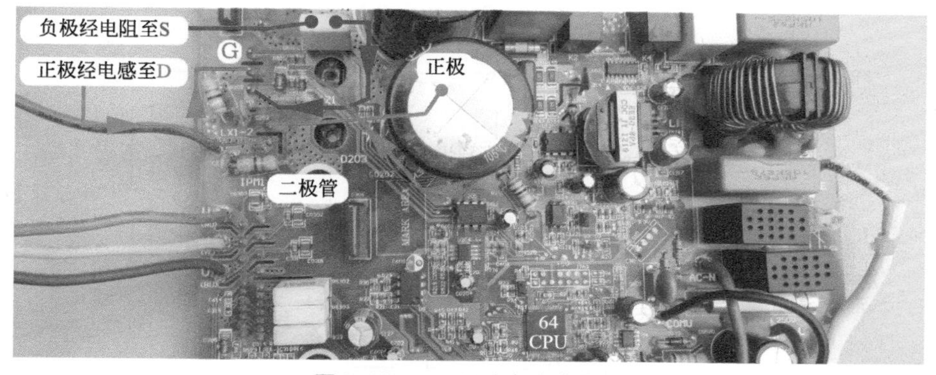

图6-37　PFC驱动电路实物图

第四节　模块电路

一、6路信号电路

本机使用国际整流器公司（IR）生产的模块，型号为IRAM136-1061A2，单列封装，输出功率0.25～0.75kW、电流10～12A、电压85～253V。

模块内置有用于驱动IGBT的高速驱动集成电路并且兼容3.3V，集成自举升压二极管，减少主板外围元件；内置高精度的温度传感器并反馈至室外机CPU，使CPU可以实时监控模块温度，同时具有短路、过流等多种保护电路。

1. 引脚功能

图6-38为IRAM136-1061A2实物外形，模块标称为29个引脚，其中③、④、⑦、⑧、⑪、⑫、⑭、⑮为空脚，实际共有21个引脚，引脚功能见表6-15。

图6-39为模块内部结构，主要由驱动电路、6个IGBT开关管、6个与开关管并联的续流二极管等组成，IGBT开关管代号为Q1、Q2、Q3、Q4、Q5、Q6。

① 直流300V供电（4个引脚）

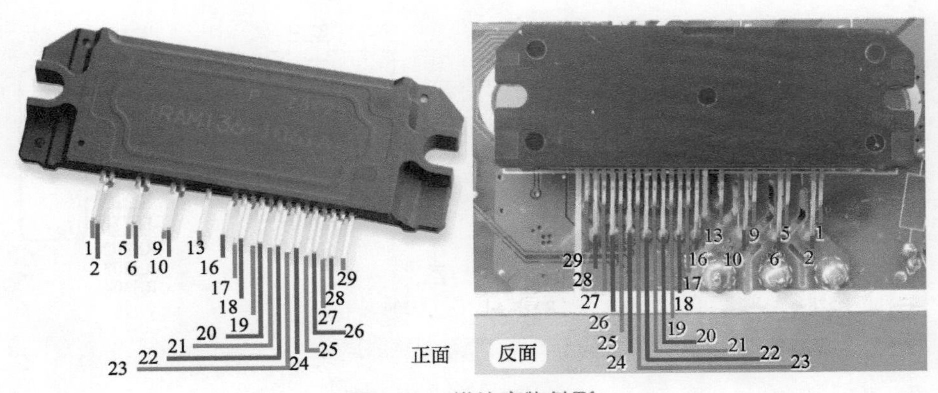

图6-38 模块实物外形

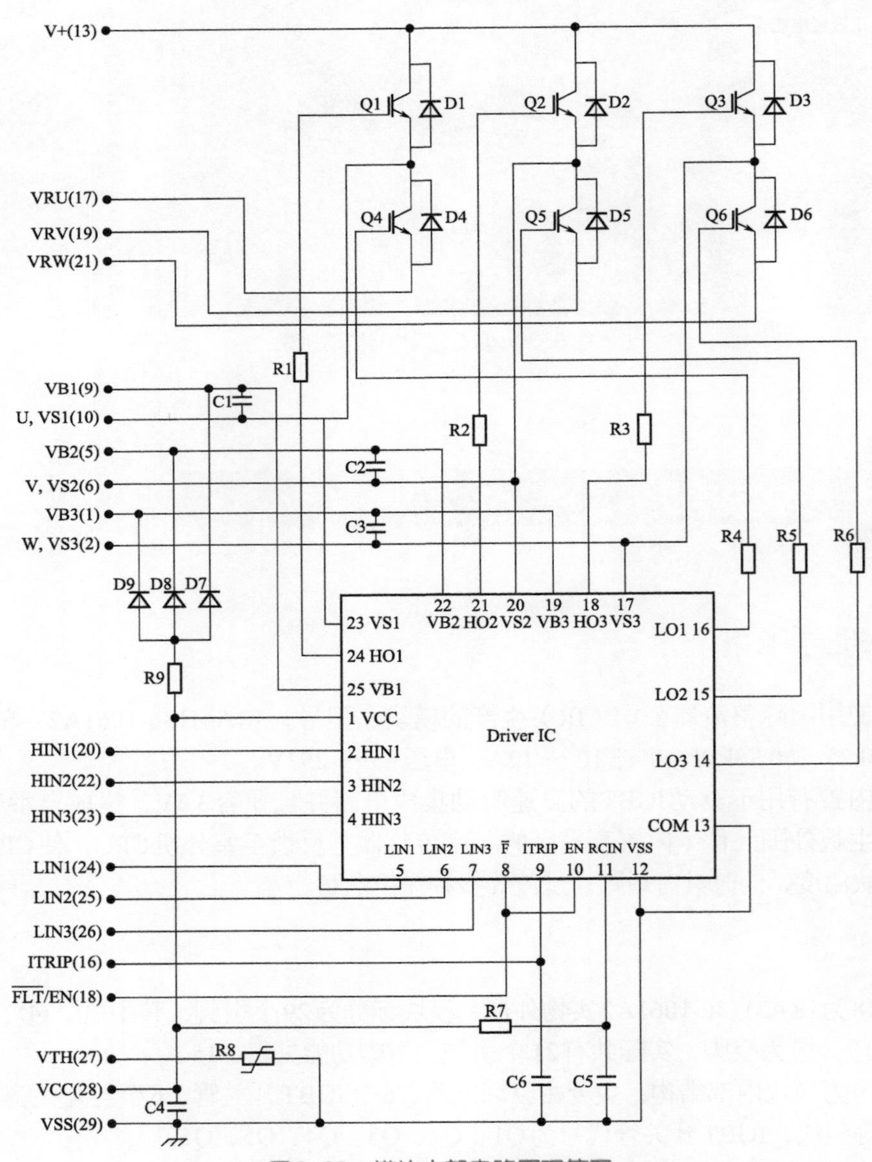

图6-39 模块内部电路原理简图

IGBT开关管Q1、Q2、Q3的集电极连在一起接⑬脚（V＋或P），外接直流300V电压正极，因此Q1、Q2、Q3称为上桥IGBT。

Q4发射极接⑰脚（VRU或NU）、Q5发射极接⑲脚（VRV或NV）、Q6发射极接㉑脚（VRW或NW），这3个引脚通过电阻接直流300V电压负极，因此Q4、Q5、Q6称为下桥IGBT。

② 三相输出（3个引脚和3个自举升压电路引脚）

上桥Q1的发射极和下桥Q4的集电极相通，即上桥和下桥IGBT的中点，接⑩脚（U或VS1），外接压缩机U相线圈，⑨脚为U相自举升压电路。

同理，Q2和Q5中点接⑥脚（V或VS2），⑤脚为V相自举升压电路；Q3和Q6中点接2脚（W或VS3），①脚为W相自举升压电路。

其中⑩脚U、⑥脚V、②脚W共3个引脚为输出，接压缩机线圈，驱动压缩机运行。

③ 15V供电（2个引脚）

模块内部设有高速驱动电路，其有供电模块才能工作，供电电压为直流15V，㉘脚VCC为15V供电正极，㉙脚VSS为公共端接地。

④ 6路信号（6个引脚）

⑳脚（HIN1或U＋）驱动Q1、㉔脚（LIN1或U－）驱动Q4、㉒脚（HIN2或V＋）驱动Q2、㉕脚（LIN2或V－）驱动Q5、㉓脚（HIN3或W＋）驱动Q3、㉖脚（LIN3或W－）驱动Q6。

⑤ 故障保护和反馈（3个引脚）

⑯脚为电流保护（I_{TRIP}），由相电流电路输出至模块；⑱脚为故障输出（FLT/EN或FO），由模块输出至CPU；㉗脚为温度反馈（V_{TH}），由模块输出至CPU。

表6-15　IRAM136-1061A2引脚功能

引脚	名称	作用	引脚	名称	作用	说明
⑬	V＋	300V正极P端输入	⑰	VRU	300V负极U相输入	直流300V电压输入
⑲	VRV	300V负极V相输入	㉑	VRW	300V负极W相输入	
⑨	VB1	U相自举升压电路	⑩	U	U输出，接压缩机线圈	U-V-W输出
⑤	VB2	V相自举升压电路	⑥	V	V输出，接压缩机线圈	
①	VB3	W相自举升压电路	②	W	W输出，接压缩机线圈	
㉘	VCC	内部电路15V供电正极	㉙	VSS	内部电路15V供电负极	内部电路供电
⑳	HIN1	U相上桥输入（U＋）	㉔	LIN1	U相下桥输入（U－）	6路信号
㉒	HIN2	V相上桥输入（V＋）	㉕	LIN2	V相下桥输入（V－）	
㉓	HIN3	W相上桥输入（W＋）	㉖	LIN3	W相下桥输入（W－）	
⑯	ITRIP	电流保护	⑱	FLT/EN	故障输出	故障保护
㉗	VTH	温度反馈				温度反馈

2. 驱动流程

图6-40为模块应用电路原理图，图6-41为6路信号驱动压缩机流程实物图。驱动流程如下：室外机CPU输出6路信号→模块放大→压缩机运行。

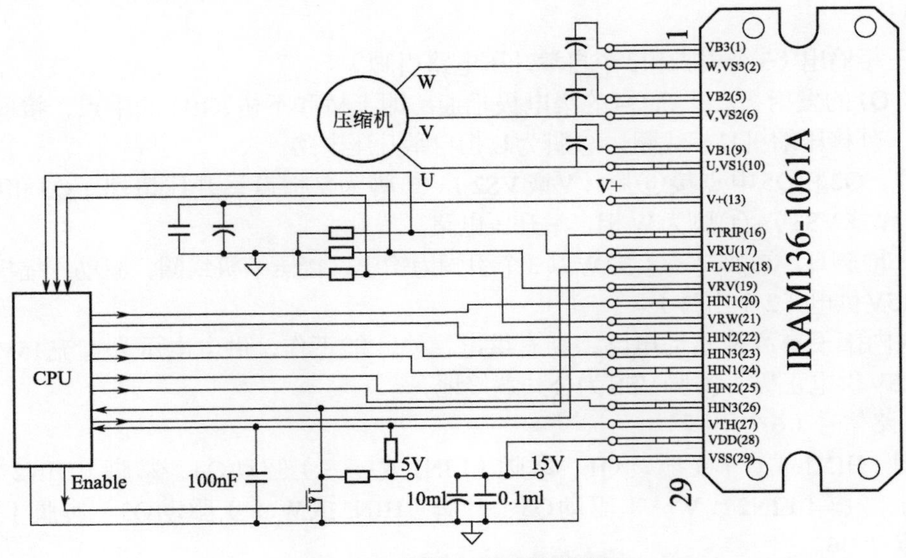

图6-40　模块应用电路原理图

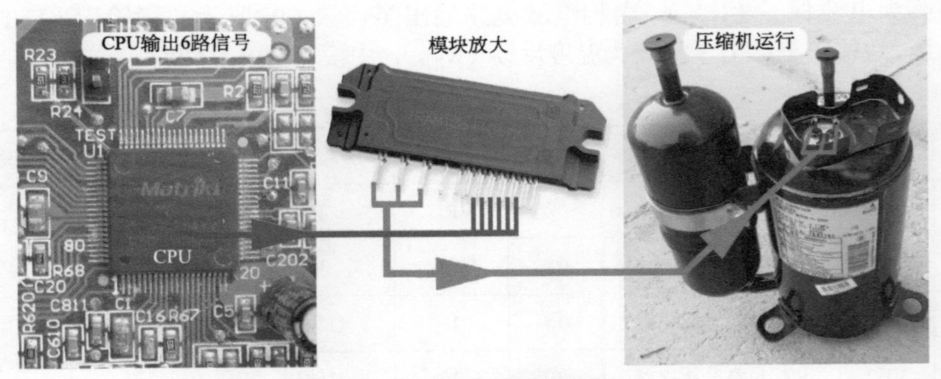

图6-41　6路信号驱动流程

3. 工作原理

图6-42为6路信号电路原理图，图6-43左图为6路信号电路实物图，图6-43右图为U＋驱动流程。

室外机CPU接收室内机主板的信息，并根据当前室外机的电压等数据，需要控制压缩机运行时，其输出有规律的6路信号，直接送至模块内部电路，驱动内部6个IGBT开关管有规律的导通与截止，将直流300V电转换为频率和电压均可调的三相电，输出至压缩机线圈，控制压缩机以低频或高频的任意转速运行。由于室外机CPU输出6路信号控制模块内部IGBT开关管的导通与截止，因此压缩机转速由室外机CPU决定，模块只起一个放大信号时转换电压的作用。

室外机CPU的⑲、⑱、⑰、⑯、⑬、⑫共6个引脚输出6路信号，经电阻R15、R13、R16、R12、R14、R11（330Ω）送至模块的20脚（U +、驱动Q1）、㉔脚（U −、驱动Q4）、㉒脚（V +、驱动Q2）、㉕脚（V −、驱动Q5）、㉓脚（W +、驱动Q3）、㉖脚（W −、驱动Q6），驱动IGBT开关管有规律的导通和截止，从而控制压缩机的运行速度。

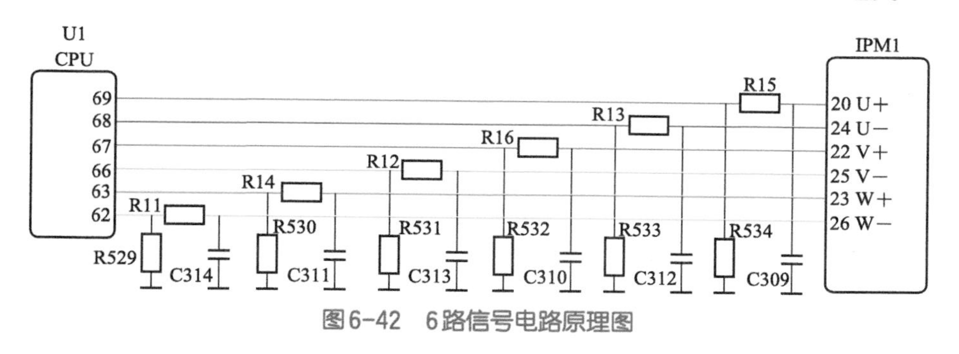

图6-42　6路信号电路原理图

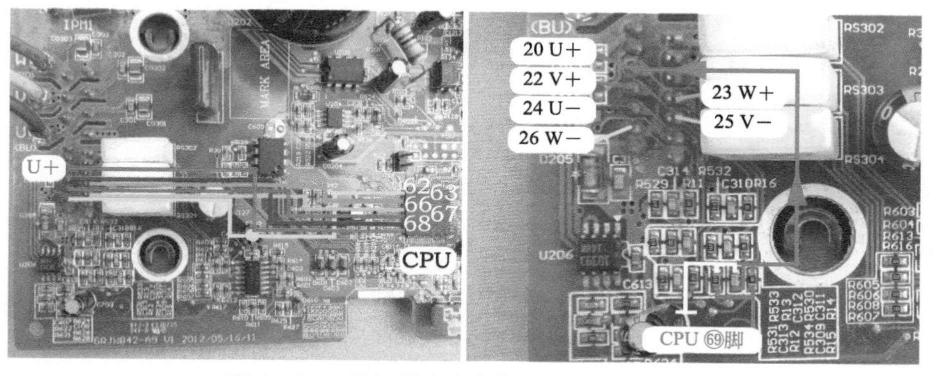

图6-43　6路信号电路实物图和U+驱动流程

二、温度反馈电路

1. 作用

该电路的作用是向室外机CPU反馈模块的实际温度，使CPU综合其它的数据对压缩机进行更好的控制。

2. 工作原理

图6-44为模块温度反馈电路原理图，图6-45为实物图。

模块内置高精度的温度传感器，实时检测表面模块温度，其中一个引脚接㉙脚公共端地（在电路中作为下偏置电阻），一个引脚由㉗脚（VTH）引出，经R625送至室外机CPU的⑰脚，CPU根据电压计算出模块的实际温度，作为输入部分电路的信号，综合其它数据信号，以便对模块、压缩机、室外风机进行更好的控制。

模块内置的传感器为负温度系数热敏电阻，温度较低时阻值较大，㉗脚的电压较高（接近3.1V）；当模块温度上升，其阻值下降，㉗脚的电压也逐渐下降（2.7V）。

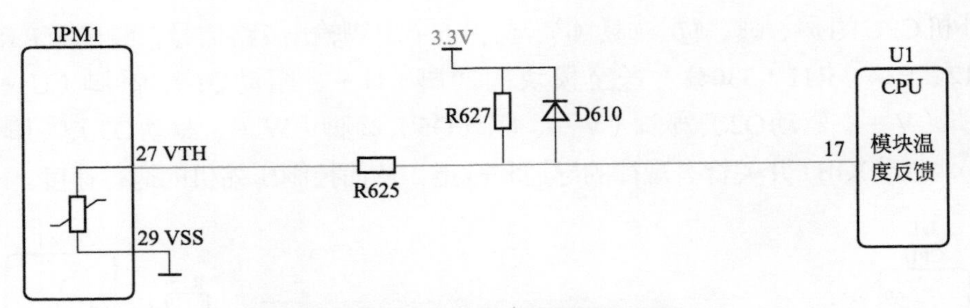

图6-44　模块温度反馈电路原理图

图6-45　模块温度反馈电路实物图

三、模块保护电路

1. 作用

模块内部使用智能电路，不仅处理室外机CPU输出的6路信号，同时设有保护电路，见图6-46，当模块内部控制电路检测到直流15V电压过低、基板温度过高、运行电流过大、内部IGBT短路引起电流过大故障时，均会关断IGBT，停止处理6路信号，同时F0引脚变为低电平，室外机CPU检测后判断为"模块故障"，停止输出6路信号，控制室外机停机，并将故障代码通过通信电路传送至室内机CPU。

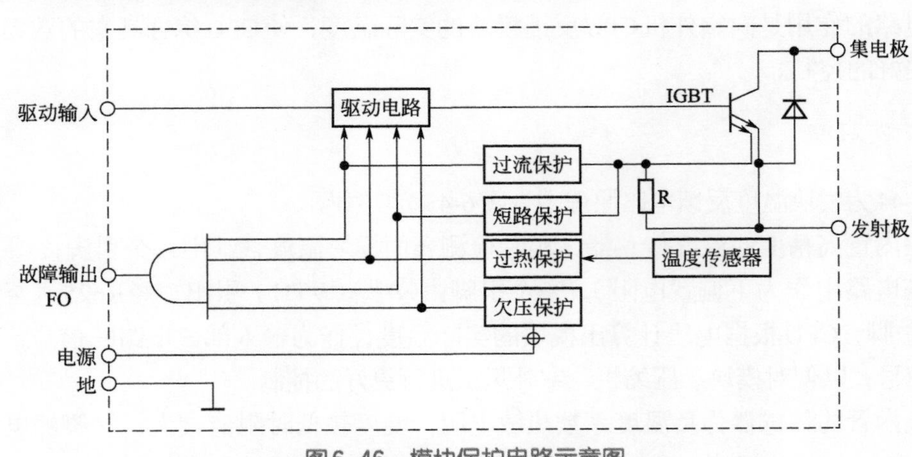

图6-46　模块保护电路示意图

2. 保护内容

① 供电欠压保护：模块内部控制电路使用外接的直流15V电压供电，当电压低于直流12.5V时，模块驱动电路停止工作，不再处理6路信号，同时输出保护信号至室外机CPU。

② 过热保护：模块内部设有温度传感器，如果检测基板温度超过设定值（110℃），模块驱动电路停止工作，不再处理6路信号，同时输出保护信号至室外机CPU。

③ 过流保护：工作时如内部电路检测IGBT开关管电流过大，模块驱动电路停止工作，不再处理6路信号，同时输出保护信号至室外机CPU。

④ 短路保护：如负载发生短路、室外机CPU出现故障、模块被击穿时，IGBT开关管的上、下桥同时导通，模块检测后控制驱动电路停止工作，不再处理6路输入信号，同时输出保护信号至室外机CPU。

3. 工作原理

图6-47为模块保护电路原理图，图6-48为实物图，表6-16为模块保护引脚和CPU引脚电压的对应关系。

本机模块⑱脚为FO模块保护输出，CPU的⑦⑤脚为模块保护检测引脚。模块保护输出引脚为集电极开路型设计，正常情况下此脚与外围电路不相连，CPU⑦⑤脚和模块⑱脚通过电阻R1（2.4kW）连接至电源3.3V，因此模块正常工作即没有输出保护信号时，CPU（75）脚和模块⑱脚的电压均为3.2V。

如果模块内部电路检测到上述4种故障，停止处理6路信号，同时内部三极管导通，⑱脚和㉙脚相连接地，CPU⑦⑤脚也与地相连，电压由高电平3.3V变为低电平0V，CPU内部电路检测后停止输出6路信号，停机进行保护，并将代码（模块故障）通过通信电路传送至室内机CPU。

说明

由于模块检测的4种保护使用同一个输出端子，因此室外机CPU检测后只能判断“模块保护”，而具体是哪一种保护则判断不出来。

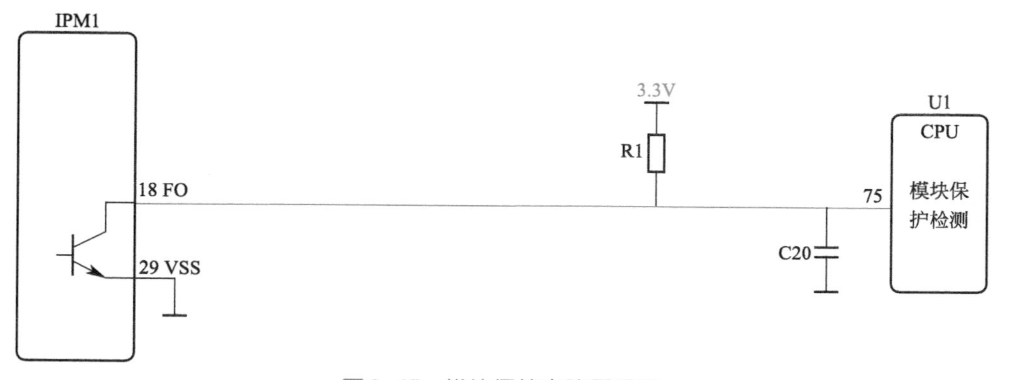

图6-47　模块保护电路原理图

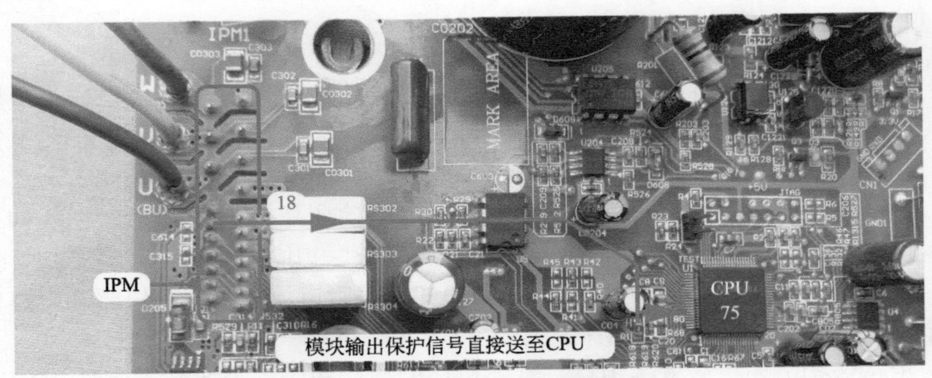

图6-48　模块保护电路实物图

表6-16　模块保护引脚和CPU引脚电压对应关系

电路状态	模块⑱脚	CPU⑮脚
正常待机	3.2V	3.2V
模块保护	0V	0V

四、模块过流保护电路

1. 作用

该电路的作用是检测压缩机U、V、W三相的相电流，当相电流过大时输出保护电压至模块，模块停止处理6路信号，使压缩机停止工作，以保护模块。

2. 10393引脚功能

电路使用10393集成电路，引脚功能见表6-17，其为双列8个引脚，⑧脚为5V供电、④脚接地。

10393内含2路相同的电压比较器，实际只使用一路（比较器2），即⑤、⑥、⑦脚，比较器1空闲（其中①和②为空脚、③脚和④脚相连接地）。

表6-17　10393引脚功能

引脚	①	②	③	④	⑤	⑥	⑦	⑧
符号	OUT1	−IN1	+ IN1	VSS	+ IN2	− IN2	OUT2	VCC
功能	输出1	反相输入1	同相输入1	地	同相输入2	反相输入2	输出2	电源
说明	比较器1			0V	比较器2			5V

3. 工作原理

图6-49为模块过流保护电路原理图，图6-50为实物图，表6-18为相电流和室外机状态的对应关系。

U206（10393）的⑥脚为比较器2的反相输入，由R628（5.1kΩ）和R626（2.2kΩ）分压，⑥脚电压为1.5V，作为基准电压。

当压缩机正常运行时，相电流放大电路U601输出的U相电流（I_{NU}）、V相电流（I_{NV}）、W相电流（I_{NW}）均正常，经D601、D602、D603、R621输送至U206的⑤脚电压低于1.5V，比较器2不动作，其⑦脚输出低电平0V，模块⑯脚电压也为低电平，模块判断压缩机相电流正常，保护电路不动作，压缩机继续运行，室外机运行正常。

当压缩机、模块、相电流电路等有故障，引起U相电流（I_{NU}）、V相电流（I_{NV}）、W相电流（I_{NW}）中任意一相电压增加，加至U206的⑤脚电压超过1.5V时，比较器2动作，其⑦脚输出高电平5V电压，至模块⑯脚同样为5V电压，模块内部电路检测后判断压缩机相电流过大，内部保护电路迅速动作，不再处理6路信号，IGBT开关管停止工作，压缩机也停止运行，同时模块⑱脚输出0V低电平电压，送至CPU的⑮脚，CPU检测后判断模块出现故障，立即停止输出6路信号，并将“模块保护”的代码通过通信电路传送至室内机CPU，室内机CPU分析后显示H5的代码。

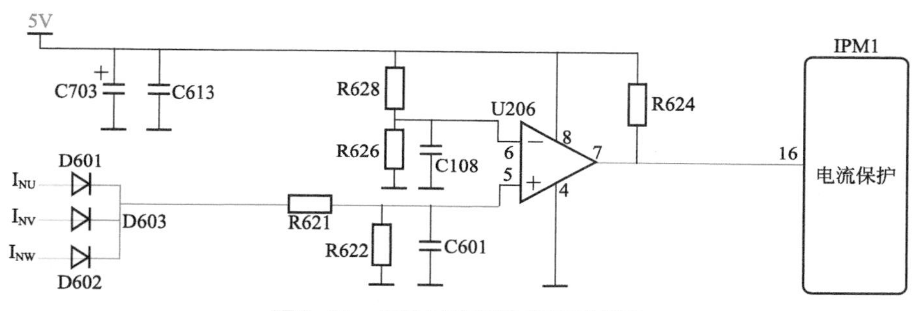

图6-49　模块过流保护电路原理图

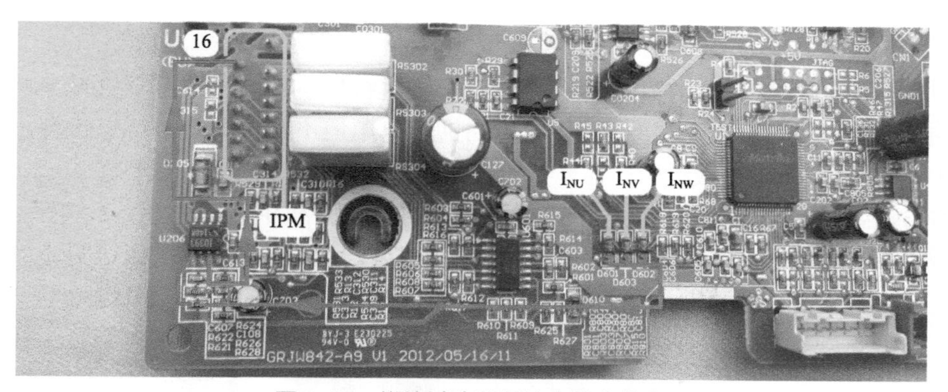

图6-50　模块过流路保护电路实物图

表6-18　相电流和室外机状态对应关系

相电流状态	U206			模块		CPU	室外机状态
	⑤脚	⑥脚	⑦脚	⑯脚	⑱脚	⑮脚	
相电流正常	0.8V	1.5V	0V	0V	3.2V	3.2V	正常
相电流升高	2.9V	1.5V	4.9V	4.9V	0V	0V	停机H5

变频空调器常见故障维修实例

第一节　单元电路故障

一、室内外机连接线接错

故障说明：海信KFR-26GW/11BP挂式交流变频空调器，移机安装后开机，室内机主板向室外机供电，但室外机不运行，同时空调器不制冷。按压遥控器上的“传感器切换”键2次，显示板组件上“运行（蓝）、电源”指示灯点亮，显示代码含义为通信故障。

1. 测量接线端子电压

使用万用表直流电压挡，见图7-1左图，黑表笔接室内机接线端子上2号N端、红表笔接4号SI端，测量通信电路电压，将空调器通上电源但不开机即处于待机状态，实测为直流24V，说明室内机主板通信电压产生电路正常。

使用遥控器开机，室内机主控继电器触点闭合为室外机供电，见图7-1右图，通信电压由直流24V上升至30V左右，而不是正常的0～24V跳动变化的电压，说明通信电路出现故障。使用万用表交流电压挡，测量1号L端和2号N端电压为交流220V。

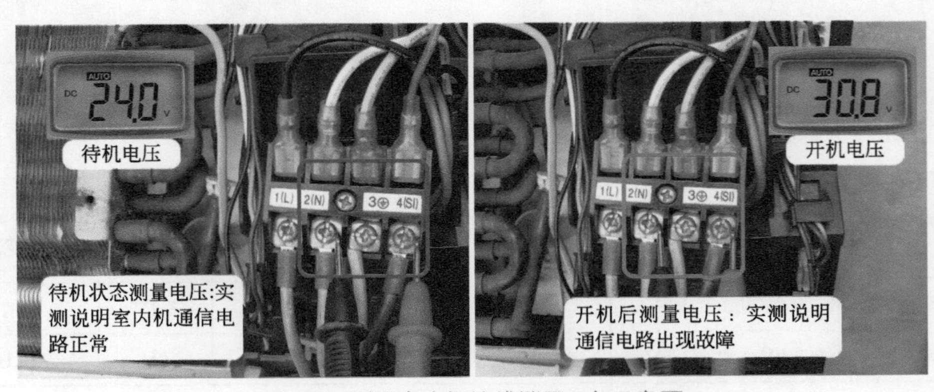

图7-1　测量室内机接线端子N与SI电压

2. 测量室外机接线端子电压

使用万用表交流电压挡，黑表笔接室外机接线端子1号L端、红表笔接2号N端测量电压，实测为交流220V，说明室内机输出的交流电源已送至室外机。

使用万用表直流电压挡，见图7-2左图，黑表笔接2号N端、红表笔接4号SI端，测量通信电压约为直流0V，说明通信信号未传送至室外机通信电路。由于室内机接线端子2号N端与4号SI端有通信电压24V，而室外机通信电压为0V，说明通信信号出现断路。

见图7-2右图，红表笔接4号SI端子不动、黑表笔接1号L端测量电压，正常应接近0V，而实测为直流30V，和室内机线端子中的2号N端和4号SI端电压相同，由于是移机的空调器，应检查室内外机连接线是否对应。

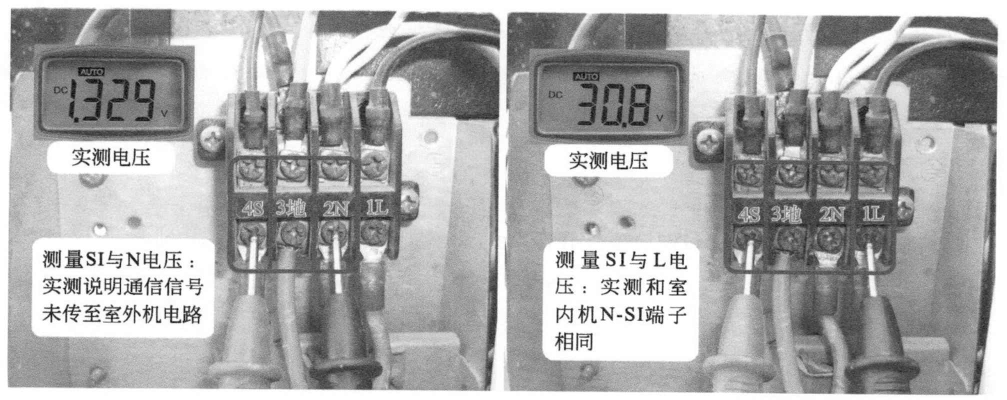

图7-2　测量室外机N-SI和SI-L端电压

3. 检查室内机和室外机接线端子引线

断开空调器电源，此机原配引线够长，中间未加长引线，仔细查看室内机和室外机接线端子上的引线颜色，见图7-3，发现为1号L端和2号N端的引线接反。

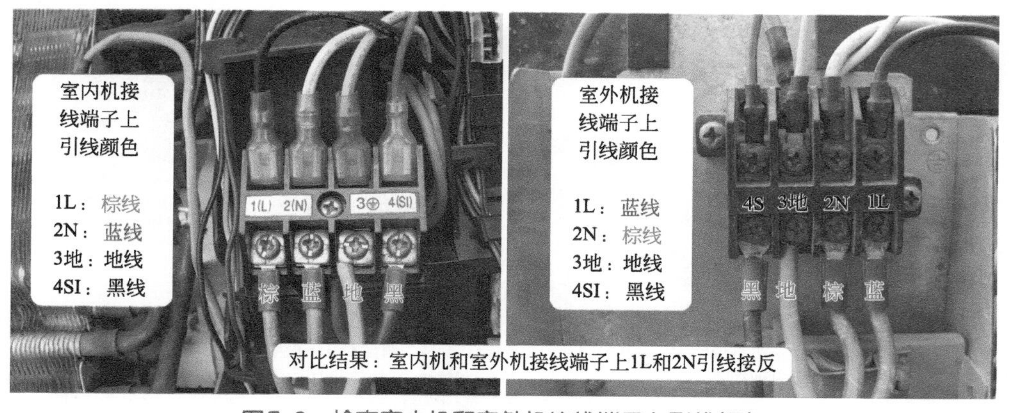

图7-3　检查室内机和室外机接线端子上引线颜色

维修措施：对调室外机接线端子中的1号L端和2号N端引线位置，使室外机与室内机引线相对应，再次上电开机，室外机运行，空调器开始制冷，测量2号N端和4号SI端的通信电压在0～24V跳动变化。

总结

① 根据图7-5的室内机通信电路原理图，通信电压直流24V正极由电源L线降压、整流，与电源N线构成回路，因此2号N线具有双重作用，即和1号L线组合为交流220V为室外机供电，又和4号SI线组合为室内机和室外机的通信电路提供回路。

② 本例1号L和2号N线接反后，由于交流220V无极性之分，因此室外机的直流300V、5V电压均正常，但室外机通信电路的公共端为电源L线，与4号SI线不能构成回路，通信电路中断，造成室外机不运行，室内机CPU因接收不到通信信号，约2min后停止室外机供电，并报故障代码为“通信故障”。

③ 遇到开机后室外机不运行、报代码为“通信故障”时，如果为新装机或刚移机未使用的空调器，应检查室内机和室外机的连接引线是否对应。

二、室内机通信降压电阻开路

故障说明：海信KFR-26GW/08FZBPC（a）挂式直流变频空调器，制冷模式开机室外机不运行，测量室内机接线端子上L与N电压为交流220V，说明室内机主板已向室外机输出供电，但一段时间以后室内机主板主控继电器触点断开，停止向室外机供电，按压遥控器上高效键4次，显示屏显示代码为“36”，含义为通信故障。

1. 测量N与SI端电压

将空调器通上电源但不开机，使用万用表直流电压挡，见图7-4左图，黑表笔接室内机接线端子上零线N、红表笔接SI，测量通信电压，正常为轻微跳动变化的直流24V，实测电压为0V，说明室内机主板有故障（注：此时已将室外机引线去掉）。

见图7-4右图，黑表笔不动，红表笔接24V稳压二极管ZD1正极，电压仍为直流0V，判断直流24V电压产生电路出现故障。

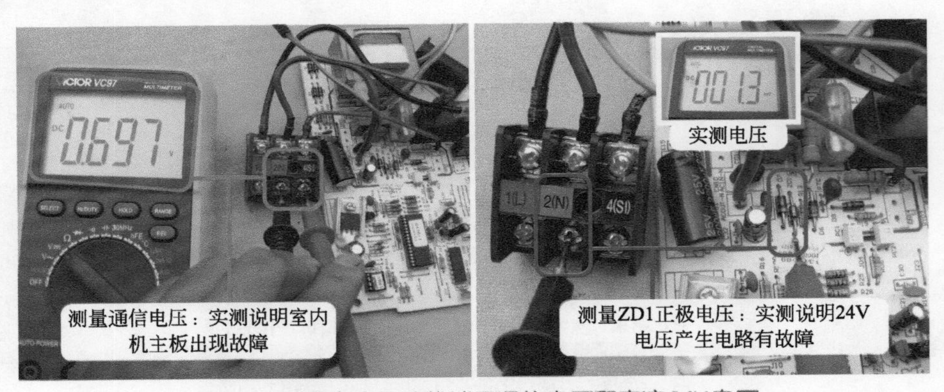

图7-4 测量室内机接线端子通信电压和直流24V电压

2. 直流24V电压产生电路工作原理

海信KFR-26GW/08FZBPC（a）室内机通信电路直流24V电压产生电路原理图见图

7-5，实物图见图7-6，交流220V电压中L端经电阻R10降压、二极管D6整流、电解电容E02滤波、稳压二极管（稳压值24V）ZD1稳压，与电源N端组合在E02两端形成稳定的直流24V电压，为通信电路供电。

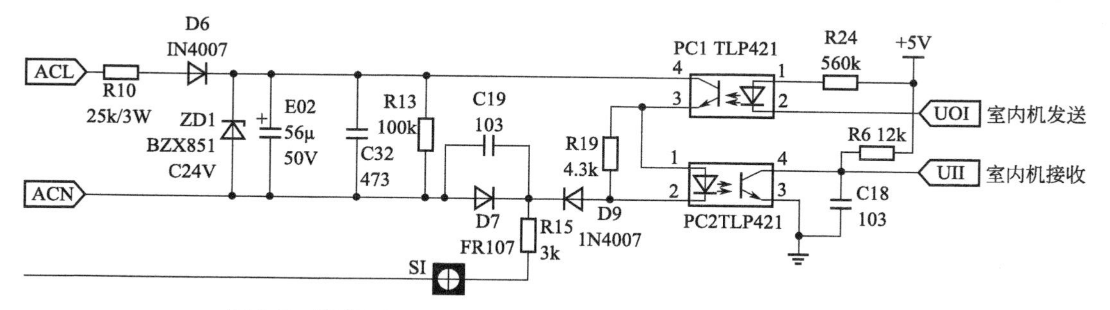

图7-5　海信KFR-26GW/08FZBPC（a）室内机通信电路原理图

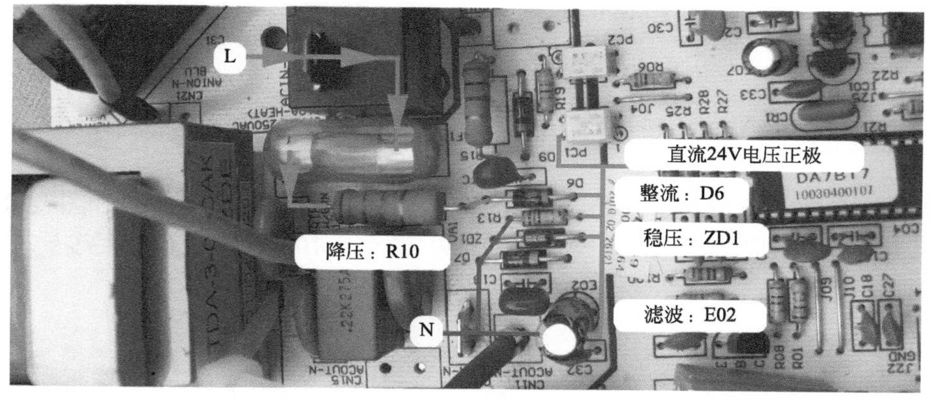

图7-6　海信KFR-26GW/08FZBPC（a）直流24V通信电压产生电路实物图

3. 测量降压电阻两端电压

由于降压电阻为通信电路供电，因此使用万用表交流电压挡，见图7-7，黑表笔不动依旧接零线N端，红表笔接降压电阻R10下端测量电压，实测约为0V；红表笔测量R10上端为交流220V等于供电电压，初步判断R10开路。

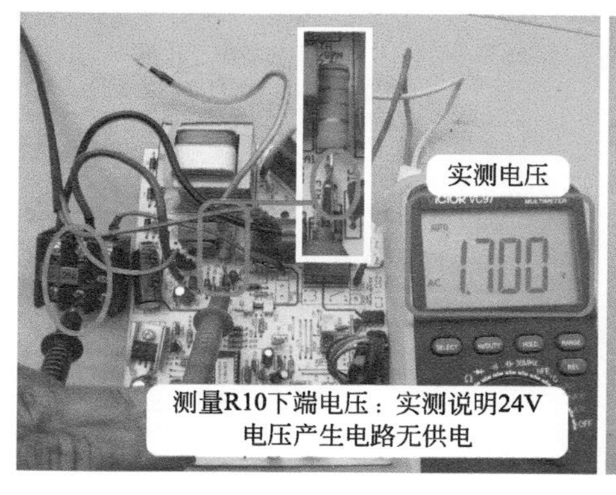

图7-7　测量降压电阻R10下端和上端电压

4. 测量R10阻值

断开室内机主板供电，使用万用表电阻挡，见图7-8，测量电阻R10阻值，正常为25kΩ，在路测量阻值为无穷大，说明R10开路损坏；为准确判断，将其取下后，单独测量阻值仍为无穷大，确定开路损坏。

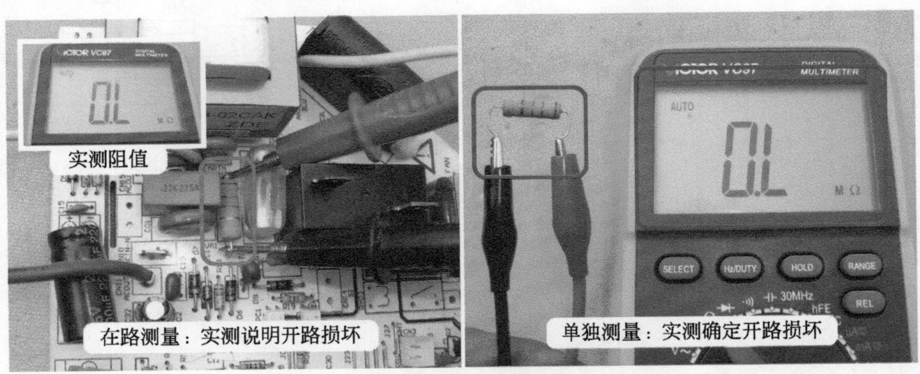

图7-8　测量R10阻值

5. 更换电阻

电阻R10参数为25kΩ/3W，由于没有相同型号的电阻更换，见图7-9和图7-10，实际维修时选用2个电阻串联代替，1个为15kΩ/2W，1个为10kΩ/2W，串联后安装在室内机主板上面。

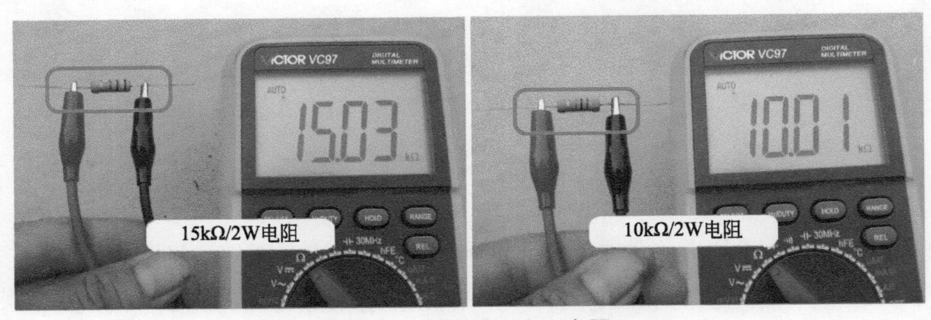

图7-9　15kΩ 和10kΩ 电阻

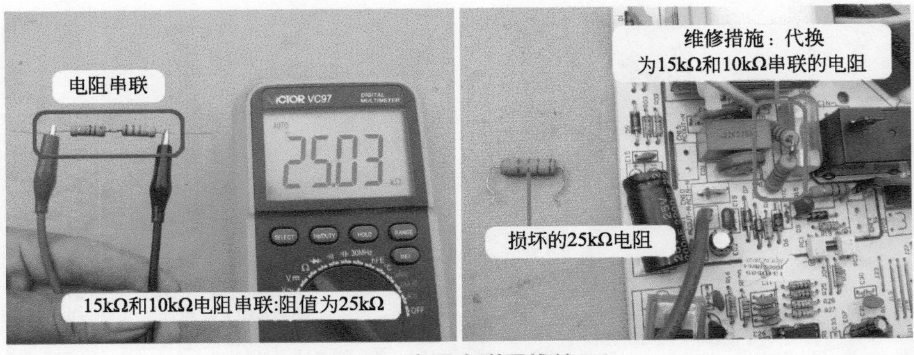

图7-10　电阻串联后代替R10

6. 测量通信电压和R10下端电压

将空调器通上电源，使用万用表直流电压挡，见图7-11左图，黑表笔接室内机接线端子上零线N端，红表笔接SI端测量电压为直流24V，说明通信电压恢复正常。

万用表改用交流电压挡，见图7-11右图，黑表笔不动，红表笔接电阻R10下端测量电压，实测为交流135V。

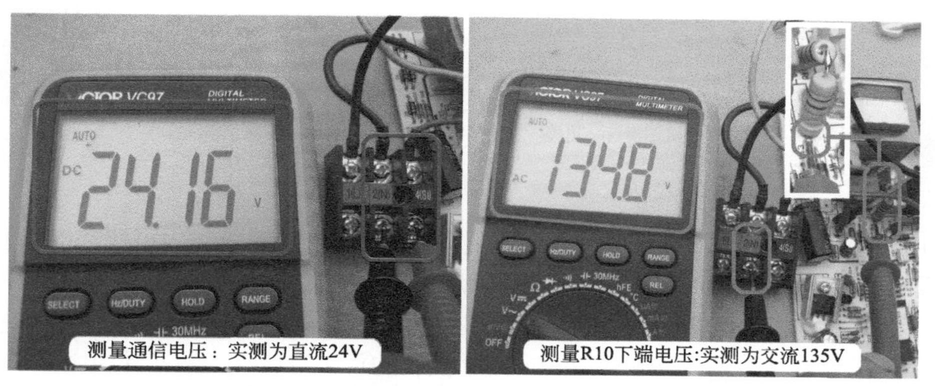

图7-11　测量通信电压和R10下端交流电压

维修措施：见图7-10右图，代换降压电阻R10。代换后恢复线路试机，遥控器开机后室外风机运行，约10s后压缩机开始运行，制冷恢复正常。

总结

① 本例通信电路专用电压的降压电阻开路，使得通信电路没有工作电压，室内机和室外机的通信电路不能构成回路，室内机CPU发送的通信信号不能传送到室外机，室外机CPU也不能接收和发送通信信号，压缩机和室外风机均不能运行，室内机CPU因接收不到室外机传送的通信信号，约2min后停止向室外机供电，并记忆故障代码为“通信故障”。

② 遥控器开机后，室外机得电工作，在通信电路正常的前提下，N与SI端的电压，由待机状态的直流24V，立即变为0 ~ 24V跳动变化的电压。如果室内机向室外机输出交流220V供电后，通信电压不变仍为直流24V，说明室外机CPU没有工作或室外机通信电路出现故障，应首先检查室外机的直流300V和5V电压，再检查通信电路元件。

三、室内管温传感器阻值变小

故障说明：海信KFR-45LW/39BP柜式交流变频空调器，遥控器开机后室外风机和压缩机均不运行，检查室外机主板直流300V、12V、5V电压均正常，判断室外机主板损坏，见图7-12，经更换后故障依旧，又判断为室内机主板故障。

1. 测量接线端子电压

上门检查，取下室内机进风格栅，短接门开关引线，在更换室内机主板前测量室内机的关键点电压。

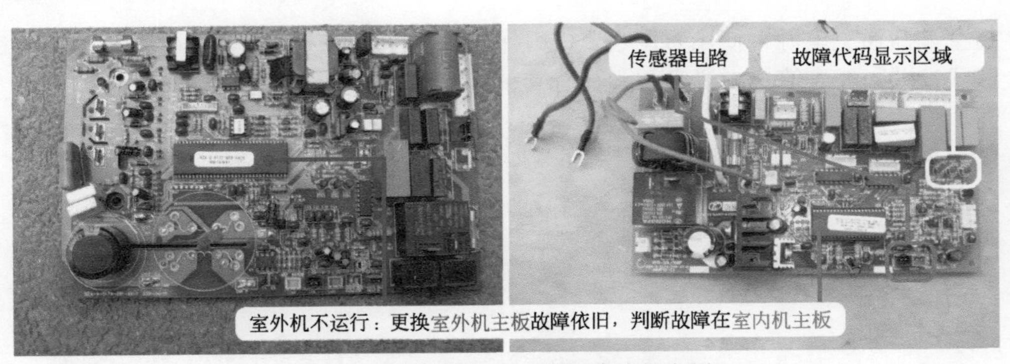

图7-12　更换室外机主板和室内机主板

使用万用表交流电压挡，见图7-13左图，遥控器开机后测量室内机接线端子1号L和2号N零线电压为交流220V，说明室内机主板已向室外机输出供电。

将万用表挡位换为直流电压挡，见图7-13右图，黑表笔接2号N零线、红表笔接4号SI线，测量通信电压，开机后为0～24V跳动变化的正常电压，判断室外机主板CPU工作正常，且通信电路也工作正常。

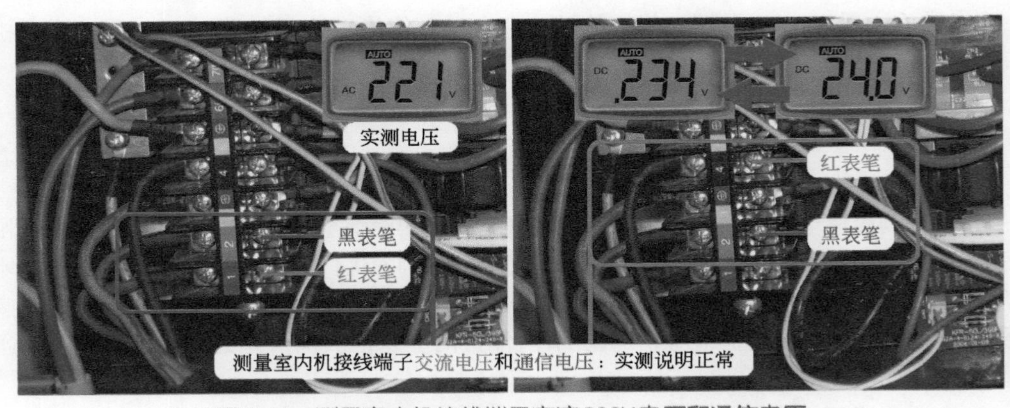

图7-13　测量室内机接线端子交流220V电压和通信电压

2. 测量传感器电路电压

使用万用表直流电压挡，见图7-14，黑表笔接室内机主板7805中间引脚地，红表笔测量室内机环温和管温传感器插座电压，此时室内温度约为30℃。

测量室内环温传感器（ROOM）红色插座CN11，供电电压（①处）为直流5V，分压点电压（②处）为直流2.7V；测量室内管温传感器（COIL）黑色插座CN12，供电电压（③处）为直流5V，分压点电压（④处）为直流4.7V；同一温度下环温分压点和管温分压点电压相差约2V，初步判断室内管温传感器分压电路出现故障。

本处图片只是为便于理解，实际测量时环温和管温传感器均安装在插座上面。

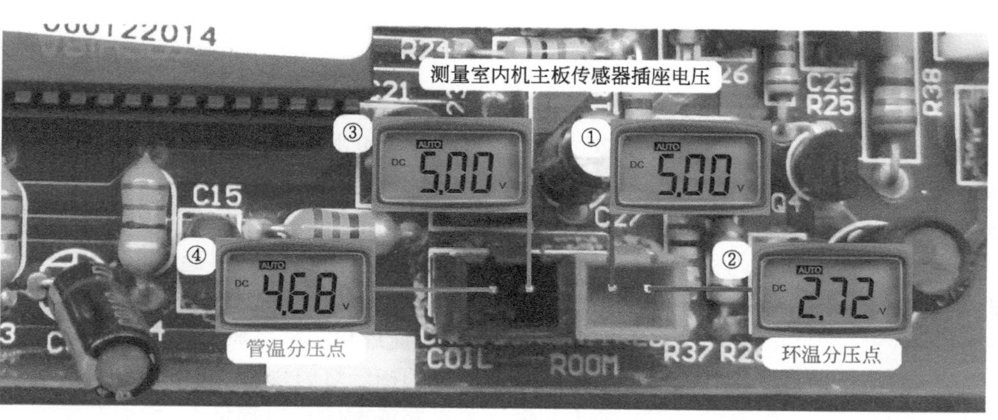

图7-14 测量室内机主板环温和管温传感器插座电压

3. 测量传感器阻值

拔下室内环温和室内管温传感器插头，见图7-15，使用万用表电阻挡测量阻值，实测管温传感器阻值为357Ω，环温传感器阻值约为4kΩ，管温传感器阻值正常时应和环温传感器相等约为5kΩ，根据测量结果判断管温传感器阻值变小损坏。

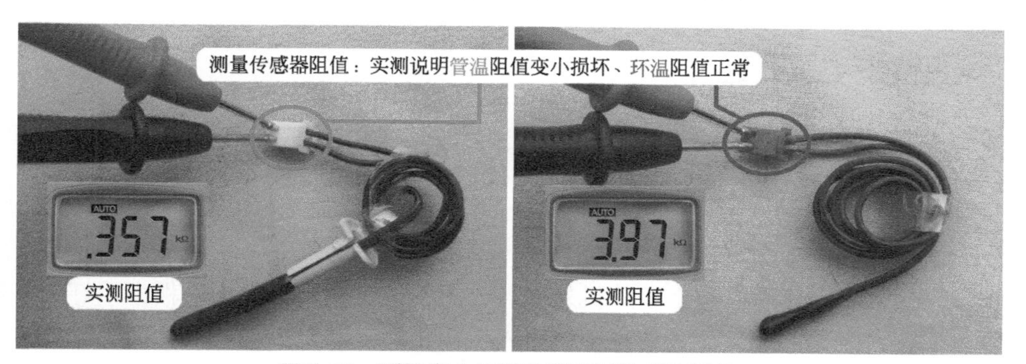

图7-15 测量室内机管温和环温传感器阻值

维修措施：见图7-16左图，更换管温传感器。

应急措施：由于管温传感器安装在蒸发器管壁上面，需要取下室内机上面板和蒸发器挡板才能更换，应急试机见图7-16右图，可将待更换的管温传感器探头插在室内外机连接管道中粗管（回气管）保温套之中，并使探头紧靠粗管。

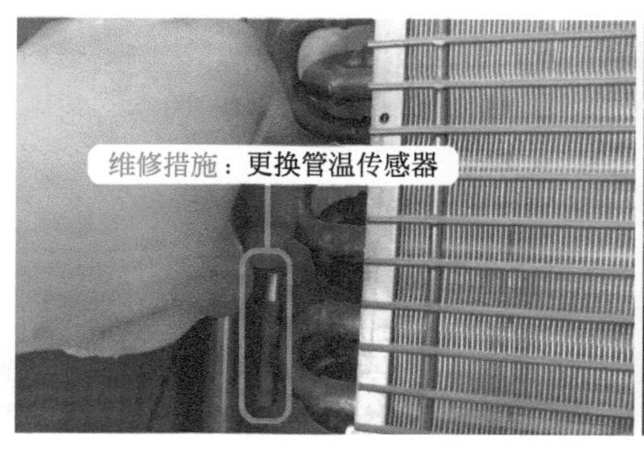

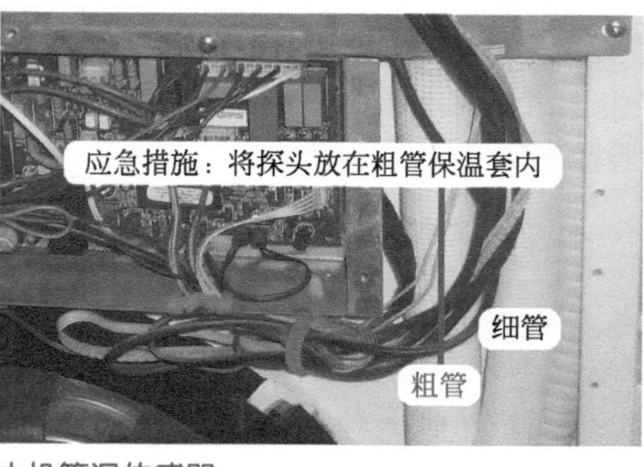

图7-16 更换室内机管温传感器

总结

① 定频空调器管温传感器损坏，通常表现为室内机主板不向室外机供电。如果输出交流电压，压缩机和室外风机运行，系统就开始制冷，由于传感器损坏不能正确检测蒸发器温度，会导致系统进入不正常的状态。

② 变频空调器室内机和室外机均设有电控系统，主板CPU通过通信电路传送信号，即使室内机出现故障如室内管温传感器损坏，室内机主板向室外机供电后，将温度信号和控制命令经通信电路传送至室外机CPU，可控制压缩机和室外风机均不运行。

③ 海信目前变频空调器室外机主板或模块板的指示灯为3个，可以显示室内机或室外机的故障代码，室内机出现故障（如传感器电路或室内风机损坏），均能在室外机显示，因此室内机故障时通常可以向室外机供电。

④ 海信早期变频空调器室外机故障代码指示灯通常只有1个，不能显示室内机的故障代码，当室内机出现故障时，通常不向室外机供电，和定频空调器基本相同。

⑤ 从本例也可以看出，即使元件出现相同的故障，不同时期的电控系统表现出的故障现象也不一样，在维修时需要注意。

四、电压检测电路开路

故障说明：海信KFR-26GW/11BP挂式交流变频空调器，遥控器开机后室外机有时根本不运行，有时运行一段时间，但运行时间不固定，有时10min，有时15min或更长。

1. 测量直流300V电压

在室外机停止运行后，取下室外机外壳，见图7-17左图，观察模块板指示灯闪8次报出故障代码，含义为“过欠压”故障；在室内机按压遥控器上“传感器切换”键2次，室内机显示板组件上“定时”指示灯亮报出故障代码，含义仍为“过欠压”故障，室内机和室外机同时报“过欠压”故障，判断电压检测电路出现故障。

本机电压检测电路使用检测直流300V母线电压的方式。电路原理为几个电阻组成分压电路，输出代表直流300V的参考电压，室外机CPU通过计算得出输入的实际交流电压，从而对空调器进行控制。

出现此故障应测量直流300V电压是否正常，使用万用表直流电压挡，见图7-17右图，黑表笔接模块板上N端子，红表笔接P端子，正常电压为直流300V，实测电压为直流315V也正常，此电压由交流220V经硅桥整流、滤波电容滤波得出，如果输入的交流电压高，则直流300V也相应升高。

2. 测量直流15V和5V电压

由于模块板CPU工作电压5V由室外机主板提供，因此应测量电压是否正常，使用万用表直流电压挡，见图7-18，黑表笔不动接模块N端子，红表笔接3芯插座CN4中左侧白线，实测为直流15V，此电压为模块内部控制电路供电；红表笔接右侧红线，实测为直流5V，判断室外机主板为模块板提供的直流15V和5V电压均正常。

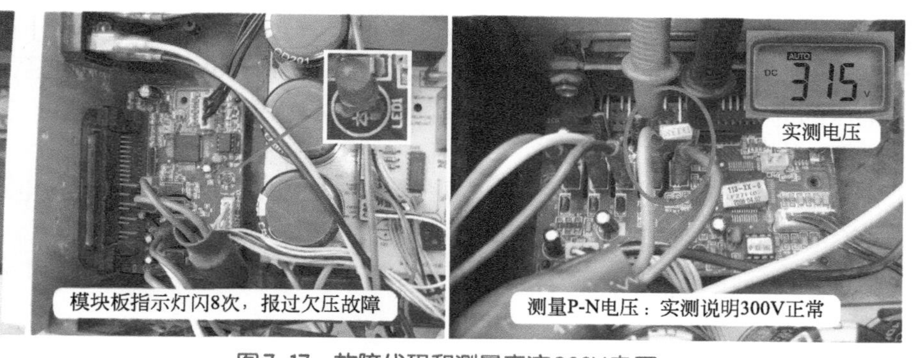

图7-17　故障代码和测量直流300V电压

说明

如果室外机主板开关电源电路直流12V滤波电容C08引脚虚焊，室外机不运行，模块板指示灯闪8次报“过欠压”故障，实测直流5V为3V左右，更换模块板不会排除故障，故障点在室外机主板，因此本例维修时应确定故障位置。

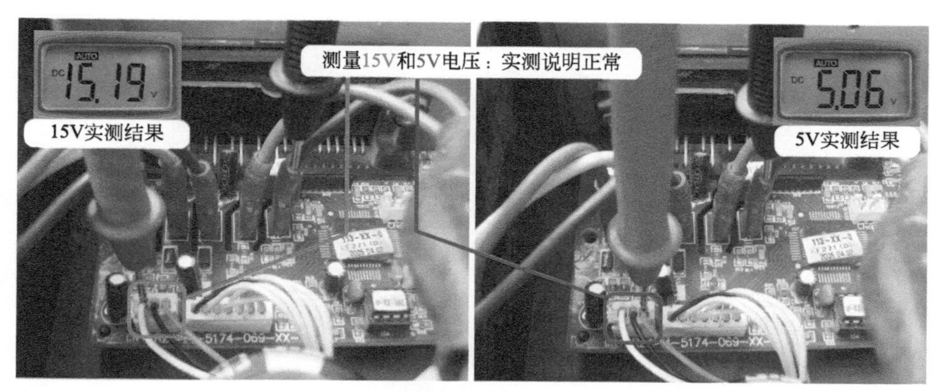

图7-18　测量直流15V和5V电压

3. 测量电压检测电路电压

图7-19为室外机电压检测电路原理图，在室外机不运行即静态，使用万用表直流电压挡，见图7-20，黑表笔接模块N端子不动，红表笔测量电压检测电路的关键点电压。

红表笔接P接线端子（①处），测量直流300V电压，实测为直流315V，说明正常。

红表笔接R19和R20相交点（②处），实测电压在直流150～180V跳动变化，由于P接线端子电压稳定不变，判断电压检测电路出现故障。

红表笔接R20和R21相交点（③处），实测电压在直流80～100V跳动变化。

红表笔接R21和R12相交点（④处），实测电压在直流3.9～4.5V跳动变化。

红表笔接R12和R14相交点（⑤处），实测电压在直流1.9～2.4V跳动变化。

红表笔接CPU电压检测引脚即㉝脚，实测电压也在直流1.9～2.4V跳动变化，和⑤处电压相同，判断电阻R22阻值正常。

使用遥控器开机，室外风机和压缩机均开始运行，直流300V电压开始下降，此时测量CPU的㉝脚电压也逐渐下降；压缩机持续升频，直流300V电压也下降至约250V，CPU㉝脚电压约为1.7V，室外机运行约5min后停机，模块板上指示灯闪8次，报故障代码为“过欠压”故障。

静态和动态测量均说明电压检测电路出现故障，应使用万用表电阻挡测量电路容易出现故障的降压电阻阻值。

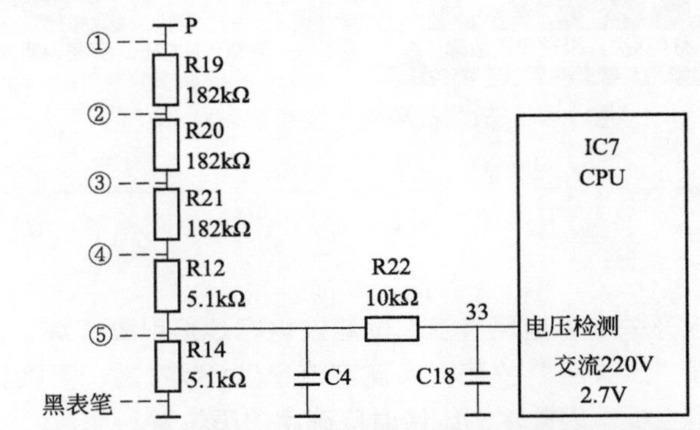

图7-19　海信KFR-26GW/11BP室外机电压检测电路原理图

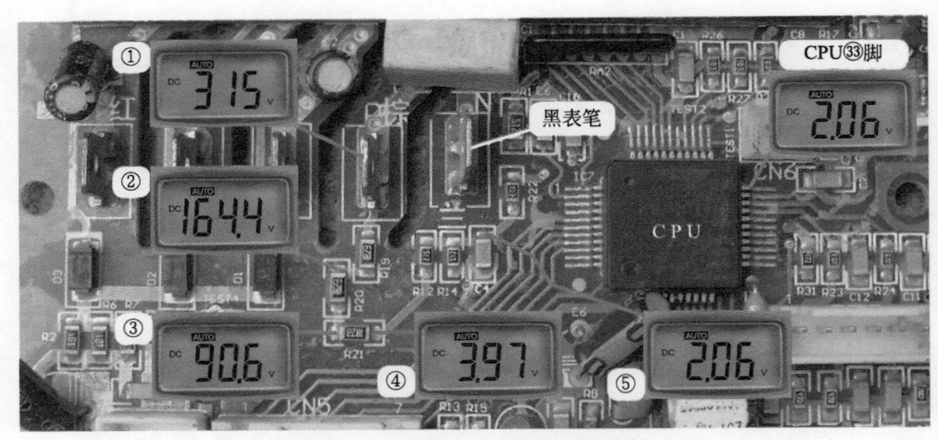

图7-20　测量电压检测电路电压

4. 测量电阻阻值

断开空调器电源，待室外机主板开关电源电路停止工作后，使用万用表电阻挡测量电路中分压电阻阻值，见图7-21，测量电阻R19阻值无穷大为开路损坏，电阻R20阻值为182kΩ判断正常，电阻R21阻值无穷大为开路损坏，电阻R12、R14、R22阻值均正常。

5. 电阻阻值

见图7-22，电阻R19、R21为贴片电阻，表面数字1823代表阻值，正常阻值为182kΩ，由于没有相同型号的贴片电阻更换，因此选择阻值接近的五环精密电阻进行代换。

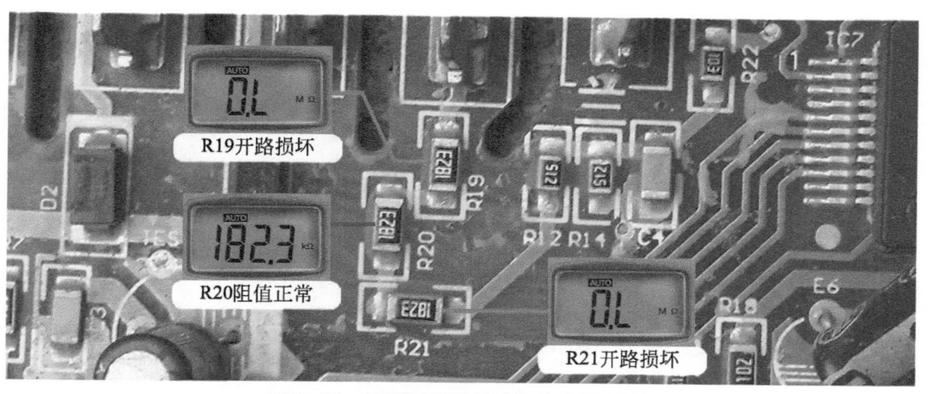

图7-21　测量电压检测电路电阻阻值

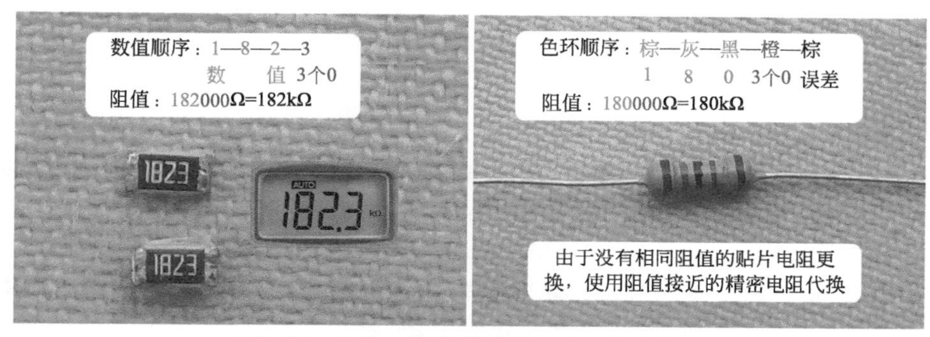

图7-22　182kΩ 贴片电阻和180kΩ 精密电阻

维修措施：见图7-23，使用2个180kΩ的五环精密电阻，代换阻值为182kΩ的贴片电阻R19、R21。

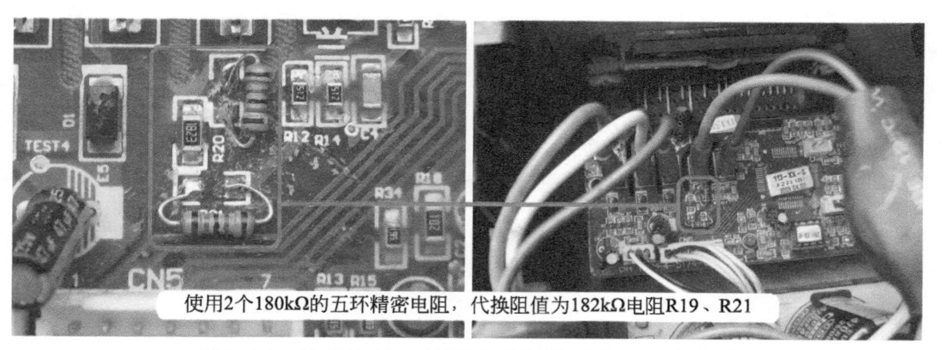

图7-23　使用180kΩ 精密电阻代换182kΩ 贴片电阻

拔下模块板上3个一束的传感器插头，再使用遥控器开机，室内机主板向室外机供电后，室外机主板开关电源电路开始工作向模块板供电，由于室外机CPU检测到室外环温、室外管温、压缩机排气传感器均处于开路状态，因此报出相应的故障代码，并且控制压缩机和室外风机均不运行，此时相当于待机状态，见图7-24，使用万用表直流电压挡，测量电压检测电路中的电压，实测均为稳定电压不再跳变，直流300V电压实测为315V时，CPU电压检测㉝脚实测为2.88V。恢复线路后再次使用遥控器开机，室外风机和压缩机均开始运行，当直流300V电压降至直流250V，实测CPU㉝脚电压约2.3V，长时间运行不再停机，制冷恢复正常，故障排除。

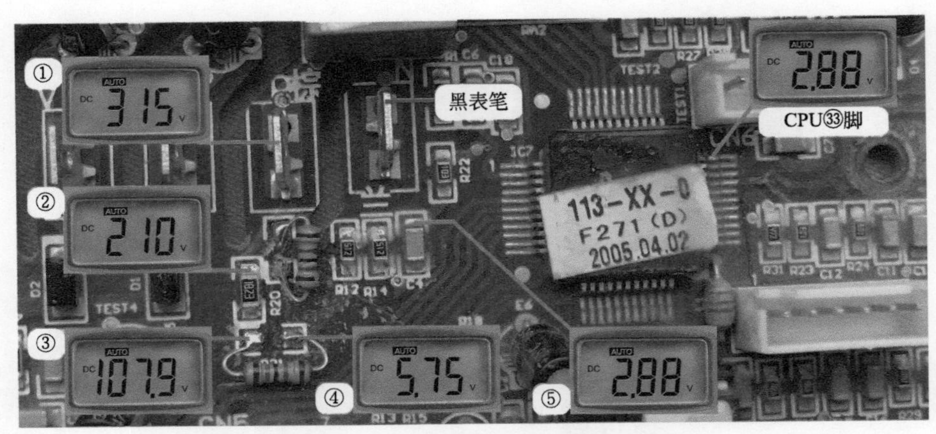

图7-24　测量正常的电压检测电路电压

总结

① 电压检测电路中电阻R19上端接模块P端子，由于长时间受直流300V电压冲击，其阻值容易变大或开路，在实际维修中由于R19、R20、R21开路或阻值变大损坏，占到一定比例，属于模块板上的常见故障。

② 本例电阻R19、R21开路，其下端电压均不为0V，而是具有一定的感应电压，CPU电压检测㉝脚分析处理后，判断交流输入电压在适合工作的范围以内，因而室外风机和压缩机可以运行；而压缩机持续升频，直流300V电压逐渐下降，CPU电压检测引脚电压也逐渐下降，当超过检测范围，则控制室外风机和压缩机停机进行保护，并报出“过欠压”的故障代码。

③ 在实际维修中，也遇到过电阻R19开路，室外机上电后并不运行，模块板直接报出“过欠压”的故障代码。

④ 如果电阻R12（5.1kΩ）开路，CPU电压检测㉝脚的电压约为直流5.7V，室外机上电后室外风机和压缩机均不运行，模块板指示灯闪8次报出“过欠压”故障的代码。

第二节　室外机常见故障

一、20A熔丝管开路

故障说明：海信**KFR-60LW/29BP**柜式交流变频空调器，遥控器开机后室外风机和压缩机均不运行，空调器不制冷。

1. 测量室内机接线端子电压

取下室内机进风格栅和电控盒盖板，将空调器通上电源但不开机即处于待机状态，使用万用表直流电压挡，见图7-25，黑表笔接2号端子零线N、红表笔接4号端子SI线，测量通信电压，实测为直流24V，说明室内机主板通信电压产生电路正常。

万用表的表笔不动，使用遥控器开机，听到室内机主板继电器触点闭合的声音，说明已向室外机供电，但实测通信电压仍为直流24V不变，而正常是0～24V跳动变化的电压，判断室外机由于某种原因没有工作。

图7-25　测量室内机接线端子通信电压

2. 测量室外机接线端子电压

到室外机检查，见图7-26左图，使用万用表交流电压挡测量接线端子上1号L相线和2号N零线电压为交流220V，使用万用表直流电压挡测量2号N零线和4号通信SI线电压为直流24V，说明室内机主板输出的交流220V和通信24V电压已送到室外机接线端子。

见图7-26右图，观察室外机电控盒上方设有20A保险管，使用万用表交流电压挡，黑表笔接2号端子N零线，红表笔接保险管引线，正常电压为交流220V，而实测电压为交流0V，判断熔丝管出现开路故障。

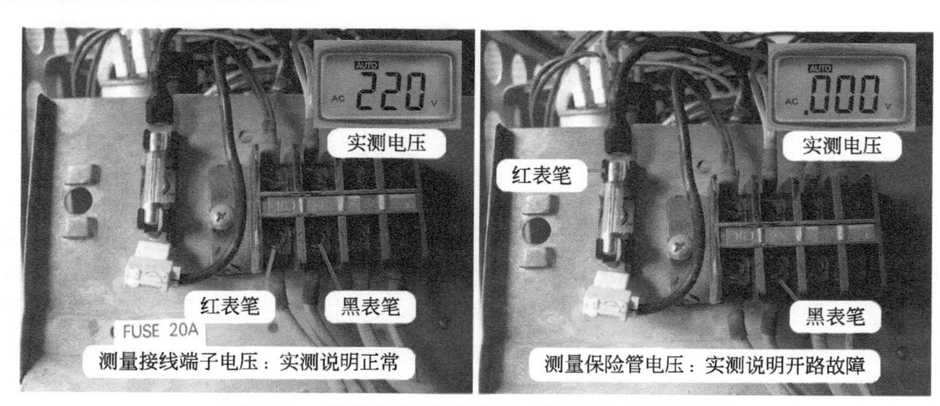

图7-26　测量室外机接线端子和保险管后端电压

3. 查看保险管

断开空调器电源，取下保险管，见图7-27，发现一端焊锡已经熔开，烧出一个大洞，使得内部保险与外壳金属脱离，表现为开路故障，而正常熔丝管接口处焊锡平滑，焊点良好，也说明本例保险管开路为自然损坏，不是由于过流或短路故障引起。

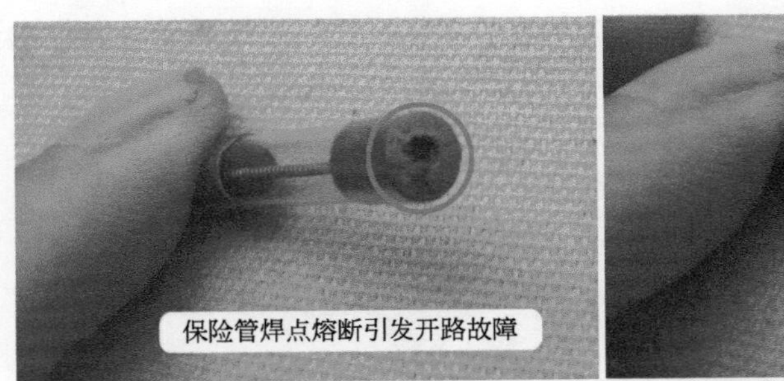

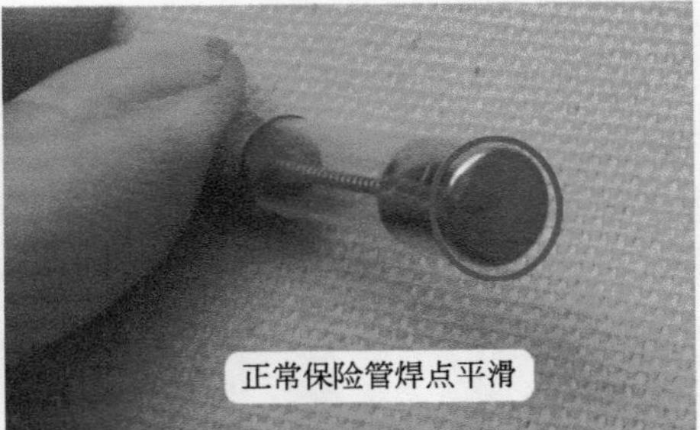

图7-27　损坏的保险管和正常的保险管

4. 应急试机

为检查室外机是否正常，应急为室外机供电，见图7-28左图，将保险管管座的输出端子引线拔下，直接插在输入端子上，这样相当于短接保险管，再次上电开机，室外风机和压缩机均开始运行，空调器制冷良好，判断只是保险管损坏。

维修措施：更换保险管，见图7-28右图，更换后上电开机，空调器制冷恢复正常，故障排除。

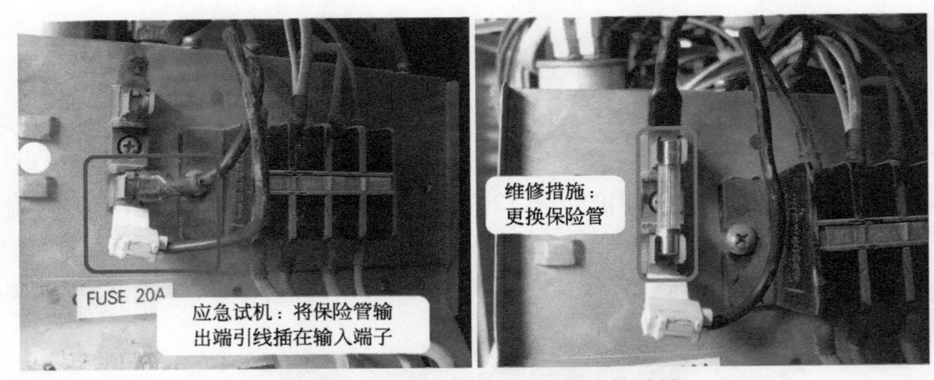

图7-28　短接保险管试机和更换保险管

总结

保险管在实际维修中由于过流引发内部熔丝开路的故障很少出现，保险管常见故障如本例故障，由于空调器运行时电流过大，熔丝发热使得焊口部位焊锡开焊而引发的开路故障，并且多见于柜式空调器，也可以说是一种通病，通常出现在使用几年之后的空调器。

二、硅桥击穿

故障说明

海信KFR-2601GW/BP挂式交流变频空调器，上电正常，但开机后断路器（俗称空气开关）跳闸。

1. 开机后断路器跳闸

将电源插头插入电源插座，见图7-29左图，导风板（风门叶片）自动关闭，说明室内机主板5V电压正常，CPU工作后控制导风板自动关闭。

使用遥控器开机，导风板自动打开，室内风机开始运行，但室内机主板主控继电器触点闭合向室外机供电时，见图7-29右图，断路器立即跳闸保护，说明空调器有短路或漏电故障。

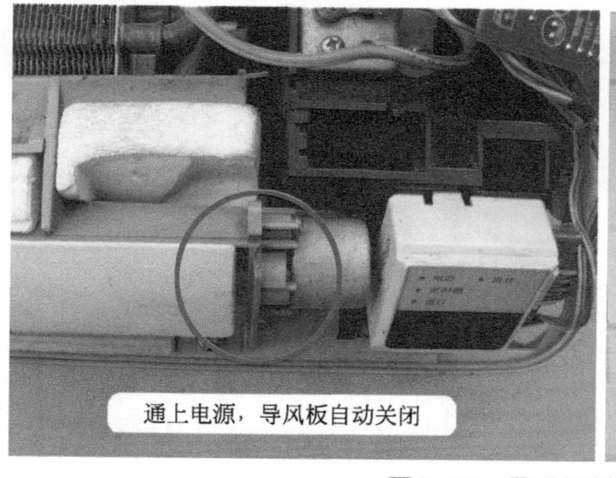

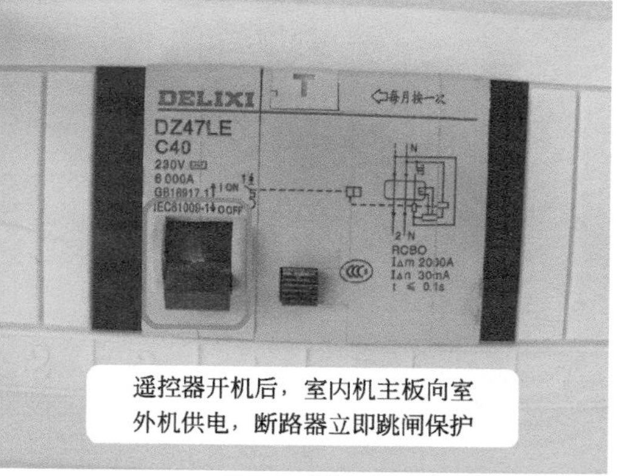

图7-29　导风板关闭和断路器跳闸

2. 常见故障原因

开机后断路器跳闸保护，主要是向室外机供电时因电流过大而跳闸，见图7-30，常见原因有硅桥击穿短路、滤波电感漏电（绝缘下降）、模块击穿短路、压缩机线圈与外壳短路。

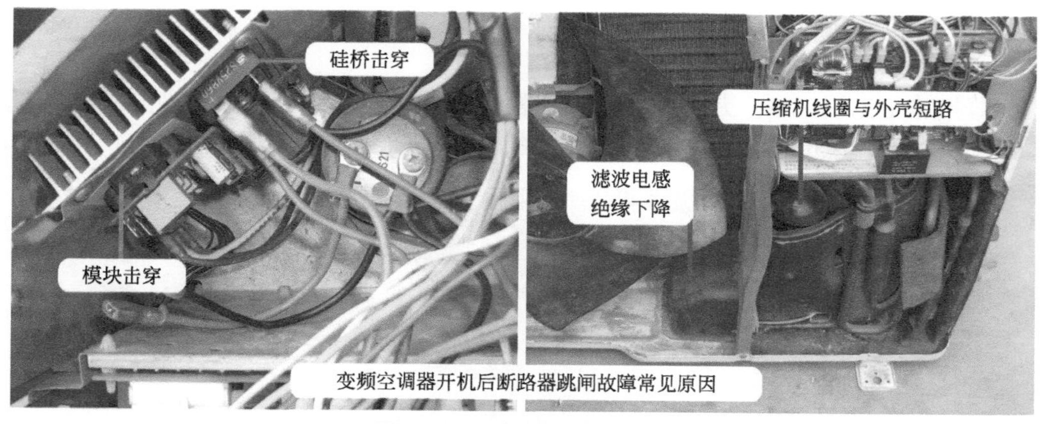

图7-30　跳闸故障常见原因

3. 测量硅桥

开机后断路器跳闸故障首先需要测量硅桥是否击穿。拔下硅桥上面的4根引线，使用万用表二极管挡测量硅桥，见图7-31，红表笔接正极端子，黑表笔接2个交流输入端时，正常时应为正向导通，而实测时结果均为3mV。

红、黑表笔分别接2个交流输入端子，见图7-32，正常时应为无穷大，而实测结果均为0mV，根据实测结果判断硅桥击穿损坏。

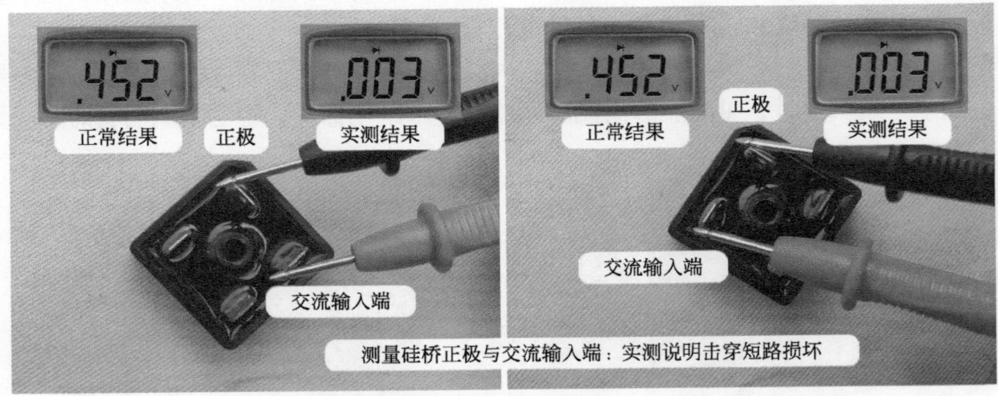

图7-31　测量硅桥

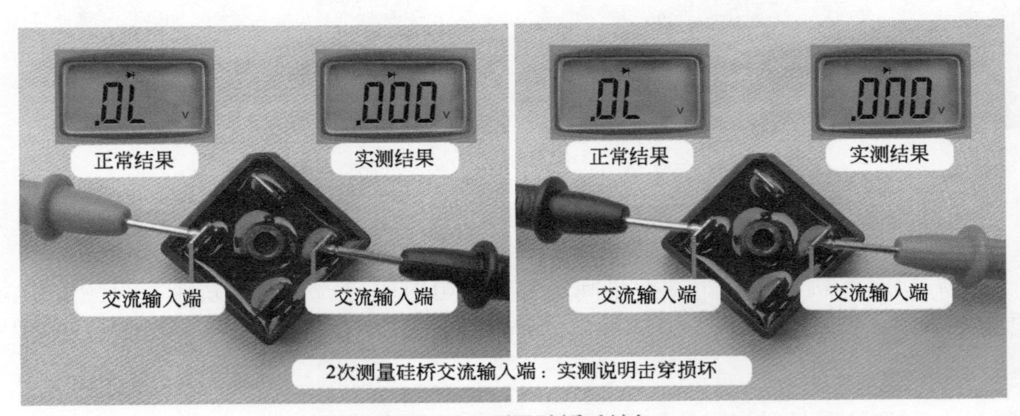

图7-32　测量硅桥（续）

维修措施：见图7-33，更换硅桥。空调器通上电源，遥控器开机，断路器不再跳闸保护，压缩机和室外风机均开始运行，制冷正常，故障排除。

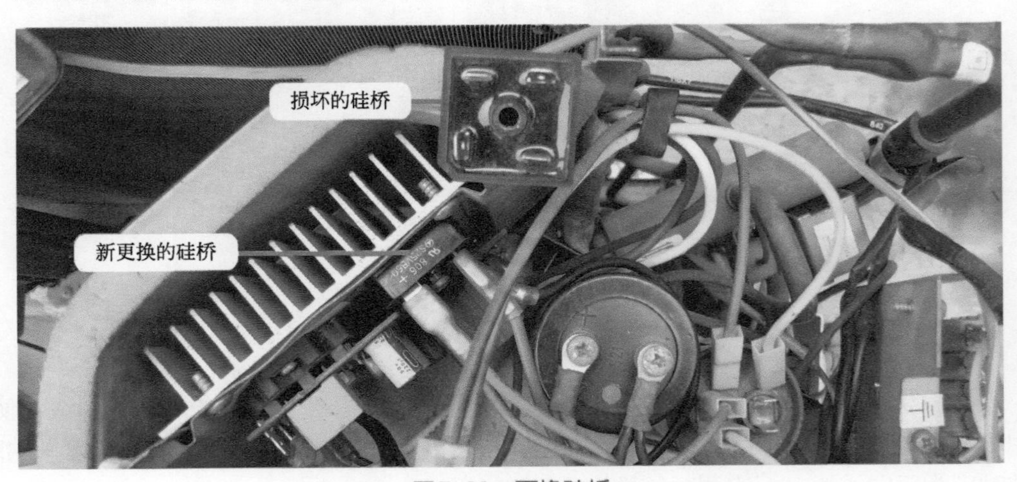

图7-33　更换硅桥

总结

① 硅桥内部有4个整流二极管，有些品牌型号的变频空调器如只击穿3个，只有1个未损坏，则有可能表现为室外机上电后断路器不会跳闸保护，但直流300V电压为0V，同时手摸PTC电阻发烫，其断开保护，表现现象和模块P-N端击穿相同。

② 也有些品牌型号的变频空调器，如硅桥只击穿内部1个二极管，而另外3个正常，室外机上电时断路器也会跳闸保护。

③ 有些品牌型号的变频空调器，如硅桥只击穿内部1个二极管，而另外3个正常，也有可能表现为室外机刚上电时直流300V电压约为直流200V左右，而后逐渐下降至直流30V左右，同时PTC电阻烫手。

④ 同样为硅桥击穿短路故障，根据不同品牌型号的空调器、损坏的程度（即内部二极管击穿的数量）、PTC电阻特性、断路器容量大小，所表现的故障现象也各不相同，在实际维修时应加以判断。但总的来说，硅桥击穿一般表现为上电或开机后断路器跳闸。

三、模块P-N端子击穿

故障说明：海信**KFR-2601GW/BP**挂式交流变频空调器，制冷模式开机，“电源、运行”灯亮，室内风机运行，但室外风机和压缩机均不运行，室内机指示灯显示故障代码内容为“通信故障”。使用万用表交流电压挡，测量室内机接线端子上1号L和2号N端子电压为交流220V，说明室内机主板已输出交流电源，由于室外风机和压缩机均不工作，室内机又报出“通信故障”的代码，因此应检查室外机。

1. 测量直流300V电压和室外机主板输入电压

使用万用表直流电压挡，见图7-34左图，测量直流300V电压，黑表笔接主滤波电容负极、红表笔接正极，正常值为直流300V，实测为直流0V，判断故障部位在室外机，可能为后级负载短路或前级供电电路出现故障。

向前级检查故障，使用万用表交流电压挡，见图7-34右图，测量室外机主板输入端电压，正常为交流220V，实测说明室外机主板供电正常。

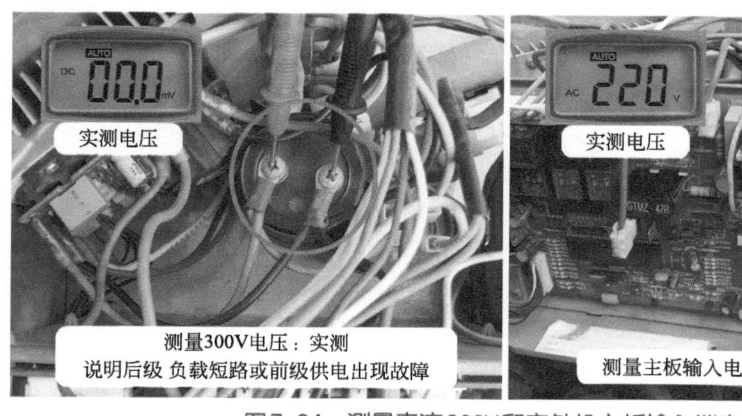

图7-34 测量直流300V和室外机主板输入端电压

2. 测量硅桥输入端电压

使用万用表交流电压挡，见图7-35左图，测量硅桥的2个交流输入端子电压，正常为交流220V，而实测电压为0V，判断直流300V电压为0V的原因，是由于硅桥输入端没有交流电源引起。

室外机主板输入电压正常，但硅桥输入端电压为交流0V，而室外机主板输入端到硅桥的交流输入端只串接有PTC电阻，初步判断其出现开路故障，见图7-35右图，用手摸PTC电阻表面，感觉温度很烫，说明后级负载有短路故障。

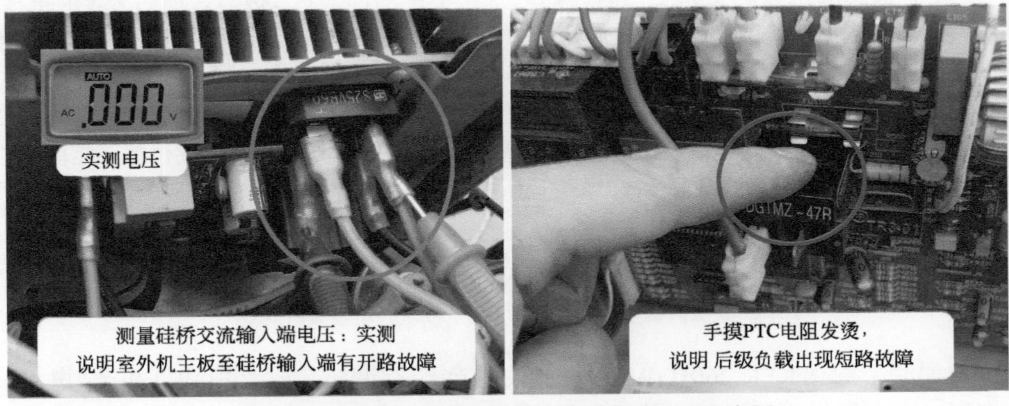

图7-35　测量硅桥交流输入端电压和手摸PTC电阻

3. 断开模块P-N端子引线

引起PTC电阻发烫的负载主要是模块短路、开关电源电路的开关管击穿、硅桥击穿等。见图7-36，拔下模块P和N端子引线，再次上电开机，使用万用表直流电压挡测量直流300V电压已恢复正常，初步判断模块出现短路故障。

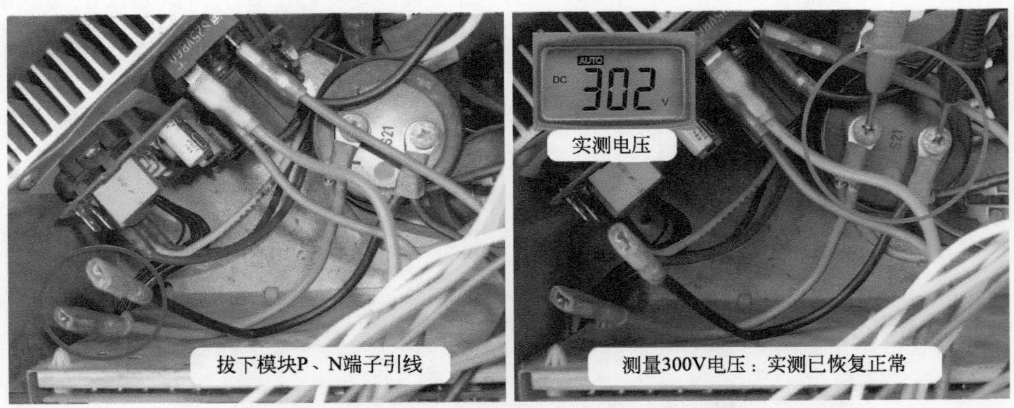

图7-36　断开模块P-N端子引线后测量直流300V电压

4. 测量模块

使用万用表二极管挡，见图7-37，测量P、N端子，模块正常时应符合正向导通、反向无穷大的特性，但实测正向和反向均为58mV，说明模块P、N端子已短路。

说明

此处为使用图片清晰，将模块拆下测量；实际维修时模块不用拆下，只需要将模块的P、N、U、V、W5个端子引线拔下，即可测量。

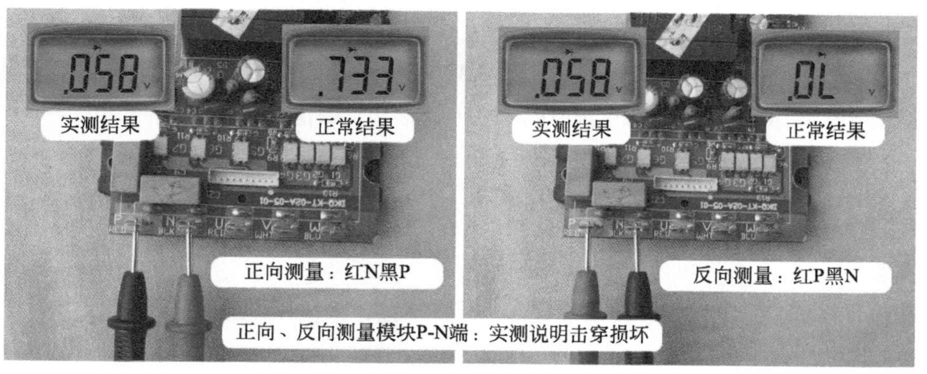

图7-37　测量模块

维修措施：更换模块，见图7-38，再次上电开机，室外风机和压缩机均开始运行，空调器开始制冷，使用万用表直流电压挡测量直流300V电压已恢复正常。

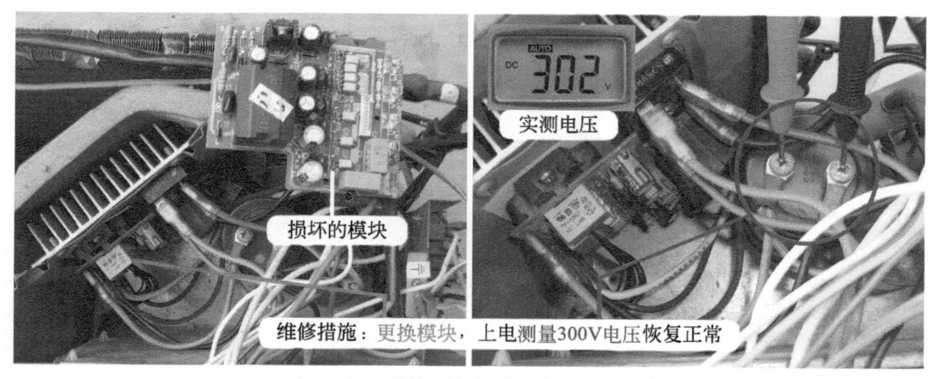

图7-38　更换模块和测量300V电压

总结

本例模块P、N端子击穿，使得室外机上电时因负载电流过大，PTC电阻过热，阻值变为无穷大，室外机无直流300V电压，室外机主板CPU不能工作，室内机CPU因接收不到通信信号，报出“通信故障”的故障代码。

四、室外机主板IGBT开关管短路

故障说明：三菱重工KFR-35GW/QBVBp（SRCQB35HVB）挂式全直流变频空调器，

用户反映不制冷。遥控器开机后，室内风机运行，但马上指示灯闪烁报故障代码："运行灯点亮、定时灯每8秒闪6次"，查看代码含义为通信故障。

1. 测量室外机接线端子电压

检查室外机，发现室外机不运行。使用万用表交流电压挡，见图7-39左图，红表笔和黑表笔接接线端子上1号L端和2号N端子测量电压，实测为交流219V，说明室内机主板已输出供电至室外机。

将万用表挡位改为直流电压挡，见图7-39右图，黑表笔接2号N端子、红表笔接3号通信S端子测量电压，实测约为直流0V，说明通信电路出现故障。

说明

本机室内机和室外机距离较远，中间加长了连接管道和连接线，其中加长连接线使用3芯线，只连接L端相线、N端零线、S端通信线，未使用地线。

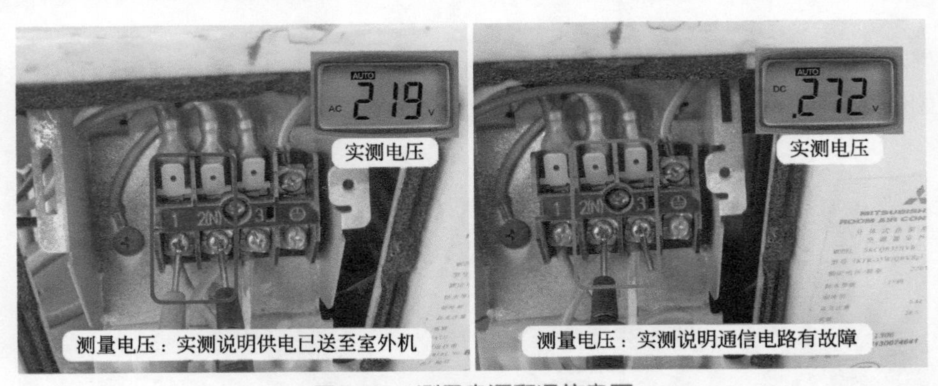

图7-39　测量电源和通信电压

2. 断开通信线测量通信电压

为区分是室内机故障或室外机故障，断开空调器电源，见图7-40左图，使用螺钉旋具取下3号端子上的通信线，依旧使用万用表直流电压挡，再次上电开机，同时测量通信电压，实测结果依旧为接近直流0V，由于通信电路专用电源由室外机提供，确定故障在室外机。

3. 室外机主板

取下室外机顶盖和电控盒盖板，见图7-40右图和图7-42左图，发现室外机主板为卧式安装，焊点在上面，元件位于下方。

室外机强电通路电路原理简图见图7-41，实物图见图7-42右图，主要由扼流圈L1、PTC电阻TH11、主控继电器52X2、电流互感器CT1、滤波电感、PFC硅桥DS1、IGBT开关管Q3、熔丝管F4（10A）、整流硅桥DS2、滤波电容C85和C75、熔丝管F2（20A）、模块IC10等组成。

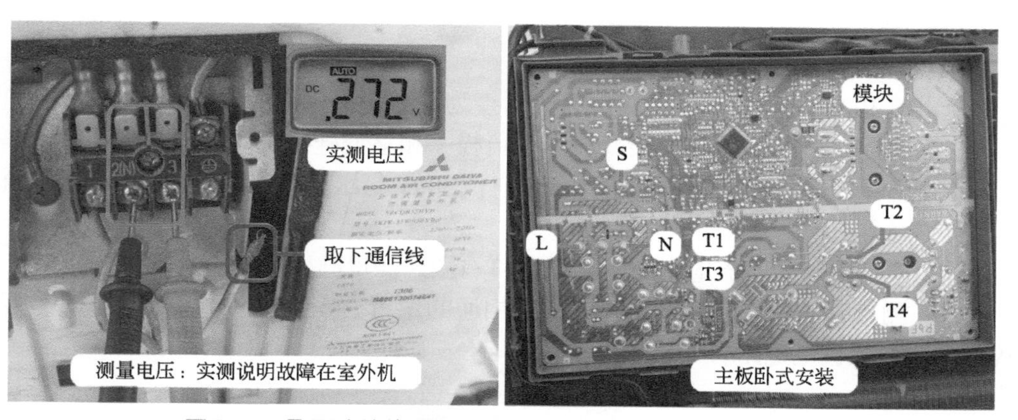

图7-40　取下连接线后测量通信电压和室外机主板反面焊点

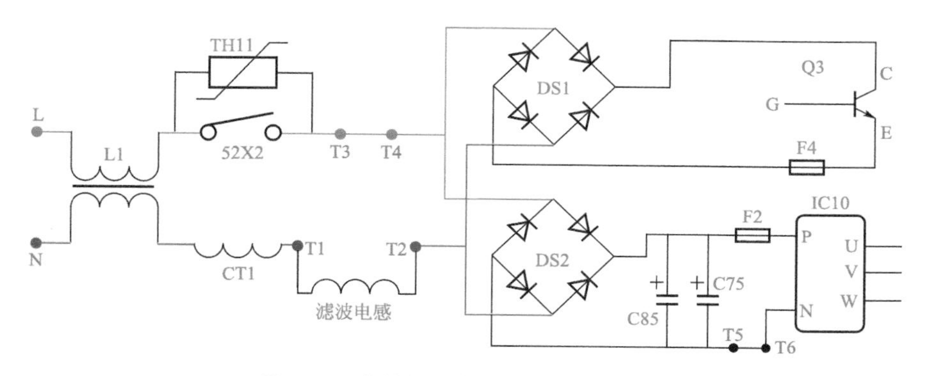

图7-41　室外机强电通路电路原理简图

室外机接线端子上L端相线（黑线）和N端零线（白线）送至主板上扼流圈L1滤波，L端经由PTC电阻TH11和主控继电器52X2组成的防瞬间大电流充电电路，由蓝色跨线T3-T4至硅桥的交流输入端、N端零线经电流互感器CT1一次绕组后，由接滤波电感的跨线（T1黄线-T2橙线）至硅桥的交流输入端。

L端和N端电压分为2路，一路送至整流硅桥DS2，整流输出直流300V经滤波电容滤波后为模块、开关电源电路供电，作用是为室外机提供电源；一路送至PFC硅桥DS1，整流后输出端接IGBT开关管，作用是提高供电的功率因数。

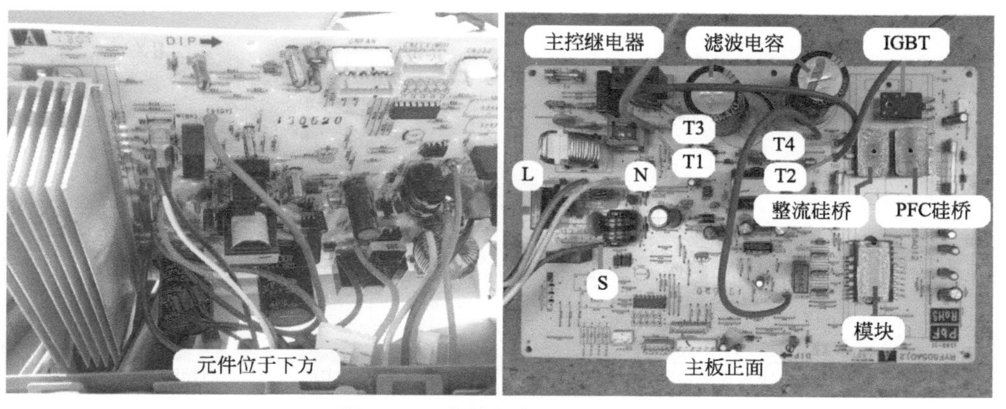

图7-42　室外机主板正面元件

4. 测量直流300V和硅桥输入端电压

由于直流300V为开关电源电路供电，间接为室外机提供各种电源，使用万用表直流电压挡，见图7-43左图，黑表笔接滤波电容负极（和整流硅桥负极相通的端子）、红表笔接正极（和整流硅桥正极相通的端子）测量直流300V电压，实测约为0V，说明室外机强电通路有故障。

将万用表挡位改为交流电压挡，见图7-43右图，测量硅桥交流输入端电压，由于2个硅桥并联，测量时表笔可测量和T2-T4跨线相通的位置，正常电压为交流220V，实测约为0V，说明前级供电电路有开路故障。

本机室外机主板表面涂有防水胶，测量时应使用表笔尖刮开防水胶后，再测量和连接线或端子相通的铜箔线。

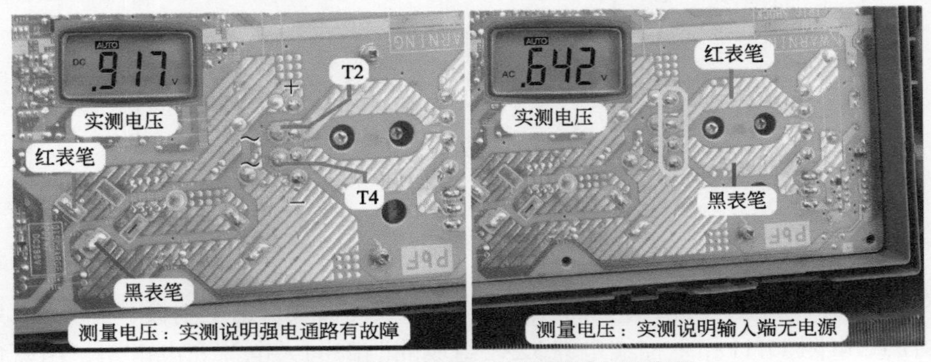

图7-43 测量直流300V和硅桥输入端电压

5. 测量主控继电器输入和输出端交流电压

向前级检查，仍旧使用万用表交流电压挡，见图7-44左图，测量室外机主板输入L端相线和N端零线电压，红表笔和黑表笔接扼流圈焊点，实测为交流219V，和室外机接线端子相等，说明供电已送至室外机主板。

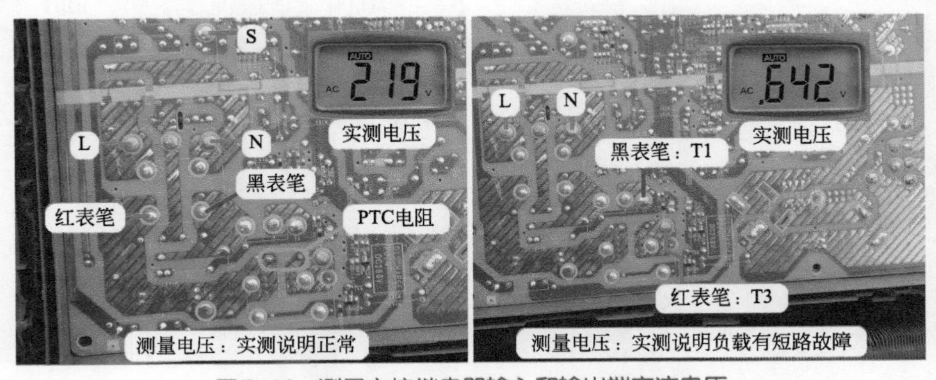

图7-44 测量主控继电器输入和输出端交流电压

见图7-44右图，黑表笔接电流互感器后端跨线T1焊点、红表笔接主控继电器后端触点跨线T3焊点测量电压，实测约为交流0V，初步判断PTC电阻因电流过大断开保护，断开空调器电源，手摸PTC电阻发烫，也说明后级负载有短路故障。

6. 测量模块和整流硅桥

引起PTC电阻发烫的主要原因为直流300V短路，后级负载主要有模块IC10、整流硅桥DS2、PFC硅桥DS1、IGBT开关管Q3、开关电源电路短路等。

断开空调器电源，由于直流300V电压约为0V，因此无需为滤波电容放电。使用万用表二极管挡，见图7-45左图，首先测量模块P、N、U、V、W共5个端子，红表笔接N端、黑表笔接P端时为471mV，红表笔不动接N端、黑表笔接U-V-W时均为462mV，说明模块正常，排除短路故障。

使用万用表二极管挡测量整流硅桥DS2时，见图7-45右图，红表笔接负极、黑表笔接正极时为470mV，红表笔不动接负极，黑表笔分别接2个交流输入端时结果均为427mV，说明整流硅桥正常，排除短路故障。

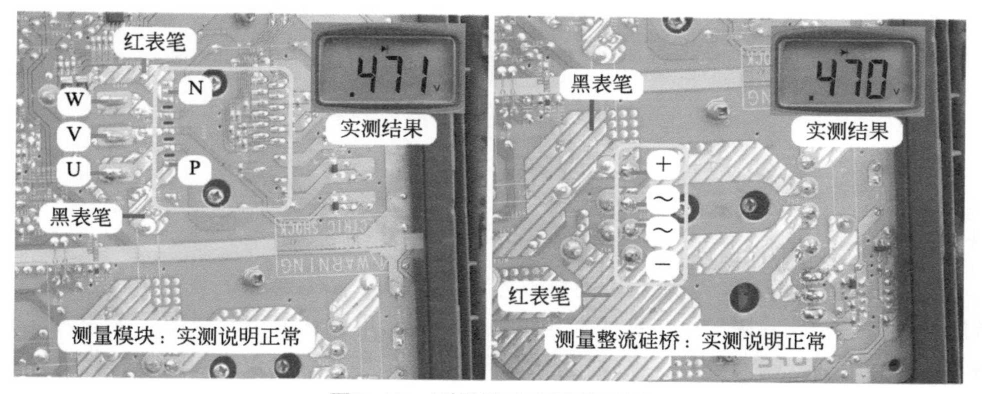

图7-45　测量模块和整流硅桥

7. 测量PFC硅桥

再使用万用表二极管挡测量PFC硅桥DS1时，见图7-46，红表笔接负极、黑表笔接正极，实测结果为0mV，说明PFC硅桥有短路故障，查看PFC硅桥负极经F4保险管

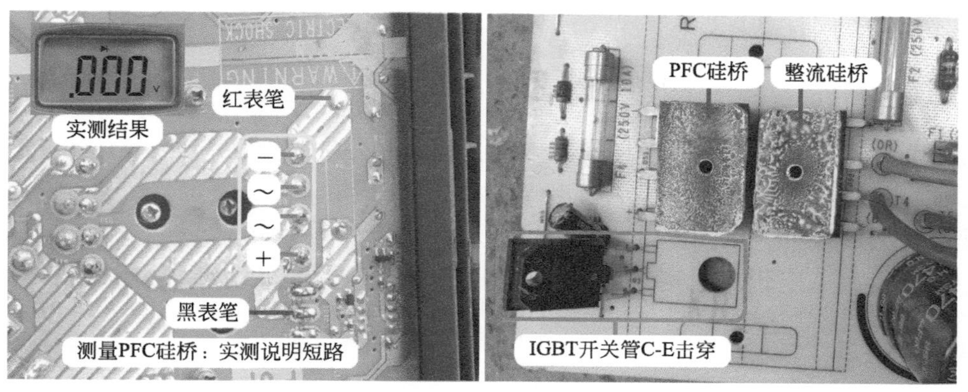

图7-46　测量PFC硅桥和IGBT开关管击穿

（10A）连接IGBT开关管Q3的E极、硅桥正极接Q3的C极，相当于硅桥正负极和IGBT开关管的CE极并联，由于IGBT开关管损坏的比例远大于硅桥，判断IGBT开关管的C-E极击穿。

维修措施：本机维修方法是更换室外机主板或IGBT开关管（型号为东芝RJP60D0），但如果暂时没有室外机主板和配件IGBT开关管更换，而用户又着急使用空调器，见图7-47，使用尖嘴钳子剪断IGBT的E极引脚（或同时剪断C极引脚、或剪断PFC硅桥DS1的2个交流输入端），这样相当于断开短路的负载，即使PFC电路不能工作，空调器也可正常运行在制冷模式或制热模式，待到有配件时再更换即可。

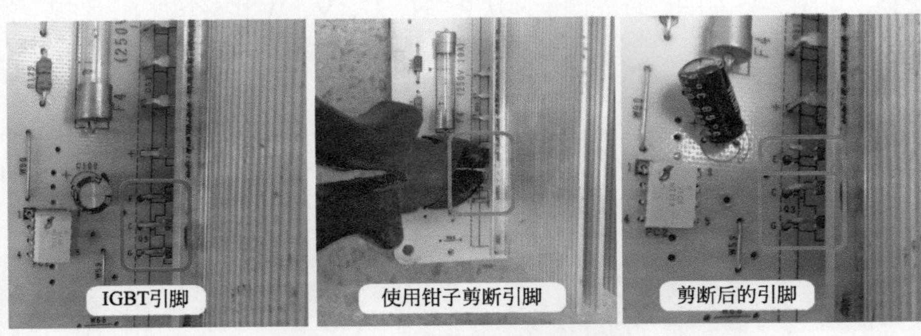

图7-47　剪断IGBT开关管引脚

总结

本机设有2个硅桥，整流硅桥的负载为直流300V，PFC硅桥的负载为IGBT开关管，当任何负载有短路故障时，均会引起电流过大，PTC电阻在上电时阻值逐渐变大直至开路，后级硅桥输入端无电源，室外机主板CPU不能工作，引起室内机报故障代码为通信故障。

五、PFC板IGBT开关管短路

故障说明：海信KFR-50LW/27BP柜式交流变频空调器，遥控器开机后室外风机和压缩机均不运行，同时空调器不制冷。

1. 测量室外机接线端子电压和直流300V电压

使用万用表交流电压挡，见图7-48左图，测量室外机接线端子上1号L端和2号N端电压，实测为交流220V，说明室内机主板已向室外机供电。

取下室外机外壳，见图7-48右图，使用万用表直流电压挡测量滤波电容上直流300V电压，正常值为直流300V，实测为0V，说明室外机电控系统有故障。

2. 手摸PTC电阻温度

用手摸室外机主板上PTC电阻，感觉温度烫手，判断电控系统有短路故障，断开空调器电源，见图7-49，使用万用表直流电压挡测量滤波电容电压仍为直流0V，使用万用表电阻挡测量两个端子阻值约为0Ω，确定电控系统存在短路故障。

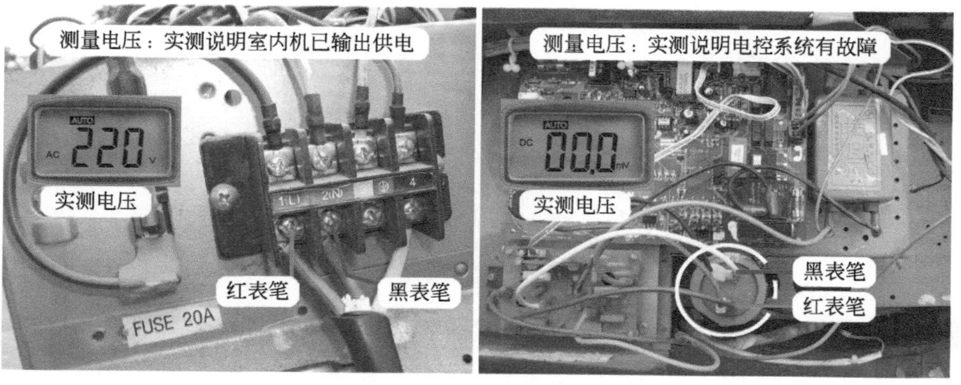

图7-48　测量室外机接线端子交流电压和直流300V电压

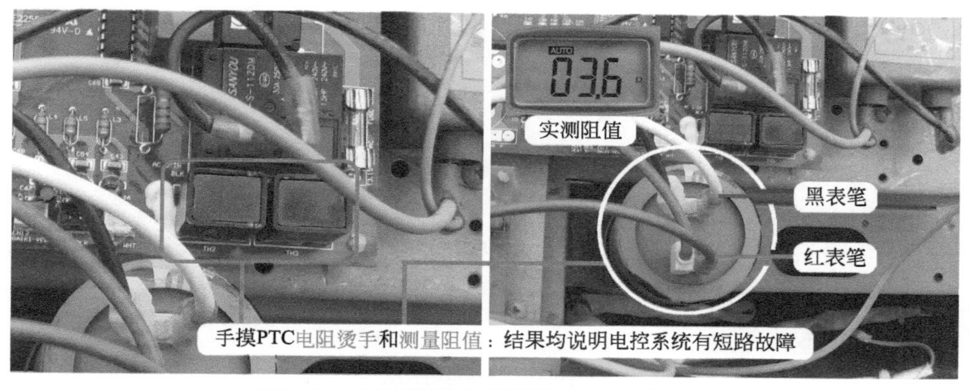

图7-49　PTC电阻烫手和测量滤波电容阻值

3. 测量模块和PFC板

见图7-50左图，拔下室外机主板上直流300V正极和负极引线、压缩机线圈的3个引线，使用万用表二极管挡，测量正极输入（P）、负极输入（N）、U、V、W共5个端子，符合正向导通、反向截止的二极管特性，判断模块正常。由于模块和开关电源电路共同设计在一块电路板上，且模块PN端子和开关电源集成电路并联，如果集成电路击穿，则测量模块P和N端子时应为击穿值，这也间接说明开关电源电路正常。

拔下PFC板上所有引线，见图7-50右图，使用万用表二极管挡，黑表笔接CN06端子（DC OUT_－，连接滤波电容负极），红表笔接CN05端子（DC OUT_＋，连接滤波电容正极），正常值应为无穷大，实测结果为0mV，判断PFC板上IGBT短路损坏。

说明

此机室外机主板正极输入和模块P端直接相连，负极输入和模块N端直接相连，主板上没有专门的P和N端子。

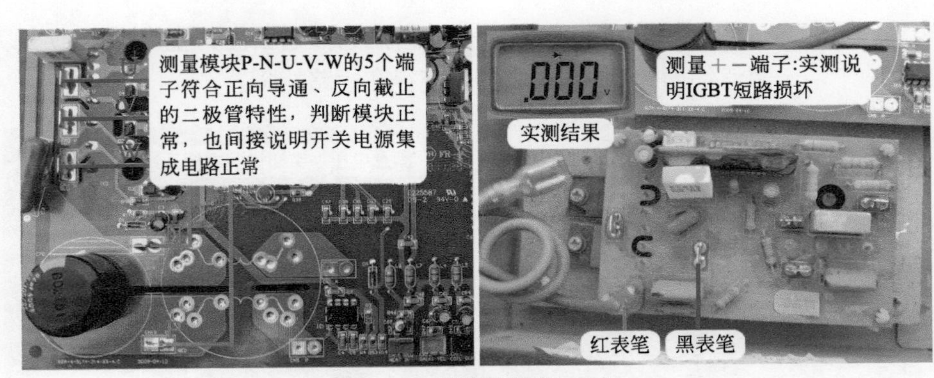

图7-50　测量模块和PFC板

维修措施：见图7-51，更换PFC板。将空调器通上电源，遥控器开机后室内机主板向室外机供电，室外机主板上开关电源电路立即工作，指示灯点亮，压缩机和室外风机开始运行，故障排除。

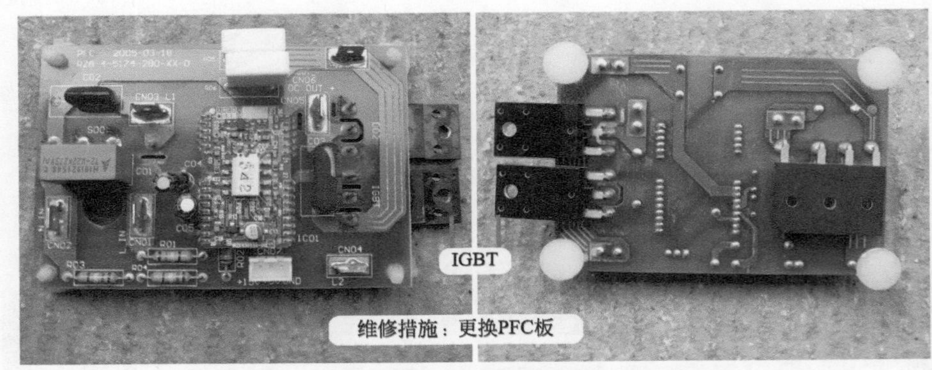

图7-51　更换PFC板

维修视频二维码

不接收遥控信号故障

不同型号的接收器代换方法

测量室外直流风机电压

测量通信电压 -56V

测量直流变频压缩机电压

测试压缩机吸排气能力

电子膨胀阀阀杆上下移动过程

加氟

检测接收器输出端电压

排空

使用手机检测遥控器发射功能

收氟